高等学校“十三五”规划教材

物理化学实验

吕喜风　梁鹏举　王　芳　主编

丁慧萍　马洪坤　副主编

白红进　主审

化学工业出版社

·北京·

《物理化学实验》分为绪论、实验和附录三部分，实验部分是本书的主要内容，涵盖化学热力学、化学动力学、电化学、表面与胶体化学、创新性实验，共21个实验。另外，为顺应信息化教学趋势，本书补充了部分仿真软件的使用教程。

《物理化学实验》可作为化学、化工、材料、环境科学、生命科学、食品、农业等专业的实验教材，也可供相关人员参考使用。

图书在版编目（CIP）数据

物理化学实验/吕喜风，梁鹏举，王芳主编. —北京：化学工业出版社，2020.5（2025.1重印）
高等学校“十三五”规划教材
ISBN 978-7-122-36268-1

Ⅰ.①物… Ⅱ.①吕…②梁…③王… Ⅲ.①物理化学-化学实验-高等学校-教材 Ⅳ.①O64-33

中国版本图书馆CIP数据核字（2020）第031032号

责任编辑：李 琰 宋林青　　装帧设计：关 飞
责任校对：王鹏飞

出版发行：化学工业出版社（北京市东城区青年湖南街13号 邮政编码100011）
印　　装：北京科印技术咨询服务有限公司数码印刷分部
787mm×1092mm 1/16 印张11¾ 字数288千字 2025年1月北京第1版第2次印刷

购书咨询：010-64518888　　售后服务：010-64518899
网　　址：http://www.cip.com.cn
凡购买本书，如有缺损质量问题，本社销售中心负责调换。

定　　价：29.80元

前言

物理化学实验作为一门独立的实践性基础课程，通过实验手段研究物质的物理化学性质以及性质与化学反应之间的关系，从中形成规律性的认识。通过物理化学实验课使学生掌握物理化学的基本实验技能与科学处理实验数据的方法，增强分析、解决实际问题的能力，为后继的专业实验及毕业论文的顺利完成等打好必要的基础。

《物理化学实验》是根据高等院校化学教材编写会议拟定的《物理化学实验》教材编写大纲进行编写的。全书共分绪论、实验以及附录三部分。绪论主要包括物理化学实验目的和要求、物理化学实验室安全知识、物理化学实验中的误差及数据的表达以及物理化学实验中恒温设备的使用方法等内容。实验部分是本书的主要部分，涵盖化学热力学、化学动力学、电化学、表面与胶体化学、创新性实验，共21个教学实验内容，半数以上实验属经典的物理化学实验，加入了部分创新性实验，供学生选做。另外，为顺应信息化教学趋势，本书补充了部分仿真软件的使用教程。实验说明的编写包括实验目的、实验原理、仪器试剂、实验步骤、数据处理、思考题等，以便学生通过预习之后，即能独立进行实验，并按要求作好记录和写出实验报告。附录部分列出了实验所需的数据，并介绍了国际单位制及有关单位的换算。

《物理化学实验》由塔里木大学吕喜风、塔里木大学梁鹏举、洛阳理工学院王芳担任主编，塔里木大学丁慧萍、塔里木大学马洪坤担任副主编。具体编写分工如下：塔里木大学丁慧萍编写了绪论部分，塔里木大学吕喜风编写了化学热力学及物理化学仿真软件实训操作部分，塔里木大学梁鹏举编写了化学动力学部分，洛阳理工学院王芳编写了电化学部分；塔里木大学丁慧萍、塔里木大学马洪坤编写了表面与胶体化学部分，塔里木大学穆金城、塔里木大学赵苏亚编写了创新性实验部分，塔里木大学张娜编写了实验中所用仪器使用规范，百色学院张越锋编写了附录，最后由吕喜风、梁鹏举统稿定稿。《物理化学实验》由塔里木大学白红进教授担任主审。感谢北京欧倍尔软件技术开发有限公司对仿真软件的支持。感谢兄弟院校的老师和企事业单位工程技术人员给予的宝贵意见。在此，向编写过程中提供帮助和支持的各位老师和同行深表谢意。

由于编者水平有限，疏漏与不当之处在所难免，恳请读者批评指正。

编者

2020年3月

前言

物理化学实验作为一门独立的实践性基础课程，通过实验手段研究物质的物理化学性质以及这些性质与化学反应之间的关系，从中形成规律性的认识。通过物理化学实验课使学生掌握物理化学的基本实验方法、与科学处理实验数据的方法，培养分析、解决实际问题的能力，为后续的专业实验及毕业论文的顺利完成打好必要的基础。

《物理化学实验》由新疆高等院校化学教学编写委员会组织编写的《物理化学实验》教材编写小组进行编写的。全书共分绪论、实验以及附录三部分。绪论主要包括物理化学实验的目的和要求、物理化学实验室安全知识、物理化学实验中的误差及数据的表达以及物理化学实验中仪器的使用方法等内容。实验部分是本书的主要部分，涵盖化学热力学、化学动力学、电化学、表面与胶体化学、结构化学实验，共31个教学实验内容，并选取以上实验所涉及的物理化学实验，加入了部分创新性实验，供学生选做。另外，为顺应信息化教学趋势，本书补充了部分仿真软件的使用教程，实验的编写结构包括实验目的、实验原理、仪器试剂、实验步骤、数据处理、思考题等。学生通过预习之后，到实验室进行实验，并按各个操作步骤书写研究报告。附录部分列出了实验所需的数据，并介绍了网络数据检索及有关单位的换算。

《物理化学实验》由塔里木大学[illegible]、塔里木大学[illegible]、塔里木大学[illegible]担任主编，塔里木大学[illegible]、塔里木大学[illegible]担任副主编。具体编写分工如下：塔里木大学[illegible]编写了绪论部分，塔里木大学[illegible]编写了化学热力学及物理化学仿真软件实训操作部分，塔里木大学[illegible]编写了化学动力学部分，新疆理工学院[illegible]编写了电化学部分，塔里木大学[illegible]编写了表面与胶体化学部分，塔里木大学[illegible]编写了结构化学部分，塔里木大学[illegible]编写了创新性实验部分，塔里木大学[illegible]编写了实验中所用仪器使用规范，[illegible]学院[illegible]编写了附录。最后由[illegible]统稿定稿。《物理化学实验》由塔里木大学[illegible]教授担任主审。感谢北京欧倍尔软件技术开发有限公司对仿真软件的支持，感谢兄弟院校的老师和企业单位工程技术人员给予的宝贵意见。在此，向编写过程中提供帮助和支持的各位老师和同行深表谢意。

由于编者水平有限，疏漏与不当之处在所难免，恳请读者批评指正。

编者

2020年3月

目 录

第一章 绪 论

一、物理化学实验目的和要求

1. 实验目的

（1）掌握物理化学实验的基本实验方法和实验技术，学会常用仪器的操作；了解近代大中型仪器在物理化学实验中的应用，培养学生的动手能力。

（2）通过实验操作、现象观察和数据处理，锻炼学生分析问题、解决问题的能力。

（3）加深对物理化学基本原理的理解，给学生提供理论联系实际和理论应用于实践的机会。

（4）培养学生实事求是的科学态度，培养严肃认真、一丝不苟的科学作风。

2. 基础实验要求

（1）实验预习

进实验室之前必须仔细阅读实验内容及基础知识与技术部分的相关资料，明确本次实验中采用的实验方法及仪器、实验条件和测定的物理量等，在此基础上写出预习报告，包括实验目的、简要操作步骤、实验注意事项及数据记录表等。

进入实验室后首先要核对仪器与试剂是否完好，发现问题及时向指导教师提出，然后对照仪器进一步预习，并回答教师的提问，认真听教师的讲解，在教师指导下做好实验准备工作。

（2）实验操作

经指导教师同意后方可进行实验。仪器的使用要严格按照操作规程进行，不可盲动；对于实验操作步骤，通过预习应心中有数，严禁“抓中药”式的操作（看一下书，动一动手）。实验过程中要仔细观察实验现象，发现异常现象应仔细查明原因，或请教指导教师。实验结果必须经教师检查，数据不合格的应重做实验，直至获得满意结果。要养成良好的记录习惯，即根据仪器的精度，把原始数据详细、准确、实事求是地记录在预习报告上。数据记录尽量采用表格形式，做到整洁、清楚，不随意涂改。实验完毕后，应清洗、核对仪器，经指导教师同意后，方可离开实验室。

（3）实验报告

学生应在规定时间内独立完成实验报告，及时送指导教师批阅。实验报告的内容包括实验目的、简明原理、简单操作步骤及流程图、原始数据、数据处理、结果讨论和思考题。数据处理应有处理步骤，而不是只列出处理结果。结果讨论应包括对实验现象的分析解释，查阅文献的情况，对实验结果误差的定性分析或定量计算，实验的心得体会及对实验的改进意见等，这是实验报告中的重要一项，可以培养学生分析问题的能力。

3. 设计型实验

设计型实验不是基础实验的重复，而是基础实验的提高和深化。它是在教师的指导下，学生选择实验课题，应用已经学过的物理化学实验原理、方法和技术，查阅文献资料，独立设计实验方案，选择合理的仪器设备，组装实验装置，进行独立的实验操作，并以科学论文的形式写出实验报告。由于物理化学实验与科学研究之间在设计思路、测量原理和方法上有许多相似性，因而对学生进行设计型实验的训练，可以较全面地提高他们的实验技能和综合素质，对于初步培养科学研究的能力是非常重要的。

(1) 设计实验的程序

选题　在教材提供的设计型实验题目中选择自己感兴趣的题目，或者自己确定实验题目。

查阅文献　查阅包括实验原理、实验方法、仪器装置等方面的文献，对不同方法进行对比、综合、归纳等。

设计方案　设计方案应包括实验装置示意图、详细的实验步骤、所需的仪器、药品清单等。

可行性论证　在实验开始前一周进行实验可行性论证，请老师和同学提出存在的问题，优化实验方案。

实验准备　提前一周到实验室进行实验仪器、试剂等的准备工作。

实验实施　实验过程中注意随时观察实验现象，考察影响因素等，反复进行实验直到成功。

数据处理　综合处理实验数据，进行误差分析，按论文的形式写出有一定见解的实验报告并进行交流答辩。

(2) 设计实验的要求

要求所查文献至少包括 3 篇外文文献，同时设计型实验的预习报告和实验报告要求用英文书写，以培养学生的专业英语的阅读和写作能力。

学生必须自己设计实验、组合仪器并完成实验，以培养综合运用化学实验技能和所学的基础知识解决实际问题的能力。

二、物理化学实验室安全知识

在化学实验室里，安全是非常重要的，它常常潜藏着诸如发生爆炸、着火、中毒、灼伤、割伤、触电等事故的危险性。如何来防止这些事故的发生，以及万一发生事故如何来急救，都是每一个化学实验工作者必须具备的素质。这些内容在之前开设的无机化学实验、分析化学实验等化学实验课中均已反复地做了介绍。本节主要结合物理化学实验的特点，介绍安全用电常识及使用化学药品的安全防护等知识。

1. 安全用电常识

物理化学实验使用电器较多，特别要注意安全用电。表 0-1 给出了 50Hz 交流电在不同电流强度时通过人体产生的反应情况。

表 0-1　不同电流强度时的人体反应

电流强度/mA	1～10	10～25	25～100	100 以上
人体反应	麻木感	肌肉强烈收缩	呼吸困难,甚至停止呼吸	心脏心室纤维性颤动,死亡

违章用电可能造成仪器设备损坏、火灾，甚至人身伤亡等严重事故。为了保障人身安全，一定要遵守安全用电规则。

(1) 防止触电

不用潮湿的手接触电器。

一切电源裸露部分应有绝缘装置，所有电器的金属外壳都应接上地线。

实验时，应先连接好电路再接通电源；修理或安装电器时，应先切断电源；实验结束时，先切断电源再拆线路。

不能用试电笔去试高压电。使用高压电源应有专门的防护措施。

如有人触电，首先应迅速切断电源，然后进行抢救。

(2) 防止发生火灾及短路

电线的安全通电量应大于用电功率；使用的保险丝要与实验室允许的用电量相符。

室内若有氢气、煤气等易燃易爆气体，应避免产生电火花。继电器工作时、电器接触点接触不良时及开关电闸时易产生电火花，要特别小心。

如遇电线起火，立即切断电源，用砂土或二氧化碳、四氯化碳灭火器灭火，禁止用水或泡沫灭火器等导电液体灭火。

电线、电器不要被水淋湿或浸在导电液体中；线路中各接点应牢固，电路元件两端接头不要互相接触，以防短路。

(3) 电器仪表的安全使用

使用前先了解电器仪表要求使用的电源是交流电还是直流电，是三相电还是单相电，以及要求电压的大小（如 380V、220V、6V）。须弄清电器功率是否符合要求及直流电器仪表的正、负极。

仪表量程应大于待测量。待测量大小不明时，应从最大量程开始测量。

实验前要检查线路连接是否正确，经教师检查同意后方可接通电源。

在使用过程中如果发现异常，如不正常声响、局部温度升高或嗅到焦味，应立即切断电源，并报告教师进行检查。

2. 使用化学药品的安全防护

(1) 防毒

实验前，应了解所用药品的毒性及防护措施。操作有毒性的化学药品应在通风橱内进行，避免与皮肤接触；剧毒药品应妥善保管并小心使用；不要在实验室内喝水、吃东西；离开实验室时要洗净双手。

(2) 防爆

可燃气体与空气的混合物在达到爆炸极限时，受到热源（如电火花）诱发将会引起爆炸。一些气体的爆炸极限见表 0-2。

因此使用时要尽量防止可燃性气体逸出，保持室内通风良好；操作大量可燃性气体时，严禁使用明火和可能产生电火花的电器，并防止其他物品撞击产生火花。

表 0-2 与空气相混合的一些气体的爆炸极限（20℃，101325Pa）表

气体	爆炸高限（体积分数）/%	爆炸低限（体积分数）/%	气体	爆炸高限（体积分数）/%	爆炸低限（体积分数）/%
氢	74.2	4.0	醋酸	—	4.1
乙烯	28.6	2.8	乙酸乙酯	11.4	2.2
乙炔	80.0	2.5	一氧化碳	74.2	12.5
苯	6.8	1.4	水煤气	72	7.0
乙醇	19.0	3.3	煤气	32	5.3
乙醚	36.5	1.9	氨	27.0	15.5
丙酮	12.8	2.6			

另外，有些药品如乙炔银、过氧化物等受震或受热易引起爆炸，使用时要特别小心；严禁将强氧化剂和强还原剂放在一起；长时间放置的乙醚在使用前应除去其中可能产生的过氧化物；进行易发生爆炸的实验，应有防爆措施。

（3）防火

许多有机溶剂如乙醚、丙酮等非常容易燃烧，使用时室内不能有明火、电火花等。用后要及时回收处理，不可倒入下水道，以免聚集引起火灾。实验室内不可存放过多这类药品。

另外，有些物质如磷、金属钠及比表面很大的金属粉末（如铁、铝等）易氧化自燃，在保存和使用时要特别小心。

实验室一旦着火不要惊慌，应根据情况选择不同的灭火剂进行灭火。以下几种情况不能用水灭火。

① 有金属钠、钾、镁、铝粉、电石、过氧化钠等时，应用砂土等灭火。

② 密度比水小的易燃液体着火，采用泡沫灭火器。

③ 有灼烧的金属或熔融物的地方着火时，应用砂土或干粉灭火器。

④ 电器设备或带电系统着火，用二氧化碳或四氯化碳灭火器。

（4）防灼伤

强酸、强碱、强氧化剂、溴、磷、钠、钾、苯酚、冰醋酸等都会腐蚀皮肤，特别要防止溅入眼内。液氧、液氮等也会严重灼伤皮肤，使用时要小心。一旦灼伤应及时治疗。

3. 汞的安全使用

汞中毒分急性和慢性两种。急性中毒多为高汞盐（如 $HgCl_2$）入口所致，0.1～0.3g 即可致死。吸入汞蒸气会引起慢性中毒，症状为食欲不振、恶心、便秘、贫血、骨骼和关节疼痛、精神衰弱等。汞蒸气的最大安全浓度为 $0.1mg/m^3$，而 20℃时汞的饱和蒸气压约为 0.16Pa，超过安全浓度 130 倍。所以使用汞必须严格遵守下列操作规定。

（1）储汞的容器要用厚壁玻璃器皿或瓷器，在汞面上加盖一层水，避免直接暴露于空气中，同时应放置在远离热源的地方。一切转移汞的操作，应在装有水的浅瓷盘内进行。

（2）装汞的仪器下面一律放置浅瓷盘，防止汞滴散落到桌面或地面上。万一有汞掉落，要先用吸汞管尽可能将汞珠收集起来，然后把硫黄粉撒在汞溅落的地方，并摩擦使之生成 HgS，也可用 $KMnO_4$ 溶液使其氧化。擦过汞的滤纸等必须放在有水的瓷缸内。

（3）使用汞的实验室应有良好的通风设备；手上若有伤口，切勿接触汞。

4. X 射线的防护

X 射线被人体组织吸收后，对健康是有害的。一般晶体 X 射线衍射分析用的软 X 射线（波长较长、穿透能力较低）比医院透视用的硬 X 射线（波长较短、穿透能力较强）对人体

组织伤害更大。轻的造成局部组织灼伤，重的可造成血液白细胞下降，毛发脱落，发生严重的射线病。但若采取适当的防护措施，上述危害是可以防止的。

最基本的一条是防止身体各部位（特别是头部）受到X射线照射，尤其是直接照射。因此X光管窗口附近要用铅皮（厚度在1mm以上）挡好，使X射线尽量限制在一个局部小范围内；在进行操作（尤其是对光）时，应戴上防护用具（特别是铅玻璃眼镜）；暂时不工作时，应关好窗口；非必要时，人员应尽量离开X光实验室。室内应保持良好通风，以减少由于高电压和X射线电离作用产生的有害气体对人体的影响。

三、物理化学实验中的误差及数据的表达

由于实验方法的可靠程度，所用仪器的精密度和实验者感官的限度等各方面条件的限制，使得一切测量均带有误差——测量值与真值之差。因此，必须对误差产生的原因及其规律进行研究，方可在合理的人力物力支出条件下，获得可靠的实验结果，再通过实验数据的列表、作图、建立数学关系式等处理步骤，使实验结果变为有参考价值的资料，这在科学研究中是必不可少的。

1. 误差的分类

误差按其性质可分为如下三种。

（1）系统误差（恒定误差）

系统误差是指在相同条件下，多次测量同一物理量时，误差的绝对值和符号保持恒定，或在条件改变时，按某一确定规律变化的误差，产生的原因有以下几种。

实验方法方面的缺陷，例如使用了近似公式。

仪器试剂的不良，如电表零点偏差、温度计刻度不准、药品纯度不高等。

操作者的不良习惯，如观察视线偏高或偏低。

改变实验条件可以发现系统误差，针对产生的原因可采取相应措施将其消除。

（2）过失误差（或粗差）

这是一种明显歪曲实验结果的误差。它无规律可循，是由操作者读错、记错所致，只要加强责任心，此类误差可以避免。发现有此种误差产生，所得数据应予以剔除。

（3）偶然误差（随机误差）

在相同条件下多次测量同一量时，误差的绝对值时大时小，符号时正时负，但随测量次数的增加，其平均值趋近于零，即具有抵偿性，此类误差称为偶然误差。它产生的原因并不确定，一般是由环境条件的改变（如大气压、温度的波动）、操作者感官分辨能力的限制（例如对仪器最小分度以内的读数难以读准确等）所致。

2. 测量的准确度与测量的精密度

准确度是指测量结果的准确性，即测量结果偏离真值的程度。而真值是指用已消除系统误差的实验手段和方法进行足够多次的测量所得的算术平均值或者文献手册中的公认值。

精密度是指测量结果的可重复性及测量值有效数字的位数。因此测量的准确度和精密度是有区别的，高精密度不一定能保证有高准确度，但高准确度必须由高精密度来保证。

3. 误差的表达方法

误差一般用以下三种方法表达。

① 平均误差　$\delta=\frac{\sum|d_i|}{n}$

式中，d_i 为测量值 x_i 与算术平均值 $\bar{x}$ 之差；n 为测量次数，且 $\bar{x}=\frac{\sum x_i}{n}$，$i=1$，2，…，$n$。

② 标准误差（或称均方根误差）$\sigma=\sqrt{\frac{\sum d_i^2}{n-1}}$

③ 或然误差　$P=0.675\sigma$

平均误差的优点是计算简便，但用这种误差表示时，可能会把质量不高的测量掩盖住。标准误差对一组测量中的较大误差或较小误差比较灵敏，因此它是表示精度的较好方法，在近代科学中多采用标准误差。

为了表达测量的精度，误差又分为绝对误差、相对误差两种表达方法。

① 绝对误差　它表示了测量值与真值的接近程度，即测量的准确度。其表示法为 $\bar{x}\pm\delta$ 或 $\bar{x}\pm\sigma$，其中，δ 和 σ 分别为平均误差和标准误差，一般以一位数字（最多两位）表示。

② 相对误差　它表示测量值的精密度，即各次测量值相互靠近的程度。其表示法为：

平均相对误差$=\pm\frac{\sigma}{\bar{x}}\times100\%$

标准相对误差$=\pm\frac{\sigma}{\bar{x}}\times100\%$

4. 偶然误差的统计规律和可疑值的舍弃

偶然误差符合正态分布规律，即正、负误差具有对称性。所以，只要测量次数足够多，在消除了系统误差和粗差的前提下，测量值的算术平均值趋近于真值

$$\lim_{n\to\infty}\bar{x}=x_{真}$$

但是，一般测量次数不可能有无限多次，所以一般测量值的算术平均值也不等于真值。于是人们又常把测量值与算术平均值之差称为偏差，常与误差混用。

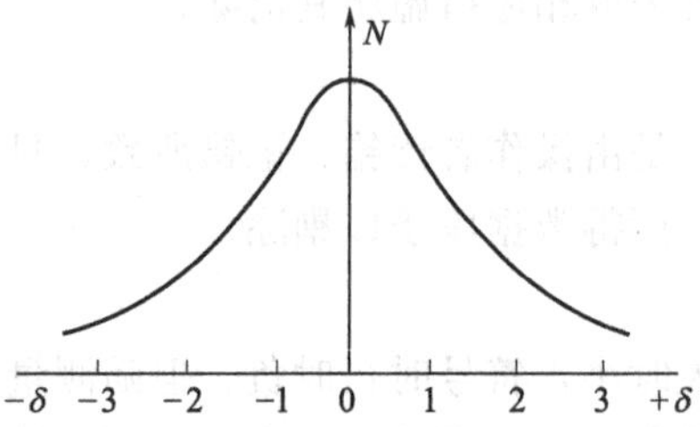

如果以误差出现次数 N 对标准误差 σ 作图，得一对称曲线（图 0-1）。统计结果表明测量结果的偏差大于 3σ 的概率不大于 0.3%。因此根据小概率定理，凡误差大于 3σ 的点，均可以作为粗差剔除。严格地说，测量达到一百次以上时方可如此处理，也可粗略地用于 15 次以上的测量。对于 10～15 次时可用 2σ，若测量次数减少，应酌情递减。

图 0-1　正态分布误差曲线

5. 误差传递——间接测量结果的误差计算

测量分为直接测量和间接测量两种，一切简单易得的量均可直接测量出，如用米尺量物体的长度、用温度计测量体系的温度等。对于较复杂、不易直接测得的量，可通过直接测定简单量，而后按照一定的函数关系将它们计算出来。例如在溶解热实验中，测得温度变化 ΔT 和样品质量 m，代入公式 $\Delta H=C\Delta T\frac{M}{m}$，就可求出溶解热 ΔH，从而使直接测量值 T、m 的误差传递给 ΔH。

误差传递符合一定的基本公式。通过间接测量结果误差的求算，可以知道哪个直接测量值的误差对间接测量结果影响最大，从而可以有针对性地提高测量仪器的精度，获得好的结果。

(1) 间接测量结果的平均误差和相对平均误差的计算

设有函数 $u=F(x, y)$，其中 x，y 为可以直接测量的量。则：

$$\mathrm{d}u=\left(\frac{\partial F}{\partial x}\right)_y \mathrm{d}x+\left(\frac{\partial F}{\partial y}\right)_x \mathrm{d}y$$

此为误差传递的基本公式。若 Δu、Δx、Δy 为 u、x、y 的测量误差，且设它们足够小，可以代替 $\mathrm{d}u$、$\mathrm{d}x$、$\mathrm{d}y$，则得到具体的简单函数及其误差的计算公式，列入表 0-3。

表 0-3　部分函数的平均误差

函数关系	绝对误差	相对误差
$y=x_1+x_2$	$\pm(\lvert\Delta x_1\rvert+\lvert\Delta x_2\rvert)$	$\pm\left(\frac{\lvert\Delta x_1\rvert+\lvert\Delta x_2\rvert}{x_1+x_2}\right)$
$y=x_1-x_2$	$\pm(\lvert\Delta x_1\rvert+\lvert\Delta x_2\rvert)$	$\pm\left(\frac{\lvert\Delta x_1\rvert+\lvert\Delta x_2\rvert}{x_1-x_2}\right)$
$y=x_1x_2$	$\pm(x_1\lvert\Delta x_2\rvert+x_2\lvert\Delta x_1\rvert)$	$\pm\left(\frac{\lvert\Delta x_1\rvert}{x_1}+\frac{\lvert\Delta x_2\rvert}{x_2}\right)$
$y=x_1/x_2$	$\pm\left(\frac{x_1\lvert\Delta x_2\rvert+x_2\lvert\Delta x_1\rvert}{x_2^2}\right)$	$\pm\left(\frac{\lvert\Delta x\rvert}{x_1}+\frac{\lvert\Delta x\rvert}{x_2}\right)$
$y=x^n$	$\pm(nx^{n-1}\Delta x)$	$\pm\left(n\frac{\lvert\Delta x\rvert}{x}\right)$
$y=\ln x$	$\pm\left(\frac{\Delta x}{x}\right)$	$\pm\left(\frac{\lvert\Delta x\rvert}{x\ln x}\right)$

例如计算函数 $x=\frac{8LRP}{\pi(m-m_0)rd^2}$ 的误差，其中 L、R、P、m、r、d 为直接测量值。

对上式取对数：$\ln x=\ln 8+\ln L+\ln R+\ln P-\ln\pi-\ln(m-m_0)-\ln r-2\ln d$

微分得：　$\frac{\mathrm{d}x}{x}=\frac{\mathrm{d}L}{L}+\frac{\mathrm{d}R}{R}+\frac{\mathrm{d}P}{P}-\frac{\mathrm{d}(m-m_0)}{m-m_0}-\frac{\mathrm{d}r}{r}-\frac{2\mathrm{d}d}{d}$

考虑到误差积累，对每一项取绝对值得：

相对误差：　$\frac{\Delta x}{x}=\pm\left[\frac{\Delta L}{L}+\frac{\Delta R}{R}+\frac{\Delta P}{P}+\frac{\Delta(m-m_0)}{m-m_0}+\frac{\Delta r}{r}+\frac{2\Delta d}{d}\right]$

绝对误差：　$\Delta x=\left(\frac{\Delta x}{x}\right)\frac{8LRP}{\pi(m-m_0)rd^2}$

根据 $\frac{\Delta L}{L}$、$\frac{\Delta R}{R}$、$\frac{\Delta P}{P}$、$\frac{\Delta(m-m_0)}{m-m_0}$、$\frac{\Delta r}{r}$、$\frac{2\Delta d}{d}$ 各项的大小，可以判断间接测量值 x 的最大误差来源。

(2) 间接测量结果的标准误差计算

若 $u=F(x, y)$，则函数 u 的标准误差为

$$\sigma_u=\sqrt{\left(\frac{\partial u}{\partial x}\right)^2\sigma_x^2+\left(\frac{\partial u}{\partial y}\right)^2\sigma_y^2}$$

部分函数的标准误差列入表 0-4。

表 0-4 部分函数的标准误差

函数关系	绝对误差	相对误差
$u=x\pm y$	$\pm\sqrt{\sigma_x^2+\sigma_y^2}$	$\pm\frac{1}{\lvert x\pm y\rvert}\sqrt{\sigma_x^2+\sigma_y^2}$
$u=xy$	$\pm\sqrt{y^2\sigma_x^2+x^2\sigma_y^2}$	$\pm\sqrt{\frac{\sigma_x^2}{x^2}+\frac{\sigma_y^2}{y^2}}$
$u=\frac{x}{y}$	$\pm\frac{1}{y}\sqrt{\sigma_x^2+\frac{x^2}{y^2}\sigma_y^2}$	$\pm\sqrt{\frac{\sigma_x^2}{x^2}+\frac{\sigma_y^2}{y^2}}$
$u=x^n$	$\pm nx^{n-1}\sigma_y^2$	$\pm\frac{n}{x}\sigma_x$
$u=\ln x$	$\pm\frac{\sigma_x}{x}$	$\pm\frac{\sigma_x}{x\ln x}$

6. 有效数字

当我们对一个测量的量进行记录时，所记数字的位数应与仪器的精密度相符合，即所记数字的最后一位为仪器最小刻度以内的估计值，称为可疑值，其他几位为准确值，这样一个数字称为有效数字，它的位数不可随意增减。在间接测量中，须通过一定公式将直接测量值进行运算，运算中对有效数字位数的取舍应遵循如下规则。

(1) 误差一般只取一位有效数字，最多两位。

(2) 有效数字的位数越多，数值的精确度也越大，相对误差越小。

(3) 若第一位的数值等于或大于 8，则有效数字的总位数可多算一位，如 9.23 虽然只有三位，但在运算时，可以看作四位。

(4) 运算中舍弃过多不定数字时，应用“4 舍 6 入，逢 5 尾留双”的法则。

(5) 在加减运算中，各数值小数点后所取的位数，以其中小数点后位数最少者为准。

(6) 在乘除运算中，各数值保留的有效数字，应以其中有效数字最少者为准。

(7) 在乘方或开方运算中，结果可多保留一位。

(8) 对数运算时，对数中的首数不是有效数字，对数的尾数的位数应与各数值的有效数字相当。

(9) 算式中，常数 π、e 及乘子$\sqrt{2}$和某些取自手册的常数，如阿伏伽德罗常数、普朗克常数等，不受上述规则限制，其位数按实际需要取舍。

7. 数据处理

物理化学实验数据的表示法主要有三种方法：列表法、作图法和数学方程式法。

(1) 列表法

将实验数据列成表格，排列整齐，使人一目了然。这是数据处理中最简单的方法，列表时应注意以下几点。

① 表格要有名称。

② 每行（或列）的开头一栏都要列出物理量的名称和单位，并把二者表示为相除的形式。因为物理量的符号本身是带有单位的，除以它的单位，即等于表中的纯数字。

③ 数字要排列整齐，小数点要对齐，公共的乘方因子应写在开头一栏与物理量符号相乘的形式，并为异号。

④ 表格中表达的数据顺序为：由左到右，由自变量到因变量，可以将原始数据和处理结果列在同一表中，但应以一组数据为例，在表格下面列出算式，写出计算过程。

(2) 作图法

作图法可更形象地表达出数据的特点，如极大值、极小值、拐点等，并可进一步用图解求积分、微分、外推、内插值。作图应注意如下几点。

① 图要有图名。例如“$\ln K_p$-$1/T$ 图”“V-t 图”等。

② 要用市售的正规坐标纸，并根据需要选用坐标纸种类：直角坐标纸、三角坐标纸、半对数坐标纸、对数坐标纸等。物理化学实验中一般用直角坐标纸，只有三组分相图使用三角坐标纸。

③ 在直角坐标中，一般以横轴代表自变量，纵轴代表因变量，在轴旁须注明变量的名称和单位（二者表示为相除的形式），10 的幂次以相乘的形式写在变量旁，幂次为异号。

④ 适当选择坐标比例，以表达出全部有效数字为准，即最小的毫米格内表示有效数字的最后一位。每厘米格代表 1、2、5 为宜，切忌 3、7、9。如果作直线，应正确选择比例，使直线呈 45°倾斜为好。

⑤ 坐标原点不一定选在零，应使所作直线与曲线匀称地分布于图面中。在两条坐标轴上每隔 1cm 或 2cm 均匀地标上所代表的数值，而图中所描各点的具体坐标值不必标出。

⑥ 描点时，应用细铅笔将所描的点准确而清晰地标在其位置上，可用○、△、□、×等符号表示，符号总面积表示实验数据误差的大小，所以不应超过 1mm 格。同一图中表示不同曲线时，要用不同的符号描点，以示区别。

⑦ 作曲线要用曲线板，描出的曲线应平滑均匀；应使曲线尽量多地通过所描的点，但不要强行通过每一个点，对于不能通过的点，应使其等量地分布于曲线两边，且两边各点到曲线的距离之平方和要尽可能相等。

作图示例如图 0-2 所示。

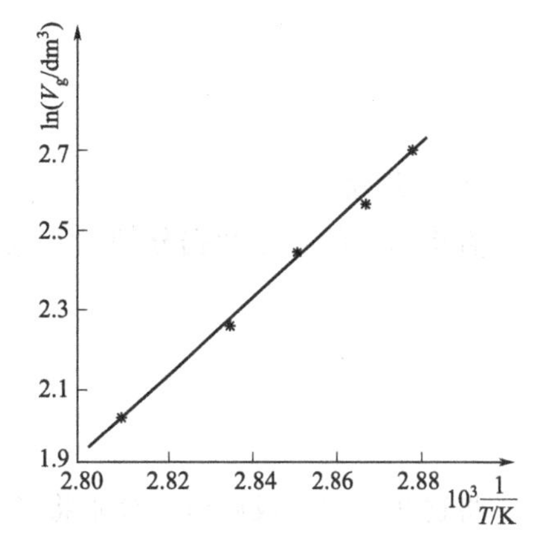

图 0-2　$\ln V_g$-$1/T$ 图

⑧ 图解微分。图解微分的关键是作曲线的切线，而后求出切线的斜率值，即图解微分值。作曲线的切线可用如下两种方法。

镜像法

取一平面镜，使其垂直于图面，并通过曲线上待作切线的点 P（图 0-3），然后让镜子绕 P 点转动，注意观察镜中曲线的影像，当镜子转到某一位置，使得曲线与其影像刚好平滑地连为一条曲线时，过 P 点沿镜子作一直线即为 P 点的法线，过 P 点再作法线的垂线，就是曲线上 P 点的切线。若无镜子，可用玻璃棒代替，方法相同。

平行线段法

如图 0-4 所示，在选择的曲线段上作两条平行线 AB 及 CD，然后连接 AB 和 CD 的中点 PQ 并延长相交曲线于 O 点，过 O 点作 AB、CD 的平行线 EF，则 EF 就是曲线上 O 点的切线。

(3) 数学方程式法

将一组实验数据用数学方程式表达出来是最为精练的一种方法。它不但方式简单，而且

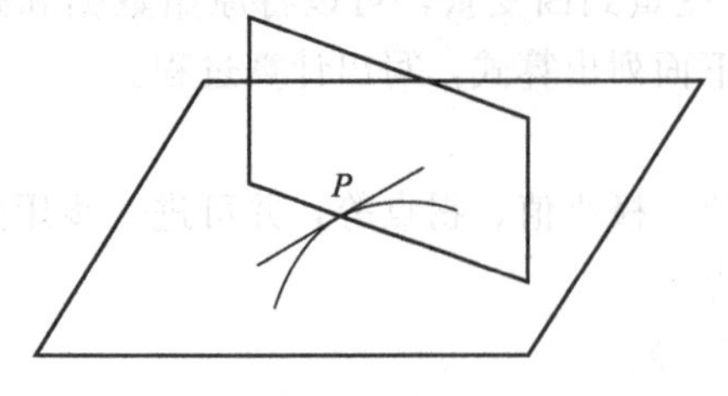

图 0-3 镜像法示意图

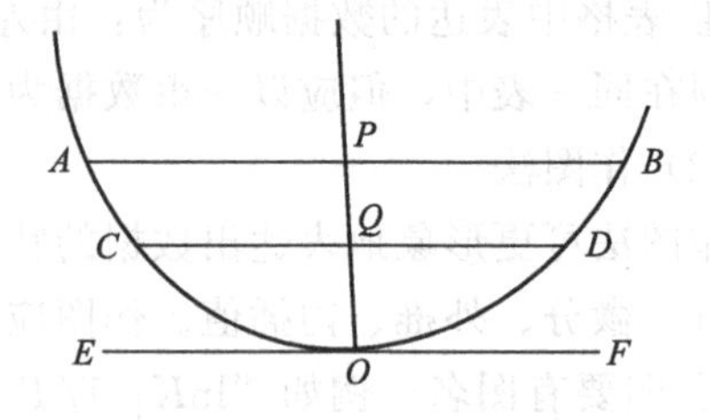

图 0-4 平行线段法示意图

便于进一步求解，如积分、微分、内插等。此法首先要找出变量之间的函数关系，然后将其线性化，进一步求出直线方程的系数——斜率 m 和截距 b，即可写出方程式。也可将变量之间的关系直接写成多项式，通过计算机曲线拟合求出方程系数。

求直线方程系数一般有三种方法。

① 图解法

将实验数据在直角坐标纸上作图，得一直线，此直线在 y 轴上的截距即为 b 值（横坐标原点为零时）；直线与轴夹角的正切值即为斜率 m。或在直线上选取两点（此两点应距离较远）（x_1，y_1）和（x_2，y_2）。则

$$m=\frac{\Delta y}{\Delta x}=\frac{y_2-y_1}{x_2-x_1}$$

$$b=\frac{y_1x_2-y_2x_1}{x_2-x_1}$$

② 平均法

若将测得的 n 组数据分别代入直线方程式，则得 n 个直线方程：

$$y_1=mx_1+b$$
$$y_2=mx_2+b$$
$$\vdots$$
$$y_n=mx_n+b$$

将这些方程分成两组，分别将各组的 x、y 值累加起来，得到两个方程：

$$\sum_{i=1}^{k}y_i=m\sum_{i=1}^{k}x_i+kb$$

$$\sum_{i=k+1}^{n}y_i=m\sum_{i=k+1}^{k}x_i+(n-k)b$$

解此联立方程组，可得 m、b 值。

③ 最小二乘法

这是最为精确的一种方法，它的根据是使误差平方和最小，以得到直线方程。对于（x_i，y_i）（$I=1$，2，…，n）表示的 n 组数据，线性方程 $y=mx+b$ 中的回归数据可以通过此种方法计算得到。

$$b=\bar{y}-m\bar{x}$$

$$\bar{x}=\frac{1}{n}\sum_{i=1}^{n}x_i，\bar{y}=\frac{1}{n}\sum_{i=1}^{n}y_i$$

$$m=\frac{S_{xy}}{S_{xx}}$$

其中 x 的离差平方和为：

$$S_{xx}=\sum_{i=1}^{n}x_i^2-\frac{1}{n}\left(\sum_{i=1}^{n}x_i\right)^2$$

y 的离差平方和为：

$$S_{yy}=\sum_{i=1}^{n}y_i^2-\frac{1}{n}\left(\sum_{i=1}^{n}y_i\right)^2$$

x，y 的离差乘积之和：

$$S_{xy}=\sum_{i=1}^{n}x_iy_i-\frac{1}{n}\left(\sum_{i=1}^{n}x_i\right)\left(\sum_{i=1}^{n}y_i\right)$$

得到的方程即为线性拟合或线性回归。由此得出的 y 值称为最佳值。

8. 数据处理软件在物理化学实验中的应用

在物理化学实验中经常会遇到各种类型不同的实验数据，要从这些数据中找到有用的化学信息，得到可靠的结论，就必须对实验数据进行认真的整理和必要的分析和检验。除前面提到的分析方法以外，数据分析软件的应用大大减少了处理数据的麻烦，提高了分析数据的可靠程度。经验告诉我们，数据信息的处理与图形表示在物理化学实验中有着非常重要的地位。用于图形处理的软件非常多，部分已经商业化，如微软公司的 Excel、OriginLab 公司的 Origin 等。下面我们以 Excel 和 Origin 软件为例，简单介绍这两个软件在物理化学实验数据处理中的应用。

(1) Excel 软件

① 在液体饱和蒸气压测定实验中的应用——拟合直线

若在实验中测定了 8 个温度及对应的真空度。数据处理时，要计算蒸气压、$1/T$、$\ln p$，作 $\ln p/T$ 图，拟合直线求斜率，计算平均摩尔气化焓。用 Excel 处理数据步骤如下。

a. 打开 Excel，将大气压、8 个温度及对应的真空度数据填入表格，在 D2～D9 格中输入公式计算蒸气压，在 E2～E9 格中输入公式计算 $1/T$，在 F2～F9 格中输入公式计算 $\ln p$，如图 0-5 所示。

F2 | fx =LN(D2*1000)

	A	B	C	D	E	F
1	大气压/kPa	温度/℃	真空度/kPa	蒸气压/kPa	[1/(T/K)]×1000	ln(p/Pa)
2	101.12	32.80	83.08	18.04	3.27	9.80
3		36.80	79.00	22.12	3.23	10.00
4		40.10	76.08	26.04	3.19	10.17
5		44.90	70.48	30.64	3.14	10.33
6		49.70	63.82	37.30	3.10	10.53
7		54.40	56.10	45.02	3.05	10.71
8		60.30	44.80	56.32	3.00	10.94
9		66.00	31.80	69.32	2.95	11.15

图 0-5 在表格中输入计算公式

b. 选定某一个单元格，输入计算平均摩尔气化焓的公式，得到平均摩尔气化焓。注意通过菜单中“格式”的“单元格”设定数据的格式，例如只显示有效数字，将数据的指数部分放在项目栏内，使数据栏内的数据简洁直观等。可以将表格数据“复制”“粘贴”到 Word 文档中，编辑成三线表，如表 0-5 所示。

表 0-5 饱和蒸气压测定实验数据

温度/℃	真空度/kPa	蒸气压/kPa	$[1/(T/\text{K})]\times10^3$	$\ln(p/\text{Pa})$
32.80	83.08	18.04	3.27	9.80
36.80	79.00	22.12	3.23	10.00
40.10	76.08	25.04	3.19	10.13
44.90	70.48	30.64	3.14	10.33
49.70	63.82	37.30	3.10	10.53
54.40	56.10	45.02	3.05	10.71
60.30	44.80	56.32	3.00	10.94
66.00	31.80	69.32	2.95	11.15

c. 作 $\ln p/T$ 图，步骤如下：通过菜单“插入”→“图表”，选择“图表类型”→“XY散点图”→“下一步”，根据软件提示，输入“数值（X）轴”及“数值（Y）轴”名称，设置有关图表参数，作出点图。

用左键单击选择图中数据点，右键弹出快捷菜单，选“添加趋势线”→“选项”，并选择“显示公式”“显示R平方值”，即可作出拟合直线并显示直线方程和线性系数。如图 0-6 所示。

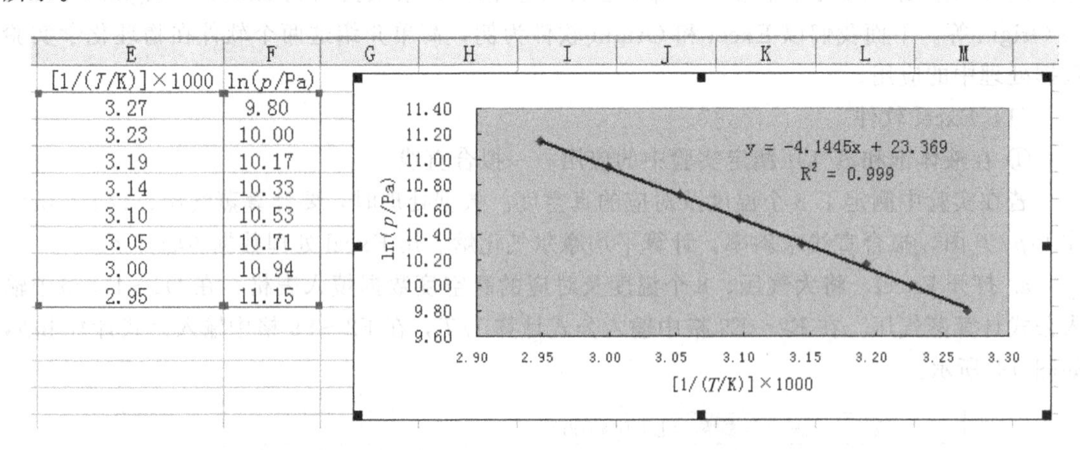

图 0-6 用 Excel 作图及拟合直线方程

② 在完全互溶双液系平衡相图中的应用——拟合曲线

若通过实验得到如表 0-6、表 0-7 所示实验数据。

表 0-6 环己烷-乙醇双液系平衡相图测定实验数据 1

20mL 乙醇中每次加入环己烷的量/mL	平衡温度/℃	液相		气相	
		折射率	$x_{乙醇}/\%$	折射率	$x_{乙醇}/\%$
0.00	78.24	—	100.0	—	100.0
0.50	75.87	1.3669	83.6	1.3610	94.0
1.00	72.66	7.3789	61.8	1.3622	92.0
2.00	69.10	1.3941	39.6	1.3663	91.6
4.00	66.60	1.3977	33.6	1.3728	72.8
8.00	65.20	1.3992	31.8	1.3847	54.0
12.00	64.86	1.4002	31.6	1.3938	55.2

表 0-7　环己烷-乙醇双液系平衡相图测定实验数据 2

20mL 环己烷中每次加入乙醇的量/mL	平衡温度/℃	液相		气相	
		折射率	$x_{乙醇}$/%	折射率	$x_{乙醇}$/%
0.00	80.03	—	0.0	—	0.0
0.20	77.36	1.4071	2.0	1.4226	0.4
0.20	75.26	1.4040	24.0	1.4220	0.6
0.30	68.54	1.4021	27.0	1.4213	0.8
0.50	66.37	1.4016	27.8	1.4193	3.8
1.00	65.23	1.4010	28.8	1.4162	7.0
2.00	64.86	1.4000	30.0	1.4105	14.6

a. 将沸点、液相乙醇含量、气相乙醇含量实验数据按列输入在 A2 至 D15 的区域内（A1、B1、C1 为 Excel 的表头行）。

b. 将沸点一列的数据 A2～A15 选定，点击软件上方“数据”→“排序”→“以当前选定区域排序”→“降序”→“确定”。

c. 同步骤 b，分别将 B2～B15、C2～C15 选定，进行升序排列。

d. 选定全部数据，通过菜单“插入”→“图表”→“XY 散点图”→子图表类型中选“平滑线散点图”→“下一步”→“系列”→“系列 1”，在右侧输入相应的“X”“Y”值的区域（注意：“X”为横坐标，“Y”为纵坐标）→点击“系列 2”，进行同系列 1 一样的操作。

e. 在出现的对话框中按自己意愿填入图的名称、“X”“Y”轴的名称等，并调整字体，最后选取合适的坐标单位将图进行调整，以便图形看起来更美观，如图 0-7 所示。

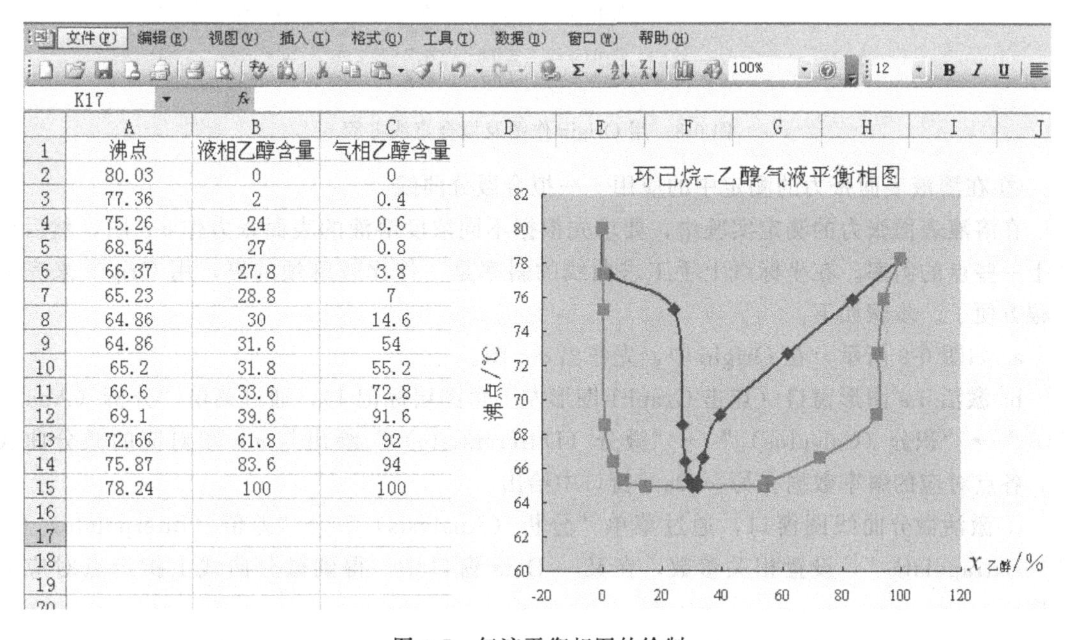

图 0-7　气液平衡相图的绘制

(2) Origin7.5 软件在物理化学实验数据处理中的应用

① 在液体饱和蒸气压测定实验中的应用——拟合直线

作 $\ln p/T$ 图，如图 0-8 所示，步骤如下。

a. 启动 Origin 程序，在“数据（Data）”窗口内输入数据或“粘贴”入数据，在作图工具栏内选择点图图形模式，选择对应的数据，作出点图。

b. 右键单击各图形元素，例如坐标、刻度、图例、必要的文字等，从弹出的快捷菜单中设置相关图形元素的参数。

c. 通过菜单“分析（Analysis）”→“线性拟合（Linear Fitting）”，设置有关参数，在图中显示直线方程，绘出拟合直线并显示直线方程。

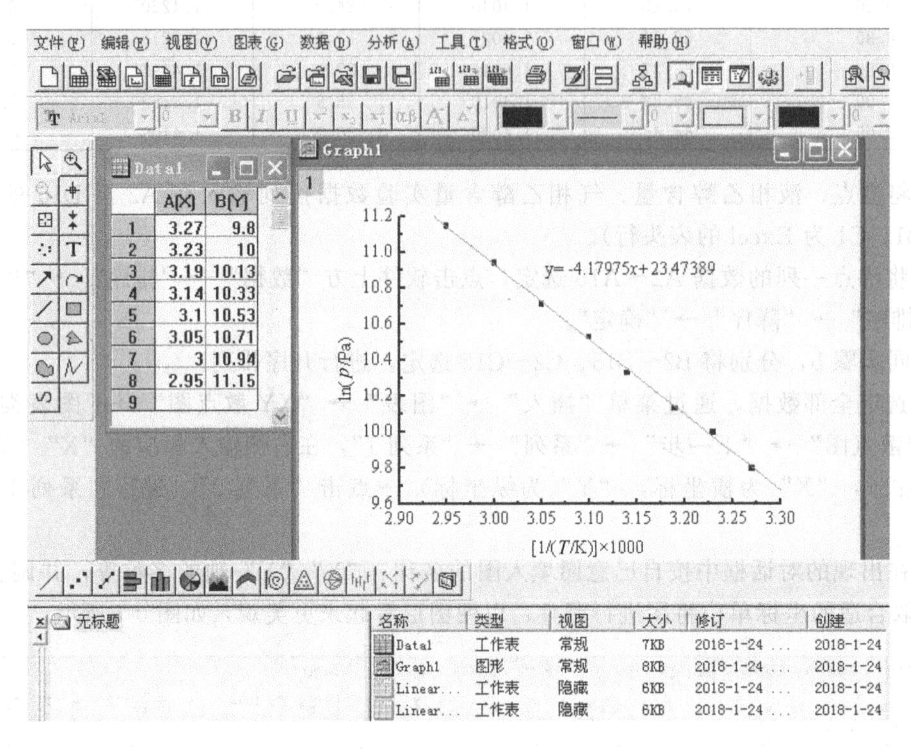

图 0-8 用 Origin 作图及拟合直线方程

② 在溶液表面张力的测定中的应用——拟合微分曲线

在溶液表面张力的测定实验中，要求先根据不同浓度溶液的表面张力作 σ-c 图，然后求图上一些点的斜率。在坐标纸上手工求曲线的斜率是一件比较麻烦的事，用 Origin 来完成就很方便了。步骤如下。

a. 如图 0-9 所示，在 Origin 中，先作出 σ-c 图。

b. 激活 σ-c 图形窗口（点击 Graph1 图形左上角图层标记 1），通过菜单“分析（Analysis）”→“积分（Calculus）”→“微分（Differentiate）”绘出与 σ-c 图对应的微分曲线图，各点对应的斜率数据在另一 Data 窗口中给出。

c. 激活微分曲线图窗口，通过菜单“分析（Analysis）”→“差值（Interpolate）/外推（Extrapolat）”，设置相关参数，在又一 Data 窗口中，得到微分曲线上指定点对应的数据。

σ-c 图与对应的微分曲线图有相同的横坐标，可以利用 Origin 的多图层功能，将 2 个图绘在一起，共用横坐标，σ-c 图对应左边的纵坐标，微分曲线对应右边的纵坐标，如图 0-10 所示，步骤如下。

(a) 激活 σ-c 图窗口，选择菜单“工具（Tools）”→“图层（Layer）”，在弹出的窗口中选择添加一个右坐标。

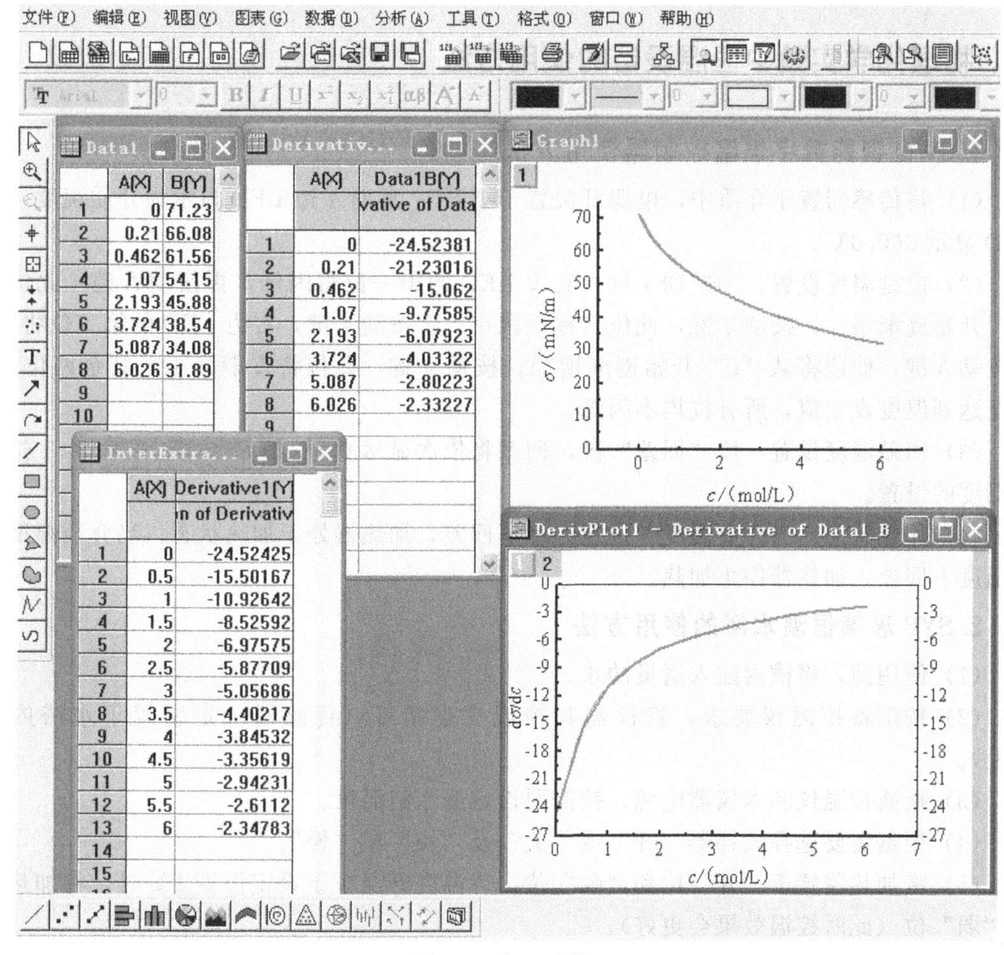

图 0-9 作 σ-c 图

(b) 左键双击 Graph 窗口左上角图层标记“2”，在弹出的窗口中设置微分曲线的数据对应右边的纵坐标，得到一个两层图形。

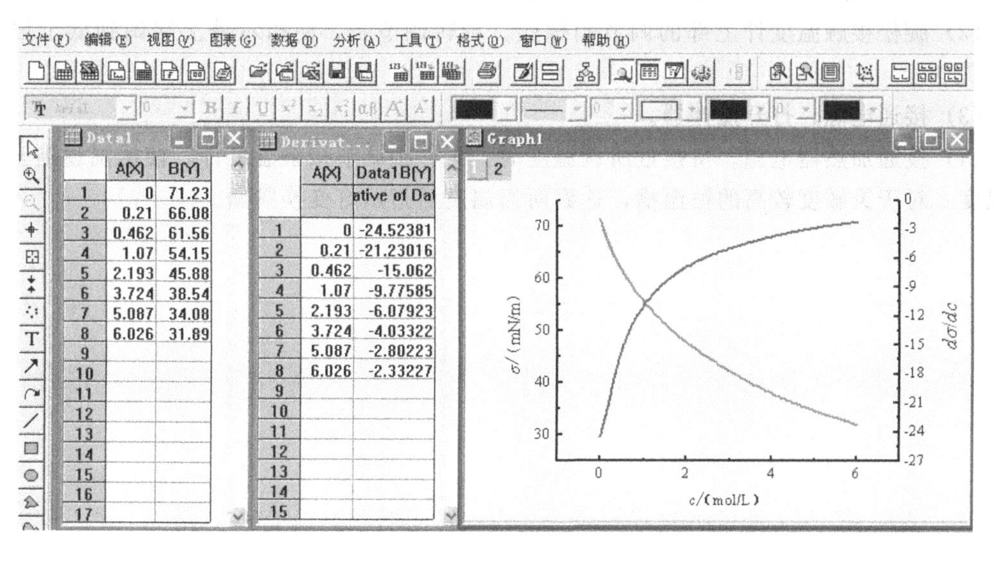

图 0-10 共用坐标作图

四、物理化学实验中恒温设备的使用方法

1. SWQ 智能数字恒温控制器使用方法

（1）将传感器置于介质中，电源开关置于“开”。此时左边 LED 显示为介质温度，右边 LED 显示 000.0℃。

（2）控制温度设置：①按动↓键，右边 LED 的第一位将闪烁，再按动∧键，此位将从“0”开始逐渐增加；按动∨键，此位将逐渐减小。②按动↓键，右边 LED 的第二位将闪烁，再按动∧键，此位将从“0”开始逐渐增加；按动∨键，此位将逐渐减小。其余两位类推。直至达到温度设定值，所有位均不闪烁。

（3）回差温度设置：按“回差”键，回差将依次显示 0.5、0.4、0.3、0.2、0.1 达到回差温度的设置。

（4）加热状态：当介质温度＜设定温度－回差，加热器处于加热状态；当介质温度＞设定温度＋回差，加热器停止加热。

2. SYP 玻璃恒温水浴的使用方法

（1）使用前，将槽内注入适量的水。

（2）按配备控温仪要求，将仪器和控温仪连接好（传感器一定要置于水浴内 5cm 以上）。

（3）接通控温仪和本仪器电源，按需要设定好水浴温度。

（4）根据需要选择搅拌器“开”或“关”及“快”或“慢”。

（5）将加热器置于“开”位和“强”位，待温度升至小于设定温度 2℃时，将加热器置于“弱”位（此时控温效果会更好）。

（6）关机时，先关闭搅拌器，再关闭加热器，最后切断控温仪与本仪器电源。

3. 玻璃恒温槽

（1）连好线路，加入洁净水，约占槽容积的 3/4。

（2）旋松接触温度计上部的调节帽螺丝，旋转调节帽，使指示铁上端调到低于恒温温度 2℃。

（3）接通电源，打开搅拌器。

（4）接通加热器电源。待接近所调温度时，再仔细调节接触温度计，使槽温逐渐升至所需温度。对于灵敏度较高的恒温槽，达到所需温度后指示灯变换频繁。

第二章　实验部分

第一节　化学热力学

实验一　中和热的测定

【实验目的】

1. 了解测中和热的原理及仪器，掌握中和热的测定方法。
2. 通过中和热的测定，计算弱酸的解离热。
3. 学会用雷诺校正法求算温差。

【实验原理】

在一定的温度、压力和浓度下，1mol 酸和 1mol 碱中和所放出的热量叫作中和热。强酸和强碱在水溶液中几乎完全电离，中和热是不随酸和碱的种类而改变的，在足够稀释的情况下中和热几乎是相同的。因此，热化学方程式可用离子方程式表示为：

$$H^+ + OH^- \longrightarrow H_2O \qquad \Delta_r H_m^{\ominus} = -57.3\text{kJ/mol}$$

上式可作为强酸和强碱中和反应的通式。由此可知，这类中和反应的中和热与酸的阴离子和碱的阳离子无关。若所用溶液浓度较大时，则所测得的中和热数值常较高，这是溶液浓度较大时离子间相互作用力及其他影响的结果。若所用的酸（或碱）只是部分电离的弱酸（或弱碱），当其和强碱（或强酸）发生中和反应时，其热效应是中和热和解离热的代数和。因为在中和反应之前，首先弱酸要进行解离。例如，醋酸和氢氧化钠的反应为：

$$HAc \rightleftharpoons H^+ + Ac^- \qquad \Delta_r H_{解离}$$

$$H^+ + OH^- \rightleftharpoons H_2O \qquad \Delta_r H_{中和}$$

$$HAc + OH^- \rightleftharpoons Ac^- + H_2O \qquad \Delta_r H_m$$

$$\begin{array}{ccc} HAc + OH^- & \xrightarrow{\Delta_r H_m} & Ac^- + H_2O \\ \Delta_r H_{解离} \downarrow & & \uparrow \Delta_r H_{中和} \\ & H^+ + Ac^- + OH^- & \end{array}$$

根据盖斯定律：

$$\Delta_r H_m = \Delta_r H_{解离} + \Delta_r H_{中和}$$

所以

$$\Delta_r H_{解离} = \Delta_r H_m - \Delta_r H_{中和}$$

实验中需确定量热计的热容，常用测定量热计热容的方法有三种。

① 使已知热效应的反应过程在量热计中发生，根据量热计的温度升高值，计算量热计常数 K。这种方法叫化学标定法。

② 对量热计及一定量的水在一定的电流、电压下通电一定时间，使量热计升高一定温度，根据提供的电能及量热计温度升高值，计算量热计常数 K。这种方法叫电热标定法。

③ 向一定量的水中加入一定量的冰水混合物达到温度平衡，由热量平衡关系计算量热计常数 K。这种方法叫混合平衡法。

目前国内外多采用电热标定法。本实验也是采用电热标定法标定量热计常数 K。

在杜瓦瓶中盛一定量的水，搅拌，用贝克曼温度计相隔一定时间测温，在温度变化稳定后，在一定的电流、电压下通电一定时间，使量热计升高一定温度，根据供给的电能（IUt）及量热计温度升高值（ΔT），由下式计算 K，即：

$$K = \frac{IUt}{\Delta T}$$

温差 ΔT 可由雷诺曲线求得，详细步骤如下。

将样品燃烧前后历次观察的水温对时间作图，连成 $FHIDG$ 折线（图 1-1，图 1-2），图中 H 相当于开始加热点，D 为观察到的最高温度读数点，作相当于室温（或 HD 的 1/2）的平行线 JI 交折线于 I，过 I 点作 ab 垂线，然后将 FH 线和 GD 线外延交 ab 线于 A、C 两点，A 点与 C 点所表示的温度差即为待求温度的升高 ΔT。图中 AA' 为开始加热到温度上升至室温这一段时间 Δt_1 内，由环境辐射进来和搅拌引进的能量而造成体系温度的升高，必须扣除，CC' 为温度由室温升高到最高点 D 这一段时间 Δt_2 内，体系向环境辐射出能量而造成体系温度的降低，因此需要添加上。由此可见 AC 两点的温差较客观地表示了由于样品放热致使量热计温度升高的数值。

有时量热计的绝热情况良好，热漏小，而搅拌器功率大，不断稍微引进能量使得放热后的最高点不出现（图 1-2）。这种情况下 ΔT 仍然可以按照同样方法校正。

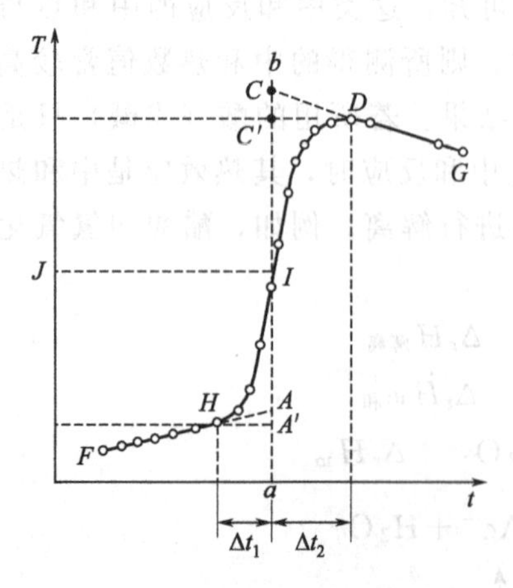

图 1-1　绝热较差时的雷诺校正图

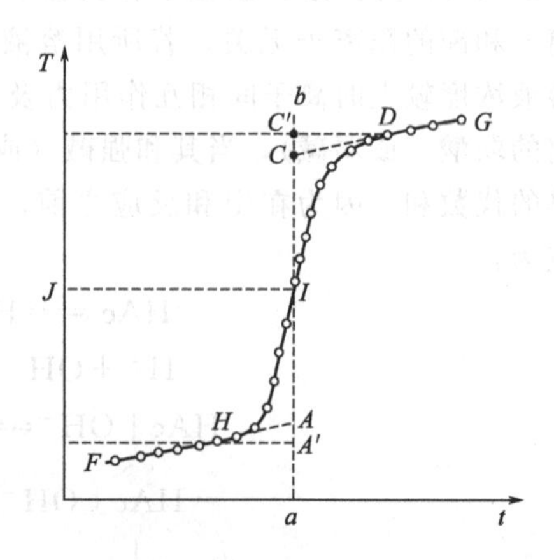

图 1-2　绝热良好时的雷诺校正图

【仪器试剂】

SWC-ZH 中和热测定装置，SWC-Ⅱ精密数字温度温差仪，WLS 数字恒流电源。

HAc（分析纯），NaOH（分析纯），HCl（分析纯）。

【实验步骤】

1. 量热计常数 K 的测定

量热计构造如图 1-3 所示。

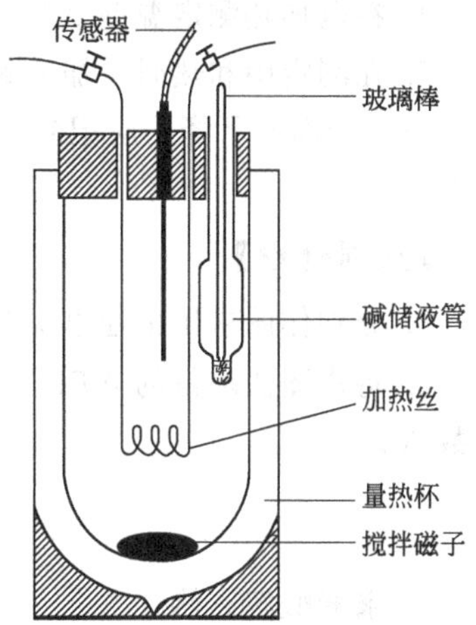

图 1-3 量热计构造图

(1) 用干布擦净量热杯，用量筒取 500mL 蒸馏水注入其中，放入搅拌磁子，调节适当的转速，盖好杯盖。

(2) 将直流恒流电源的两输出引线分别接在电加热丝的两接头上，打开电源开关，调节输出电压和电流（功率 P 为 2.5W)，然后将其中一根接线断开，或关闭恒流电源开关。

(3) 将精密数字温度温差仪传感器插入杜瓦瓶后，打开电源，待温度基本稳定后按下“采零”键，如与电脑相连，按下“采零键”的同时点击“开始绘图”，并按“锁定”键，再设定“定时”30s，此后每隔 30s 仪器会鸣叫，则记录一次温差。

(4) 当搅拌 5min 时，立即将恒流电源断开的输出线接上，如与电脑相连，接上输出线的同时点击“通电开始”，或打开恒流电源开关，此时即为加热开始时刻，并连续记录温差和时间，根据温度变化的大小可以调整连读的间隔，但必须连续记数（注：在通电过程中必须保持电流强度 I 和电压 U 恒定，并记录其数值)。

(5) 待温度升高 0.8～1.0℃时，断开恒流电源输出线，或关闭恒流电源开关，同时记录通电时间 t。继续搅拌，间隔 30s 记录一次温差数据，5min 后停止。

(6) 用雷诺校正法求出由于通电而引起的温度变化 ΔT_1。

2. 中和热的测定

(1) 将量热杯中的水倒掉，用干布擦净，重新用量筒取 400mL 蒸馏水注入其中，然后加入 1mol/L 的 HCl 溶液 50mL。仔细检查碱储液管是否漏液，若不漏液则取 1mol/L 的 NaOH 溶液 50mL 注入碱储液管中。适当调节搅拌磁子的转速，盖好杯盖。

(2) 将精密数字温度温差仪传感器插入杜瓦瓶后，打开电源，待温度基本稳定后按下“采零”键，并按“锁定”键，再设定“定时”30s，此后每隔 30s 仪器会鸣叫，则记录一次温差。

(3) 搅拌 5min 时，迅速拔出碱储液管中的玻璃棒，加入碱溶液（不要用力过猛，垂直旋转拔出，以免相互碰撞而损坏仪器）。连续记录温差和时间数据（注意整个过程时间要连续记录）。

(4) 待放热完全后，继续搅拌 5min，间隔 30s 记录一次温差数据。

(5) 实验停止后用记录数据画图，用雷诺校正法求出由放热引起的温度变化 ΔT_2。

3. 醋酸解离热的测定

用 1mol/L 醋酸溶液代替 HCl 溶液，重复上述步骤 2 的操作，求出 ΔT_3。

【注意事项】

1. 在三次测量过程中，应尽量保持测定条件的一致，如水和酸碱溶液体积的量取、搅拌速度的控制、初始状态的水温等。

2. 实验所用的 1mol/L NaOH、HCl 和 HAc 溶液应该准确配制，必要时可进行标定。

3. 实验所求的$\Delta_r H_m$和$\Delta_r H_{中和}$均为摩尔反应中和热，因此当HCl和HAc溶液浓度非常准确时，NaOH溶液可以稍稍过量，以保证酸被完全中和。反之，酸可以稍过量。

4. 在电加热测定温差ΔT_1时，要经常查看电流强度和电压是否保持恒定。

5. 在测定中和热时，加入碱液后，温度上升很快，要读取温度上升所达最高点，若温度一直上升而不下降，应记录上升变缓慢的开始温度及时间，以保证作图法求得ΔT的准确性。

【数据处理】

1. 分别作图求出由通电引起的温度变化ΔT_1、ΔT_2、ΔT_3。

2. 将作图法求得的ΔT_1、电流强度I、电压U和通电时间代入下式中，计算出量热计常数K。

$$K=\frac{IUt}{\Delta T_1}$$

3. 求醋酸解离热

$$HAc \longrightarrow H^+ + Ac^- \qquad \Delta_r H_{解离}$$

① $\Delta_r H_{中和}=-\frac{K\Delta T_2}{cV}\times 1000$

② $\Delta_r H_m=-\frac{K\Delta T_3}{cV}\times 1000$

③ $\Delta_r H_{解离}=\Delta_r H_m-\Delta_r H_{中和}$

【思考题】

1. 弱酸的解离反应是吸热反应还是放热反应？

2. 中和热除与温度、压力有关外，还与浓度有关，如何测量在一定温度下，无限稀释时的中和热？

【附】

SWC-ZH 中和热（焓）测定装置使用流程

1. 量热计常数K的测定

（1）用布擦净量热杯，量取500mL蒸馏水注入其中，放入搅拌磁子，调节适当的转速。

（2）将O型圈（调节传感器插入深度）套入传感器并将传感器插入量热杯中（不要与加热丝相碰），将功率输入线两端接在电热丝两接头上。按“状态转换”键切换到测试状态（测试指示灯亮），调节“加热功率”调节旋钮，使其输出为所需功率（一般为2.5W），再次按“状态转换”键切换到待机状态，并取下加热丝两端任一夹子。

（3）待温度基本稳定后，按“状态转换”键切换到测试状态，仪器对温差自动采零，设定“定时”30s，蜂鸣器响，记录一次温差值，即1min记录1次。

（4）当记下第十个读数时，夹上之前取下的加热丝一端的夹子，此时为加热的开始时刻。连续记录温差和计时，根据温度变化大小可调整读数的间隔，但必须连续计时。

（5）待温度升高0.8～1.0℃时，取下加热丝一端的夹子，并记录通电时间t。继续搅拌，每间隔一分钟记录一次温差，测10个点为止。

（6）用作图法求出由通电引起的温度变化ΔT_1。(用雷诺校正法确定)。

2. 中和热的测定

(1) 将量热杯中的水倒掉，用干布擦净，重新用量筒取 400mL 蒸馏水注入其中，然后加入 50mL 1mol/L 的 HCl 溶液。再取 50mL 1mol/L 的 NaOH 溶液注入碱储液管中，仔细检查是否漏液。

(2) 适当调节磁子的转速，每分钟记录一次温差，记录 5min。

(3) 然后迅速拔出玻璃棒，加入碱溶液（不要用力过猛，以免相互碰撞而损坏仪器）。继续每隔一分钟记录一次温差（注意整个过程时间是连续记录的，如温度上升很快可改为 30s 记录一次温差）。

(4) 加入碱溶液后，温度上升，待体系中温差几乎不变并维持一段时间即可停止测量。

(5) 用作图法确定 ΔT_2。

实验二　溶解热的测定

【实验目的】

1. 掌握量热装置的基本组合及电热补偿法测定热效应的基本原理。

2. 用电热补偿法测定 KNO_3 在不同浓度水溶液中的积分溶解热。

3. 用作图法求 KNO_3 在水中的微分稀释热、积分稀释热和微分溶解热。

【实验原理】

1. 在热化学中，关于溶解过程的热效应，有下列几个基本概念。

(1) 溶解热　在恒温恒压下，物质的量为 n_2 的溶质溶于物质的量为 n_1 的溶剂（或溶于某浓度溶液）中产生的热效应，用 Q 表示，溶解热可分为积分（或称变浓）溶解热和微分（或称定浓）溶解热。

① 积分溶解热　在恒温恒压下，1mol 溶质溶于 $n_0$mol 溶剂中产生的热效应，用 Q_s 表示。

② 微分溶解热　在恒温恒压下，1mol 溶质溶于某一确定浓度、无限量的溶液中产生的热效应，以 $\left(\frac{\partial Q}{\partial n_2}\right)_{T,p,n_1}$ 表示，简写为 $\left(\frac{\partial Q}{\partial n_2}\right)_{n_1}$。

(2) 稀释热　在恒温恒压下，1mol 溶剂加到某浓度的溶液中使之稀释所产生的热效应。稀释热也可分为积分（或变浓）稀释热和微分（或定浓）稀释热两种。

① 积分稀释热　在恒温恒压下，把原含 1mol 溶质及 n_{01} mol 溶剂的溶液稀释到含溶剂为 n_{02}mol 时的热效应，即为某两浓度溶液的积分溶解热之差，以 Q_d 表示。

② 微分稀释热　在恒温恒压下，1mol 溶剂加入某一确定浓度、无限量的溶液中产生的热效应，以 $\left(\frac{\partial Q}{\partial n_1}\right)_{T,p,n_2}$ 表示，简写为 $\left(\frac{\partial Q}{\partial n_1}\right)_{n_2}$。

2. 积分溶解热（Q_s）可由实验直接测定，其他三种热效应则通过 Q_s-n_0 曲线求得。

设纯溶剂和纯溶质的摩尔焓分别为 $H_m(1)$ 和 $H_m(2)$，当溶质溶解于溶剂变成溶液后，在溶液中溶剂和溶质的偏摩尔焓分别为 $H_{1,m}$ 和 $H_{2,m}$，对于由 n_1 mol 溶剂和 n_2 mol 溶质组成的体系，在溶解前体系总焓为 H。

$$H=n_1H_m(1)+n_2H_m(2) \tag{1}$$

设溶液的焓为 H'

$$H'=n_1H_{1,m}+n_2H_{2,m} \tag{2}$$

因此溶解过程热效应 Q 为

$$\begin{aligned}Q&=\Delta_{mix}H=H'-H=n_1[H_{1,m}-H_m(1)]+n_2[H_{2,m}-H_m(2)]\\&=n_1\Delta_{mix}H_m(1)+n_2\Delta_{mix}H_m(2)\end{aligned} \tag{3}$$

式中，$\Delta_{mix}H_m(1)$ 为微分稀释热；$\Delta_{mix}H_m(2)$ 为微分溶解热。根据上述定义，积分溶解热 Q_s 为

$$Q_s=\frac{Q}{n_2}=\frac{\Delta_{min}H}{n_2}=\Delta_{mix}H_m(2)+\frac{n_1}{n_2}\Delta_{mix}\mathrm{H}_m(1)=\Delta_{mix}H_m(2)+n_0\Delta_{mix}H_m(1) \tag{4}$$

在恒压条件下，$Q=\Delta_{mix}H$，对 Q 进行全微分

$$dQ=\left(\frac{\partial Q}{\partial n_1}\right)_{n_2} dn_1+\left(\frac{\partial Q}{\partial n_2}\right)_{n_1} dn_2 \tag{5}$$

上式在比值$\frac{n_1}{n_2}$恒定下积分，得

$$Q=\left(\frac{\partial Q}{\partial n_1}\right)_{n_2} n_1+\left(\frac{\partial Q}{\partial n_2}\right)_{n_1} n_2 \tag{6}$$

全式除以 n_2，得

$$\frac{Q}{n_2}=\left(\frac{\partial Q}{\partial n_1}\right)_{n_2}\frac{n_1}{n_2}+\left(\frac{\partial Q}{\partial n_2}\right)_{n_1} \tag{7}$$

因$\frac{Q}{n_2}=Q_s$，令

$$\frac{n_1}{n_2}=n_0 \tag{8}$$

则

$$\left(\frac{\partial Q}{\partial n_1}\right)_{n_2}=\left[\frac{\partial(n_2 Q_s)}{\partial(n_2 n_0)}\right]_{n_2}=\left(\frac{\partial Q_s}{\partial n_0}\right)_{n_2} \tag{9}$$

将式(8)、式(9) 代入式(7) 得

$$Q_s=\left(\frac{\partial Q}{\partial n_2}\right)_{n_1}+n_0\left(\frac{\partial Q_s}{\partial n_0}\right)_{n_2} \tag{10}$$

对比式(3) 与式(6) 或对比式(4) 与式(10)，

$$\Delta_{mix}H_m(1)=\left(\frac{\partial Q}{\partial n_1}\right)_{n_2} \quad 或 \quad \Delta_{mix}H_m(1)=\left(\frac{\partial Q_s}{\partial n_0}\right)_{n_2}$$

$$\Delta_{mix}H_m(2)=\left(\frac{\partial Q}{\partial n_2}\right)_{n_1}$$

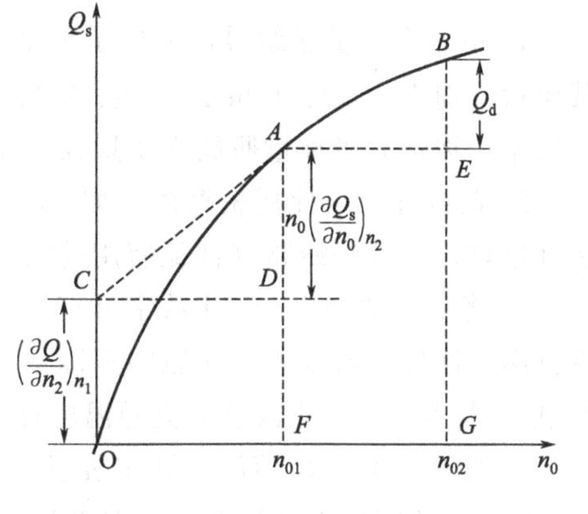

图 2-1 Q_s-n_0 关系图

以 Q_s 对 n_0 作图，可得图 2-1 的曲线。在图 2-1 中，AF 与 BG 分别为将 1mol 溶质溶于 n_{01} mol 和 n_{02} mol 溶剂时的积分溶解热 Q_s，BE 表示在含有 1mol 溶质的溶液中加入溶剂，使溶剂量由 n_{01} mol 增加到 n_{02} mol 过程的积分稀释热 Q_d。

$$Q_d=(Q_s)n_{02}-(Q_s)n_{01}=BG-EG \tag{11}$$

图 2-1 中曲线 A 点的切线斜率等于该浓度溶液的微分稀释热。

$$\Delta_{mix}H_m(1)=\left(\frac{\partial Q_s}{\partial n_0}\right)_{n_2}=\frac{AD}{CD}$$

切线在纵轴上的截距等于该浓度的微分溶解热。

$$\Delta_{mix}H_m(2)=\left(\frac{\partial Q}{\partial n_2}\right)_{n_1}=\left[\frac{\partial(n_2 Q_s)}{\partial n_2}\right]_{n_1}=Q_s-n_0\left(\frac{\partial Q_s}{\partial n_0}\right)_{n_2}$$

即

$$\Delta_{mix}H_m(2)=\left(\frac{\partial Q}{\partial n_2}\right)_{n_1}=OC$$

由图 2-1 可见，欲求溶解过程的各种热效应，首先要测定各种浓度下的积分溶解热，然后作图计算。

3. 本实验采用绝热式测温量热计，它是一个包括杜瓦瓶、搅拌器、电加热器和测温部件等的量热系统。量热计及其电路图如图 2-2 所示。因本实验测定 KNO_3 在水中的溶解热是一个吸热过程，可用电热补偿法。即先测定体系的起始温度 T，溶解过程中体系温度随

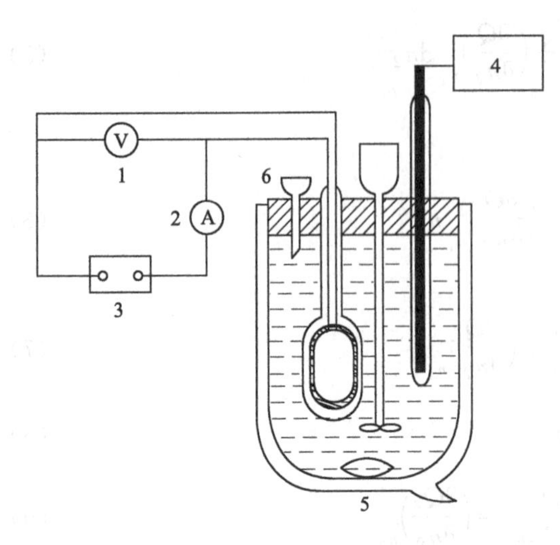

图 2-2 量热计及其电路图

1—伏特计；2—直流毫安表；3—直流稳压电源；
4—测温部件；5—搅拌器；6—漏斗

吸热反应进行而降低，再用电加热法使体系升温至起始温度，根据所消耗电能求出热效应 Q。

$$Q=I^2Rt=UIt$$

式中，I 为通过电阻为 R 的电热器的电流强度，A；U 为电阻丝两端所加电压，V；t 为通电时间，s。

利用电热补偿法，测定 KNO_3 在不同浓度水溶液中的积分溶解热，并通过图解法求出其他三种热效应。

【仪器试剂】

SWC-RJ 溶解热测定装置一套［包括量热杯（杜瓦瓶）、搅拌器、电加热器、测温部件、漏斗］，SWC-Ⅱ数字贝克曼温度计，直流稳压电源，直流毫安表，直流伏特计，秒表，干燥器，研钵，称量瓶，电子天平。

KNO_3（分析纯）（研细，在 110℃烘干，保存于干燥器中）。

【实验步骤】

1. 将 8 个称量瓶编号，在电子天平上称量，依次加入干燥好并在研钵中研细的 KNO_3，其质量分别为 2.5g、1.5g、2.5g、3.0g、3.5g、4.0g、4.0g 和 4.5g，再用电子天平称出准确数据。称量后将称量瓶放入干燥器待用。

2. 在台秤上用杜瓦瓶直接称取 216.2g 蒸馏水，并把搅拌磁珠放入量热器中。按图 2-2 装好量热计。连好线路（杜瓦瓶用前需干燥）。

3. 将传感器与 SWC-Ⅱ数字贝克曼温度计接好并插入量热器中，调节传感器上的 O 形橡胶圈，让传感器浸入杜瓦瓶中蒸馏水液面以下约 100mm（不要与杜瓦瓶内壁及搅拌磁珠接触），打开 SWC-Ⅱ数字贝克曼温度计电源开关。

4. 打开 SWC-RJ 溶解热测定装置电源，调节“调速”旋钮使搅拌磁珠转速均匀、适中。待 SWC-Ⅱ数字贝克曼温度计上温度显示平稳后记录下此基温。

5. 将量热计上加热器接头与 WLS 数字恒流电源输出接口相接，将 WLS 数字恒流电源粗调、细调旋钮逆时针旋到底，打开 WSL 数字恒流电源开关，调节粗调和细调旋钮，使电流 I 和电压 U 的乘积 $P=IU=2.5$W 左右。

6. 待量热器中温度加热至高于基温 0.5℃时，按下“采零”键，使温差窗口显示为温差值（通常情况显示为 0.00℃），并记下当前的温差值（每次加料时以它为起始温差值），将量热器加料口打开，加入第一份样品，同时开始计时，将残留在漏斗上的少量 KNO_3 全部加入杜瓦瓶中，然后用塞子堵住加样口。此时温差逐渐开始下降，然后逐渐开始上升。

7. 当温差值显示为记录下的起始温差值时，加入第二份样品并记下时间，即为加热时间 t_1。此时温差开始下降，待温差值上升到起始温差值时加入第三份样品，并记下加热时间 t_2，重复上述操作，直至所有样品加完测定完毕。

8. 测定完毕后，关闭电源，打开量热计，检查杜瓦瓶中 KNO_3 是否完全溶解，如未全部溶解，则必须重作；如果全部溶解，将溶液倒入回收瓶中，把量热器等器件洗净放回原处。

9. 用分析天平称量已倒出 KNO_3 样品的空称量瓶，求出各次加入 KNO_3 的准确质量。

【注意事项】

1. 实验过程中要求 I、U 值恒定，故应随时注意调节。

2. 实验过程中切勿把秒表按停读数，实验中所有样品测定完毕方可停表。

3. 固体 KNO_3 易吸水，故称量和加样动作应迅速。为确保 KNO_3 能迅速、完全溶解，在实验前务必研磨成粉状，并在 110℃烘干。

4. 整个测量过程要尽可能保持绝热，减少热损失。因量热计绝热性能与盖上各孔隙密封程度有关，实验过程中要注意盖严。

【数据处理】

1. 根据溶剂的质量和加入溶质的质量，求算溶液的浓度，以 n_0 表示。

$$n_0=\frac{n_{H_2O}}{n_{KNO_3}}=\frac{216.2}{18.02}\div\frac{m_{累}}{101.1}=\frac{1213}{m_{累}}$$

2. 按公式 $Q=IUt$ 计算各次溶解过程的热效应。

3. 按每次累积的浓度和累积的热量，求各浓度下溶液的 n_0 和 Q_s。

4. 将以上数据列表并作 Q_s-n_0 图，并从图中求出 $n_0=80$，100，200，300 和 400 处的积分溶解热、微分溶解热和微分稀释热，以及 n_0 从 80→100，100→200，200→300，300→400 的积分稀释热。

【思考题】

1. 该实验装置可否用来测定液体的比热容、水化热、生成热及有机物的混合热等热效应？

2. 试设计一个测定强酸（HCl）与强碱（NaOH）中和反应的实验方法。如何计算弱酸（HAc）的解离热？

3. 影响本实验结果的因素有哪些？

4. 试设计溶解热测定的其他方法。

【讨论】

1. 本实验装置除可以用来测定溶解热外，还可以用来测定中和热、水化热、生成热、液体的比热容及液态有机物的混合热等热效应，但要根据需要，设计合适的反应池。如中和热的测定，可将溶解热装置的漏斗部分换成一个碱贮存器，以便将碱液加入（酸液可直接从瓶口加入），碱贮存器下端可为一胶塞，混合时用玻璃棒捅破；也可为涂凡士林的毛细管，混合时用洗耳球吹气压出。在溶解热的精密测量实验中，也可以采用合适的样品容器将样品加入。

2. 本实验用电热补偿法测量溶解热时，整个实验过程要注意电热功率的检测准确，但实验过程中电压常在变化，很难得到一个准确值。如果实验装置使用计算机控制技术，采用传感器收集数据，使整个实验自动完成，则可以提高实验的准确度。

【附】

SWC-Ⅱ溶解热测定装置使用说明

1. 用电源线将仪器后面板的电源插座与～220V电源连接，将传感器插头接入传感器座，用配置的加热功率输出线接入“I+”“I-”“红—红”“蓝—蓝”。

2. 打开电源开关，仪器处于待机状态，待机指示灯亮。

3. 将8个称量瓶编号，在天平上分别称取2.5g、1.5g、2.5g、3.0g、3.5g、4.0g、4.0g和4.5g硝酸钾（参考）并依次放入干燥器中待用。

4. 在电子天平上称取216.2g蒸馏水放入杜瓦瓶内，放入磁珠，拧紧瓶盖，并放到反应架固定架上。

5. 将O型圈套入传感器，调节O型圈使传感器浸入蒸馏水约100mm，把传感器探头插入杜瓦瓶内（注意：不要与瓶内壁相接触）。

6. 按下“状态转换”键，使仪器处于测试状态（即工作状态）。调节“加热功率调节”旋钮，使功率$P=2.5W$左右。调节“调速”旋钮使搅拌磁珠为实验所需要的转速。

7. 实验时，因加热器开始加热时有滞后性，故应先让加热器正常加热，使温度高于环境温度0.5℃左右，按“温差采零”键，仪器自动清零，立刻打开杜瓦瓶的加料口，按编号加入第一份样品，并同步计时，如与电脑连接，此刻点击开始绘图，盖好加料口塞，观察温差的变化或软件界面显示的曲线，等温差值回到零时，加入第二份样品，依此类推，加完所有的样品。

注意：如手工绘制曲线图，每加一份料的同时，请同步记录计时时间。

8. 实验结束，按“状态转换”键，使仪器处于“待机状态”。将“加热功率调节”旋钮和“调速”旋钮左旋到底，关闭电源开关，拆去实验装置。

实验三　燃烧热的测定

【实验目的】

1. 通过测定萘的燃烧热，掌握量热法的原理和热化学实验的一般知识和技术。
2. 掌握氧弹式量热计的原理、构造及其使用方法。
3. 掌握高压钢瓶的有关知识并能正确使用。
4. 学会用作图法校正温度（差），用标准物质标定量热计的热容量。

【实验原理】

燃烧焓的定义：在指定的温度和压力下，1mol 物质完全燃烧生成指定产物的焓变，称为该物质在此温度下的摩尔燃烧焓，记作 $\Delta_c H_m$。

本实验是在等容的条件下测定的。等压热效应与等容热效应关系为

$$\Delta_c H_m = \Delta_c U_m + \Delta nRT \tag{1}$$

Δn 是燃烧反应方程式中气体物质的化学计量数的代数和，产物取正值，反应物取负值。燃烧热可在恒容或恒压条件下测定，由热力学第一定律可知，系统在不做非膨胀功时，$\Delta_c U_m = Q_V$，$\Delta_c H_m = Q_p$。在氧弹式量热计中测定的燃烧热是 Q_V，则

$$Q_p = Q_V + \Delta nRT \tag{2}$$

在盛有水的容器中放入装有 m 样品和氧气的密闭氧弹，使样品完全燃烧，放出的热量引起体系温度上升。根据能量守恒原理，用温度计测量温度的改变量，由下式求得 Q_V。

$$Q_V = \frac{M}{m} C (T_{终} - T_{始})$$

式中，M 为样品的摩尔质量，g/mol；C 为样品燃烧放热时水和仪器每升高 1℃所需要的热量，称为水当量，J/K。水当量的求法是用已知燃烧热的物质（本实验用苯甲酸）放在量热计中，测定 $T_{始}$ 和 $T_{终}$，然后可测得萘的燃烧焓。

【仪器试剂】

氧弹式量热计，氧气钢瓶（带压力表），台秤，电子天平（0.0001g），压片器，尺子。

苯甲酸（分析纯），萘（分析纯），镍铬燃烧丝。

图 3-1　燃烧热测定实验装置

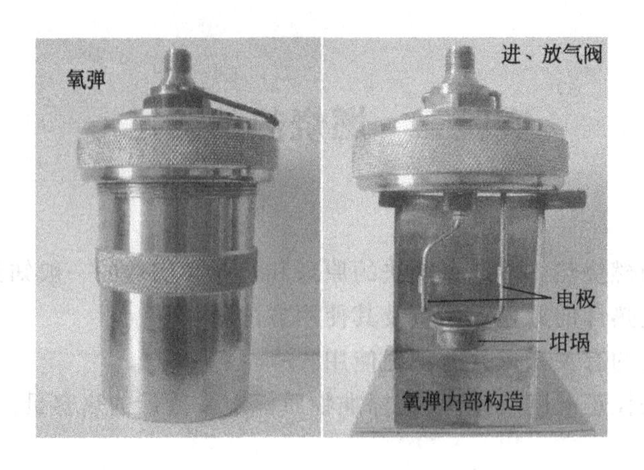

图 3-2　氧弹弹头及其结构

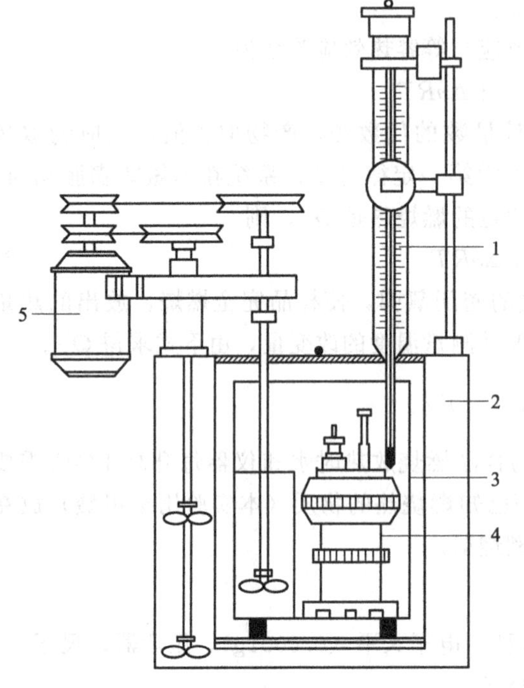

图 3-3　环境恒温式氧弹量热计装置

1—贝克曼温度计；2—恒温夹套；3—盛水桶；4—氧弹；5—搅拌器

【实验步骤】

燃烧热测定实验装置、氧弹弹头及其结构、环境恒温式氧弹量热计，其装置见图 3-1～图 3-3。

1. 水当量的测定

（1）仪器预热　将量热计及其全部附件清理干净，将有关仪器通电预热。

（2）样品压片　在台秤上粗称 0.9～1.0g 苯甲酸，取约 10cm 长的镍铬燃烧丝，用尺子量出其长度，并在电子天平上准确称重；然后将镍铬燃烧丝和粗称的苯甲酸一起用压片器压成片状，准确称重。

（3）氧弹充氧　将氧弹的弹头放在弹头架上，把燃烧丝的两端分别紧绕在氧弹头上的两根电极上；在氧弹中加入 10mL 蒸馏水（实验中此步骤可以省略），把弹头放入弹杯中，拧紧。

充氧时，开始先充约 0.5MPa 氧气，然后开启出口，以赶出氧弹中的空气。再充入 1MPa 氧气，充气约 2s。将氧弹放入量热计中，接好点火线。

（4）调节水温　准备一桶自来水，调节水温约低于外筒水温 1℃（也可以不调节水温直接使用）。用量筒取 3000mL 已调温的水注入内筒，水面盖过氧弹。装好搅拌头。

（5）测定水当量　打开搅拌器，待温度稍稳定后开始记录温度，每 10s 记录一个数据，记录 5min。开启“点火”按钮。当温度明显升高时，说明点火成功，继续每 10s 记录一次，到温度升至最高点后，再记录 5min，停止实验。

停止搅拌，取出氧弹，放出余气，打开氧弹盖，若氧弹中无灰烬，表示燃烧完全，将剩余燃烧丝称重，待处理数据时用。

2. 测量萘的燃烧热

称取 0.8～0.9g 萘，重复上述步骤测定萘的燃烧热。

【注意事项】

1. 仪器先预热，打开开关，实验过程中不允许关闭。
2. 注意压片机要专用。
3. 充氧时注意氧气钢瓶和减压阀的正确使用顺序，注意开关的方向和压力。
4. 内筒中加 3000mL 水后若有气泡逸出，说明氧弹漏气，设法排除。
5. 搅拌时不得有摩擦声。
6. 测定样品萘时，内筒水要更换且需调温。
7. 氧气瓶在开总阀前要检查减压阀是否关好；实验结束后要关上钢瓶总阀，注意排净余气，使指针回零。
8. 拔电极时注意不要拔线。
9. 测量萘的燃烧热前注意擦干内筒。

【数据处理】

1. 实验数据记录。

(1) 燃烧丝质量：______ g；剩余燃烧丝质量：______ g；燃烧丝长度：______ cm；苯甲酸质量：______ g。

(2) 燃烧丝质量：______ g；剩余燃烧丝质量：______ g；燃烧丝长度：______ cm；萘质量：______ g。

2. 由实验数据分别求出苯甲酸、萘燃烧前后的 $T_{始}$ 和 $T_{终}$。

$\Delta T_{苯甲酸}=$______，$\Delta T_{萘}=$______。

3. 由苯甲酸数据求出水当量 C。

$Q_{丝}=-1400.8\text{J/g}$

$$C=\frac{(\Delta U_m)\dfrac{m_{苯甲酸}}{M}-Q_{丝}\,m_{丝}}{\Delta T}$$

25℃时，苯甲酸 $Q_p=-3228.0\text{kJ/mol}$

根据基尔霍夫定律：

$C_p(H_2O,l)=75.295\text{J/(mol·K)}$　　$C_p(苯甲酸)=145.2\text{J/(mol·K)}$

$C_p(O_2)=29.359\text{J/(mol·K)}$　　$C_p(CO_2)=37.129\text{J/(mol·K)}$

$C_p(萘)=165.3\text{J/(mol·K)}$

对于苯甲酸

$\Delta C_p=7\times37.129+3\times75.295-145.2-(15/2)\times29.359=120.3955\text{J/(mol·K)}$

对于萘

$\Delta C_p=10\times37.129+4\times75.295-165.3-12\times29.359=154.9\text{J/(mol·K)}$

苯甲酸的燃烧热

$$\Delta H_T=\Delta H_{298.15}+\int_{298.15}^{T}\Delta C_p\,dT\qquad Q_V=Q_p-\Delta nRT=\_\_\_\_\_\_$$

$$C\Delta T=(\Delta U_m)\frac{m_{苯甲酸}}{M}-Q_{丝}\,m_{丝}\qquad C=\_\_\_\_\_\_\ \text{J/℃}$$

4. 求出萘的燃烧热 Q_V，换算成 Q_p。

对于萘 Q_V=______

$Q_p = Q_V + \Delta nRT$

5. 将所测萘的燃烧热值与文献值比较，求出误差，分析误差产生的原因。

萘的文献值：

$$\Delta H_T = \Delta H_{298.15} + \int_{298.15}^{T} \Delta C_p \mathrm{d}T$$

相对误差=________

【实验成败的关键】

(1) 保证试样完全燃烧是实验的关键。

(2) 氧弹点火要迅速果断。

(3) 测定前在氧弹内滴几滴蒸馏水，能使氧弹内为水汽所饱和，又能使室温下的反应物之一的水蒸气凝结为液体水。

(4) 必须注意燃烧前后体系温度的改变量在贝克曼温度计量程内。

【思考题】

1. 在氧弹里加 10mL 蒸馏水起什么作用?

2. 本实验中，哪些为体系？哪些为环境？实验过程中有无热损耗，如何降低热损耗?

3. 在环境恒温式量热计中，为什么内筒水温要比外筒水温低？低多少合适?

4. 欲测定液体样品的燃烧热，你能想出测定方法吗?

5. 说明恒容热和恒压热的关系。

6. 实验中哪些因素容易造成误差？最大误差是哪种？提高本实验的准确度应该从哪方面考虑?

【附】

测量水当量

(1) 压片

在天平上粗略称取 1.0g 左右的苯甲酸，在压片机中压成片状。不能压太紧，如果太紧点火后不能充分燃烧。压成片状后，再在天平上准确称量。

(2) 装样

旋开氧弹，把氧弹的弹头放在弹头架上，将样品苯甲酸放入坩埚内，把坩埚放在燃烧架上。取一根燃烧丝测量其长度，然后将燃烧丝两端分别固定在两根电极上，中部贴紧样品苯甲酸。燃烧丝与坩埚壁不能相碰。在弹杯中注入 10mL 水，把弹头放入弹杯中，用手拧紧。

(3) 充氧

使用高压钢瓶必须严格遵守操作规则。开始先充入少量氧气（约 0.5MPa），然后将氧弹中的氧气放掉，借以赶出氧弹中的空气，再向氧弹中充入约 2MPa 的氧气。

(4) 调节水温

将量热计外筒内注满水，用手动搅拌器稍加搅动。打开精密数字温度温差仪的电源，将传感器插入加水口测其温度，待温度稳定后，记录其温度值。再用筒取适量自来水，测其温度，如温度偏高或相平，则加冰调节水温，使其低于外筒水温 1℃左右。用容量瓶精确称取 3000mL 已调好温度的自来水注入内筒，再将氧弹放入，水面刚好盖过氧弹。如氧弹有气泡逸出，说明氧弹漏气，寻找原因并排除。将两根电极线一端插入氧弹两电极上，另一端插入点火输出孔，电极线嵌入桶盖的槽中，盖上盖子。注意：搅拌器不要与弹头相碰。同时将传感器插入内筒水中。

（5）点火

开启恒温式量热计的电源开关，点火指示灯亮，开启搅拌开关，进行搅拌。水温基本稳定后，将温差仪“采零”并“锁定”。然后将传感器取出放入外筒水中，待温度稳定后，记录其温差值，再将传感器插入内筒水中。待温度稳定后，设置每隔 10s 记录一次温差值，直至连续 10 次水温有规律微小变化，约需 5min。按下“点火”按钮，此时点火指示灯灭，停顿一会点火指示灯又亮，直到燃烧丝烧断，点火指示灯才灭。氧弹内样品一经燃烧，水温很快上升，点火成功。每隔 10s 记录一次温差值，直至两次读数差值小于 0.005℃，连续读 5min 后，实验结束。

注意：水温没有上升，说明点火失败，应关闭电源，取出氧弹，放出氧气，仔细检查加热丝及连接线，找出原因并排除。

（6）校验

实验停止后，关闭电源，将传感器放入外筒。取出氧弹，放出氧弹内的余气。旋下氧弹盖，测量燃烧后燃烧丝长度并检查样品燃烧情况。样品没燃烧完全，实验失败，必须重做；反之，说明实验成功。

实验四　凝固点降低法测摩尔质量

【实验目的】

1. 测定环己烷的凝固点降低值，计算萘的摩尔质量。
2. 掌握溶液凝固点的测定技术，并加深对稀溶液依数性质的理解。
3. 掌握贝克曼温度计（或 SWC-Ⅱ数字贝克曼温度计）的使用方法。

【实验原理】

当稀溶液凝固析出纯固体溶剂时，溶液的凝固点低于纯溶剂的凝固点，其降低值与溶液的质量摩尔浓度成正比。即

$$\Delta T_f = T_f^* - T_f = K_f b_B \tag{1}$$

式中，ΔT_f 为凝固点降低值；T_f^* 为纯溶剂的凝固点；T_f 为溶液的凝固点；b_B 为溶液中溶质 B 的质量摩尔浓度；K_f 为溶剂的质量摩尔凝固点降低常数，它的数值仅与溶剂的性质有关。

若称取一定量的溶质 m_B(g) 和溶剂 m_A(g)，配成稀溶液，则此溶液的质量摩尔浓度为

$$b_B = \frac{m_B}{M_B m_A} \times 10^3$$

式中，M_B 为溶质的分子量。将该式代入式(1)，整理得：

$$M_B = K_f \frac{m_B}{m_A \Delta T_f} \times 10^3 \tag{2}$$

若已知某溶剂的凝固点降低常数 K_f 值，通过实验测定此溶液的凝固点降低值 ΔT_f，即可根据式(2) 计算溶质的分子量 M_B。

凝固点的精确测量是该实验的关键。其方法是：将溶液逐渐冷却成为过冷溶液，然后通过搅拌或加入晶种促使溶剂结晶，放出的凝固热使体系温度回升，当放热与散热达到平衡时，温度不再改变，此固液两相平衡共存的温度，即为溶液的凝固点。本实验测纯溶剂与溶液凝固点之差，因为差值较小，所以测温采用较精密的贝克曼温度计（或 SWC-Ⅱ数字贝克曼温度计）。

从相律看，溶剂与溶液的冷却曲线形状不同。对纯溶剂两相共存时，自由度 $f^* = 1-2+1=0$，冷却曲线形状如图 4-1(a) 所示，水平线段对应着纯溶剂的凝固点。对溶液两相共

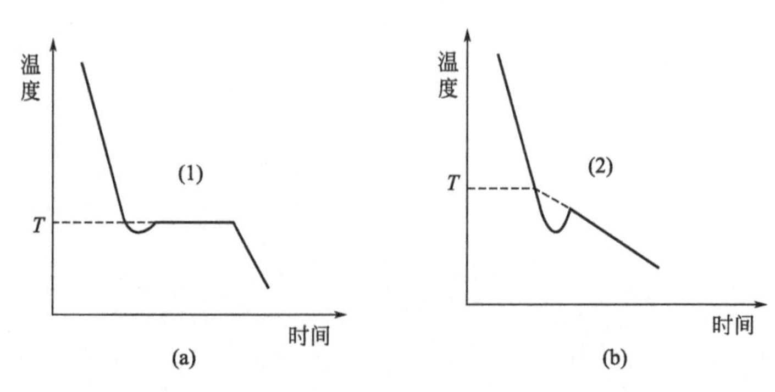

图 4-1　溶剂与溶液的冷却曲线

存时，自由度 $f^*=2-2+1=1$，温度仍可下降，由于溶剂凝固时放出凝固热而使温度回升，并且回升到最高点后又开始下降，其冷却曲线如图 4-1(b) 所示，不出现水平线段。由于溶剂析出后，剩余溶液浓度逐渐增大，溶液的凝固点也要逐渐下降，在冷却曲线上得不到温度不变的水平线段。如果溶液的过冷程度不大，可以将温度回升的最高值作为溶液的凝固点；若过冷程度太大，则回升的最高温度不是原浓度溶液的凝固点，严格的做法是应作冷却曲线，并按图 4-1(b) 中所示的方法加以校正。

【仪器试剂】

SWC-LG$_B$ 型凝固点测定仪（图 4-2），分析天平，烧杯，SWC-Ⅱ数字贝克曼温度计，25mL 移液管，洗耳球。

环己烷（分析纯），萘（分析纯），冰，水。

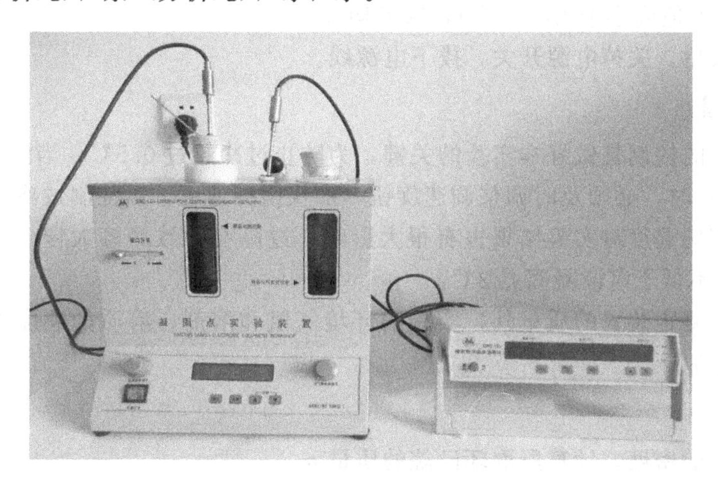

图 4-2 凝固点测定仪

【实验步骤】

1. 按照图 4-3 所示凝固点降低实验装置连接仪器，将传感器插头插入后面板上的传感器接口，将 220V 电源线插入后面板上的电源插座。

2. 打开电源开关，温度显示屏显示初始状态（实时温度），温差显示屏显示以 20℃ 为基温的温差值。

3. 调节寒剂的温度。传感器放入冰槽中，并在冰槽中放入敲碎的冰块和自来水，并注意搅拌，将冰槽温度调至 2～3℃，将空气套管插入冰槽。用寒剂搅棒不断搅拌，待冰槽温度保持基本不变时按“采零”键，再按下“锁定”键，锁定基温选择量程。

4. 用移液管吸取 25mL 环己烷放入洗净烘干的凝固点测定管中，同时放入小磁珠，将温度传感器插入橡胶塞，塞入凝固点测定管（传感器于管中央且与管平行，距底部约 5mm），塞紧。

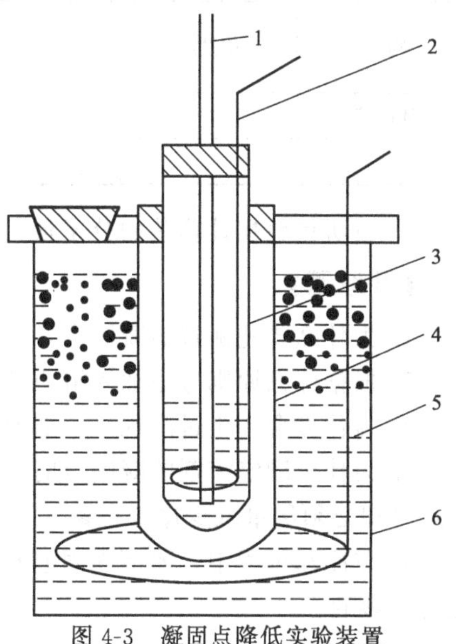

图 4-3 凝固点降低实验装置

1—数字贝克曼温度计传感器；2—内管搅棒；3—凝固点测定管；4—空气套管；5—寒剂搅棒；6—冰槽

5. 将凝固点测定管直接插入冰槽，观察温差显示屏显示值，直至温差显示屏显示值稳定不变，即为纯溶剂环己烷的初测凝固点。

6. 取出凝固点测定管，用手捂住管壁，使管中固体全部溶化后，将凝固点测定管直接插入冰槽，缓慢搅拌，当环己烷温度降至高于初测凝固点温度0.5℃时，迅速取出，擦干，插入空气套管，同时记下温差值（之后每间隔10s记下显示屏温差值，直至温差不再变化，持续60s，此时显示值即为纯溶剂凝固点），调节调速旋钮缓慢搅拌使温度均匀下降，低于初测凝固点时，及时调节调速旋钮加速搅拌，使固体析出，温度开始上升时，调节调速旋钮使其缓慢搅拌。重复三次，T_0 绝对平均误差值应小于±0.01℃。

7. 溶液凝固点的测定。取出凝固点测定管，如前将管中固体溶化，放入精确称重萘片（约0.15g），待全部溶解后，测定溶液的凝固点。测定方法按纯溶剂操作步骤6，重复三次（T_0 绝对平均误差值应小于±0.01℃），取平均值。

8. 实验结束后，关掉电源开关，拔下电源线。

【注意事项】

1. 搅拌速度的控制是做好本实验的关键，为防止过冷超过0.5℃，当温度降至比粗测凝固点温度高0.5℃时，必须及时调整调速旋钮，加快搅拌速度，以控制过冷程度。

2. 冰槽内寒剂温度对实验结果也有很大影响，过高会导致冷却太慢，过低则测不出正确的凝固点。应不低于溶液凝固点3℃。

3. 除凝固点测定装置的质量外，实验的环境气氛和溶剂、溶质的纯度都直接影响实验的可靠性和稳定性。

【数据处理】

1. 由环己烷的密度，计算所取环己烷的质量 m_A。

2. 将实验数据列入表中。

物质	质量/g	凝固点/℃				凝固点降低值/℃
		测量值			平均值	
环己烷						
萘						

3. 由所得数据计算萘的分子量，并计算与理论值的相对误差。

【思考题】

1. 为什么要先测近似凝固点？

2. 根据什么原则考虑加入溶质的量？太多或太少影响如何？

3. 为什么会产生过冷现象？如何控制过冷程度？

4. 为什么测定溶剂的凝固点时，过冷程度大一些对测定结果影响不大，而测定溶液凝固点时却必须尽量减少过冷现象？

5. 在冷却过程中，冰槽内固液相之间和寒剂之间，有哪些热交换？它们对凝固点的测定有何影响？

【讨论】

1. 理论上在恒压下对单组分体系，只要两相平衡共存就可以达到凝固点；但实际上只有固相充分分散到液相中，也就是固液两相的接触面相当大时，才能达到平衡。例如将冷冻管放到冰浴后温度不断降低，达到凝固点后，由于固相是逐渐析出的，当凝固热放出速度小于冷却速度时，温度还可能不断下降，因而使凝固点的确定比较困难。因此采用过冷法先使液体过冷，然后突然搅拌，促使晶核产生，很快固相会骤然析出，形成大量的微小结晶，这就保证了两相的充分接触；与此同时液体的温度也因为凝固热的放出开始回升，一直达到凝固点，保持一会儿恒定温度，然后又开始下降。

2. 液体在逐渐冷却过程中，当温度达到或稍低于其凝固点时，由于新相形成需要一定的能量，故结晶并不析出，这就是过冷现象。在冷却过程中，如稍有过冷现象是合乎要求的，但过冷太厉害或寒剂温度过低，则凝固热抵偿不了散热，此时温度不能回升到凝固点，在温度低于凝固点时完全凝固，就得不到正确的凝固点。因此，实验操作中必须注意掌握体系的过冷程度。

3. 当溶质在溶液中有离解、缔合、溶剂化和络合物生成等情况存在时，会影响溶质在溶剂中的表观摩尔质量。因此为获得比较准确的分子量数据，常用外推法，即以式(2) 计算得到的分子量为纵坐标，以溶液浓度为横坐标作图，外推至浓度为零而求得较准确的分子量数据。

【附】

SWC-LG 凝固点实验装置

1. 使用方法

(1) 将传感器插头插入后面板上的传感器接口（槽口对准）。

(2) 将～220V 电源接入后面板上的电源接座。

(3) 打开电源开关，此时温度显示窗口显示初始状态（实时温度），温差显示窗口显示以 20℃为基温的温差值。

(4) 将传感器放入冰槽中，并在冰槽中放入碎冰、自来水和食盐，将冰槽温度调至使其低于蒸馏水凝固点温度 2～3℃，将空气套管插入冰浴槽内。同时按下“锁定”键，锁定基温选择量程。

(5) 用移液管吸取 25mL 蒸馏水放入洗净、烘干的凝固点测定管中，同时，放入小磁珠，将温度传感器插入橡胶塞中，塞入凝固点测定管，要塞紧。注意传感器应插入与凝固点测定管管壁平行的中央位置，插入深度以温度传感器距离凝固点测定管的底部 5mm 为佳。

(6) 将凝固点测定管直接插入冰槽中，观察温度温差仪的温差显示窗口显示值，直至温差显示窗口显示值稳定不变，即为纯溶剂蒸馏水初测凝固点。

(7) 取出凝固点测定管，用掌心握住加热，待凝固点测定管内结冰完全溶化后，将凝固点测定管直接插入冰槽中，缓慢搅拌，当蒸馏水温度降至高于初测凝固点温度 0.5℃时，迅速将凝固点测定管取出，擦干，插入空气套管中，即时记下温差值（如与电脑连接，此时点击开始绘图），调节调速旋钮缓慢搅拌使温度均匀下降，间隔 15s 记下温差示值。当温度低于初测凝固点时，及时调节调速旋钮加速搅拌，使固体析出，温度开始上升时，调节调速旋钮继续缓慢搅拌。直至温差回升到不再变化，持续 60s，此时显示值即为蒸馏水（纯溶剂）的凝固点。

(8) 重复步骤 (7) 再测量两次。

(9) 溶液凝固点的测定——蔗糖水溶液凝固点的测定。做完纯溶剂蒸馏水凝固点测定后，取出凝固点测定管，使管中冰完全溶化后，放入已称量的 1g 蔗糖片，待其蔗糖片完全溶解后，重复步骤 (6)，先初测溶液的凝固点。再重复步骤 (7)，测量三次。

（10）如欲绘图、自动记录数据，实验前只需用配备的数据线将 RS-232C 串行口与电脑连接即可。

（11）数据处理，根据实验中所得数据计算凝固点降低值 ΔT_f。并计算蔗糖的分子量。

注意：手工记录数据时，可通过增、减键设置定时时间，记录数据。

（12）待实验结束后，关掉电源开关，拔下电源插头。

2. 维护及注意事项

（1）为防止过冷超过 0.5℃，当温度低于粗测凝固点温度时，必须及时调节调速旋钮，加快搅拌速度，以控制过冷程度。

（2）实验的环境气氛和溶剂、溶质的纯度都直接影响实验的效果。

（3）冰槽温度应不低于溶液凝固点 3℃为佳。一般控制在低于 2～3℃。本装置除可用自动搅拌外，同时配置手动搅拌器。用户可根据需要选择使用。

（4）传感器和仪表必须配套使用（传感器探头编号与仪表的出厂编号应一致），以保证检测的准确度，否则，温度检测准确度将有所下降。

实验五　液体饱和蒸气压的测定

【实验目的】

1. 掌握静态法测定液体饱和蒸气压的原理及方法，学会用图解法求其平均摩尔气化热和正常沸点。

2. 了解纯液体的饱和蒸气压与温度的关系、克劳修斯-克拉贝龙（Clausius-Clapeyron）方程式的意义。

3. 了解真空泵、恒温槽及气压计的使用及注意事项。

【实验原理】

通常温度下（距离临界温度较远时），纯液体与其蒸气达平衡时的蒸气压称为该温度下液体的饱和蒸气压，简称为蒸气压。1mol 液体蒸发所吸收的热量称为该温度下液体的摩尔汽化热。液体的蒸气压随温度变化而变化，温度升高时，蒸气压增大；温度降低时，蒸气压降低，这主要与分子的动能有关。当蒸气压等于外界压力时，液体便沸腾，此时的温度称为沸点，外压不同时，液体沸点将相应改变，当外压为 1atm（101.325kPa）时，液体的沸点称为该液体的正常沸点。

液体的饱和蒸气压与温度的关系用克劳修斯-克拉贝龙方程式表示：

$$\frac{\mathrm{d}\ln p}{\mathrm{d}T}=\frac{\Delta_{\mathrm{vap}}H_{\mathrm{m}}}{RT^{2}} \tag{1}$$

式中，R 为摩尔气体常数；T 为热力学温度；$\Delta_{\mathrm{vap}}H_{\mathrm{m}}$ 为在温度 T 时纯液体的摩尔汽化热。

假定 $\Delta_{\mathrm{vap}}H_{\mathrm{m}}$ 与温度无关，或因温度范围较小，$\Delta_{\mathrm{vap}}H_{\mathrm{m}}$ 可以近似作为常数，对上式积分，得：

$$\ln p=-\frac{\Delta_{\mathrm{vap}}H_{\mathrm{m}}}{R}\frac{1}{T}+C \tag{2}$$

式中，C 为积分常数。由此式可以看出，以 $\ln p$ 对 $1/T$ 作图，应为一直线，直线的斜率为$-\frac{\Delta_{\mathrm{vap}}H_{\mathrm{m}}}{R}$，由斜率可求算液体的 $\Delta_{\mathrm{vap}}H_{\mathrm{m}}$。

静态法测定液体饱和蒸气压，是指在某一温度下，直接测量饱和蒸气压，此法一般适用于蒸气压比较大的液体。静态法测量不同温度下纯液体饱和蒸气压，有升温法和降温法两种。本次实验采用升温法测定不同温度下纯液体的饱和蒸气压，所用仪器是纯液体饱和蒸气压测定装置，如图 5-1 所示。等位计由 A 球和 U 形管 B、C 组成。等位计平衡管上接一冷凝管，以橡皮管与压力计相连。A 内装待测液体，当 A 球的液面上纯粹是待测液体的蒸气，而 B 管与 C 管的液面处于同一水平时，则表示 B 管液面上的蒸气压（即 A 球液面上的蒸气压）与加在 C 管液面上的外压相等。此时，体系气液两相平衡的温度称为液体在此外压下的沸点。

【仪器试剂】

玻璃恒温水浴，等位计，冷凝管，冷阱，压力计，缓冲气罐，真空泵及附件。

纯水，无水乙醇（分析纯）或乙酸乙酯（分析纯）。

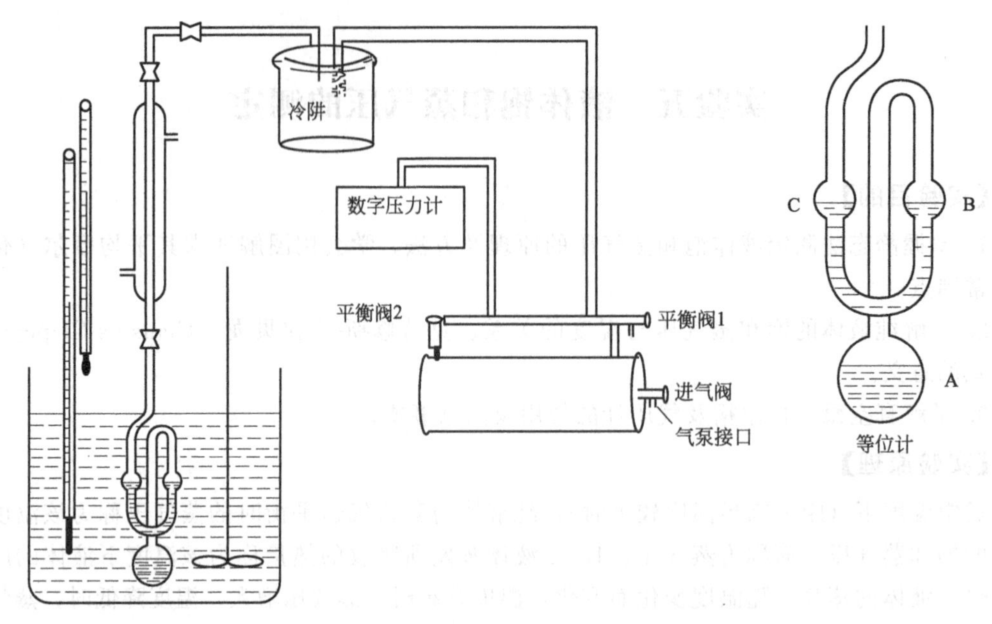

图 5-1　液体饱和蒸气压测定装置示意图

【实验步骤】

1. 连接装置仪器

从等位计加料口注入乙醇，使乙醇充满试液球 A 约 2/3 体积和大部分 U 形管，然后按照图 5-2 连接实验装置。

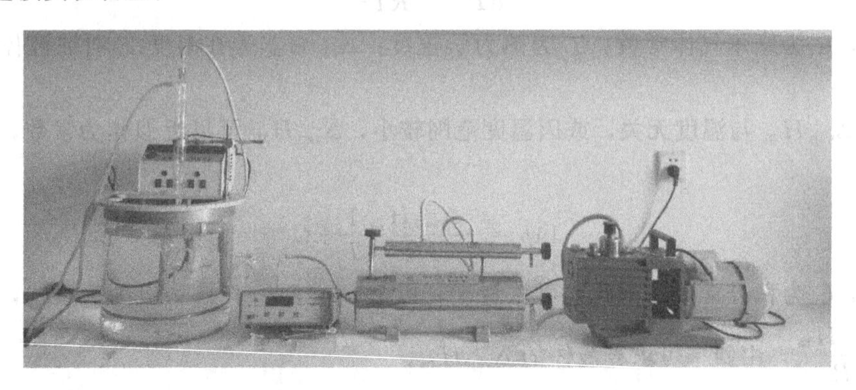

图 5-2　饱和蒸气压实验装置图

2. 系统气密性检查

将进气阀、平衡阀 2 打开，平衡阀 1 关闭（三阀均为顺时针关闭，逆时针开启），启动气泵加压至 60～100kPa，关闭进气阀，停止气泵工作。观察压力计的示数，如果显示数字下降值在标准范围内 [小于 0.01kPa/(2s)]，表明系统整体气密性良好。否则应逐段检查，消除漏气原因。

微调部分气密性检查：关闭气泵、进气阀和平衡阀 2，用平衡阀 1 调整微调部分压力，使之低于罐中压力的 1/2，观察数字压力计，其变化值在标准范围内 [小于±0.02kPa/(4s)]，表明微调部分气密性良好。若压力值上升超标，说明平衡阀 2 漏气；若压力值下降超标，说明平衡阀 1 漏气。检漏完毕，开启平衡阀 1 使微调部分泄压至零。

3. 饱和蒸气压的测定

(1) 设定玻璃恒温水浴温度为30℃，打开搅拌器开关。当水浴温度达到30℃时，关闭平衡阀1，接通冷凝水，开动真空泵，开启平衡阀2缓缓抽气至80kPa，使试液球与U形管之间的空气呈气泡通过U形管逸出。如果发现气泡成串上窜，可关闭平衡阀2（此时液体已沸腾），缓缓打开平衡阀1，通入少量空气，使沸腾缓和。如此沸腾3～4min排除试液球中的空气后，小心调节平衡阀1、平衡阀2（注意调平衡阀1时应先关闭平衡阀2，调平衡阀2时应先关闭平衡阀1），直至U形管中双臂液面等高为止，在压力计上读出压力值记下，重复操作一次，压力计的读数与前一次读数相差应不大于±67Pa。此时可认为空气被排除干净，试液球与U形管上的空间全部为乙醇蒸气所充满。

(2) 将恒温槽温度升高5℃，当待测液体再次沸腾，体系温度恒定后，小心调节平衡阀1、平衡阀2（注意调平衡阀1时，应先关闭平衡阀2，调平衡阀2时，应先关闭平衡阀1），直至U形管中双臂液面等高为止，记录温度与压力。依次测定，共测5个值。

4. 实验结束

缓慢打开进气阀（否则U形管中液体将冲入试液球），放掉恒温槽内热水，关闭冷凝水。将平衡阀1旋至与大气相通，拔掉电源插头。

【注意事项】

1. 减压系统不能漏气，否则抽气时达不到本实验要求的真空度。
2. 抽气速度要合适，必须防止平衡管内液体沸腾过剧，致使B管内液体快速蒸发。
3. 实验过程中，必须充分排净AB弯管空间中的全部空气，使B管液面上空只含液体的蒸气分子。AB管必须放置于恒温水浴中的水面以下，否则其温度与水浴温度不同。
4. 测定中，打开进空气的平衡阀1时，切不可太快，以免空气倒灌入AB弯管的空间中。如果发生倒灌，则必须重新排除空气。

【数据处理】

1. 数据记录表

室温：______℃；大气压：______ kPa

序号	1	2	3	4	5
T/K					
p/kPa					
$\ln p$					
$1/T$					

2. 实验数据处理

以 $\ln p$ 对 $1/T$ 作图，求出直线的斜率，并由斜率算出此温度范围内无水乙醇的平均摩尔气化热 $\Delta_{vap}H_m$，由图求算无水乙醇的正常沸点。

【思考题】

1. 试分析引起本实验误差的因素有哪些。
2. 为什么AB弯管中的空气要排干净？怎样操作？怎样防止空气倒灌？
3. 本实验方法能否用于测定溶液的饱和蒸气压？为什么？
4. 试说明压力计中所读数值是否是纯液体的饱和蒸气压？
5. 为什么实验完毕后必须使体系和真空泵与大气相通才能关闭真空泵？

【附】

一、DP-AF 精密数字压力计使用说明

1. 前面板示意图（图 1）

① 单位键：选择所需要的计量单位。

② 采零键：扣除仪表的零压力值（即零点漂移）。

③ 复位键：程序有误时重新启动 CPU。

④ 数据显示屏：显示被测压力数据。

⑤ 指示灯：显示不同计量单位的信号灯。

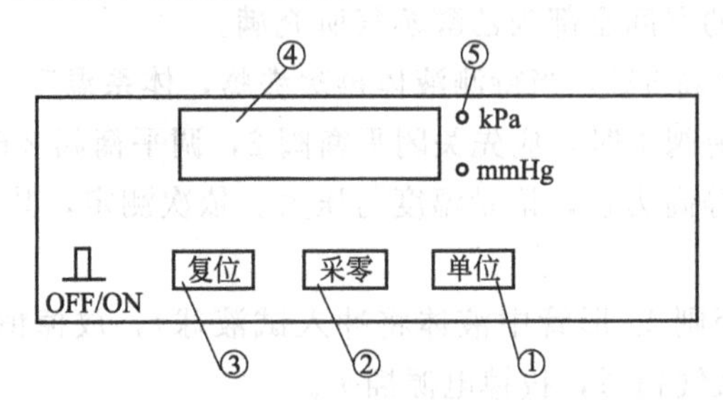

图 1　前面板示意图

注意：“单位”键：当接通电源，初始状态为 kPa 指示灯亮，显示以 kPa 为计量单位的零压力值；按一下“单位”键，mmHg 指示灯亮，LED 显示以 mmHg 为计量单位的压力值。

2. 后面板示意图（图 2）

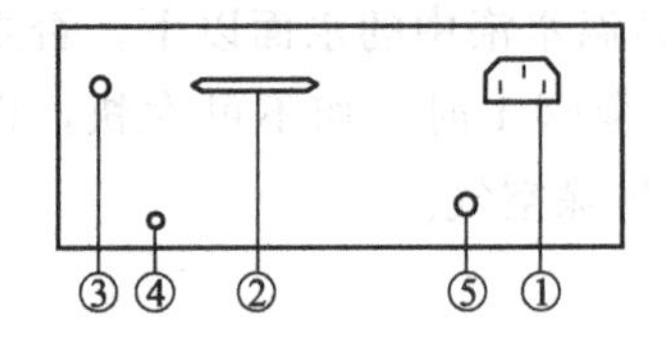

图 2　后面板示意图

① 电源插座：与～220V 相接。

② 电脑串行口：与电脑主机后面板的 RS232C 串行口连接（可选配）。

③ 压力接口：被测压力的引入接口。

④ 压力调整：被测压力满量程调整。

⑤ 保险丝：0.2A。

二、缓冲储气罐

1. 缓冲储气罐的使用方法

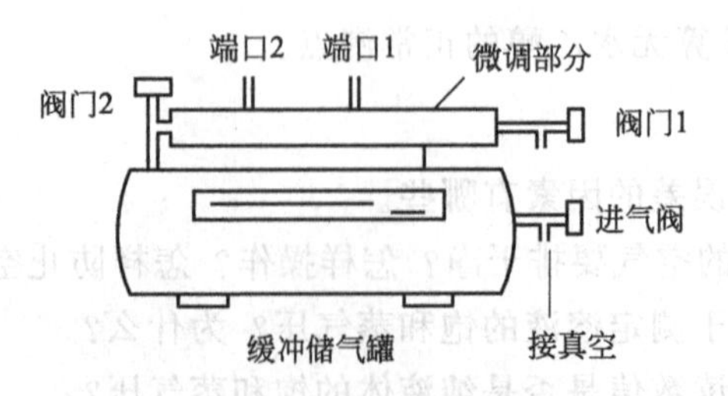

图 3　缓冲储气罐示意图

(1) 安装

用橡胶管将真空泵气嘴与缓冲（储气）罐（图3）接嘴相连接。端口1用堵头塞紧。端口2与数字压力计连接。

(2) 整体气密性检查

将进气阀、阀门2打开，阀门1关闭（三阀均为顺时针旋转关闭，逆时针旋转开启）。启动真空泵抽真空至压力为－100kPa左右，关闭进气阀及真空泵。观察数字压力计，若显示数值无上升，说明整体气密性良好。否则需查找漏气原因并清除，直至合格。

(3) “微调部分”的气密性检查

关闭阀门2，用阀门1调整“微调部分”的压力，使之低于压力罐中压力的1/2，观察数字压力计，其显示值无变化，说明气密性良好。若显示值上升说明阀门1泄漏，若下降说明阀门2泄漏。

2. 与被测系统连接进行测试

用橡胶管将缓冲储气罐端口2与被测系统连接，端口1与数字压力计连接。关闭阀门1，开启阀门2，使“微调部分”与罐内压力相等。之后，关闭阀门2，缓慢开启阀门1，泄压至低于气罐压力。关闭阀门1，观察数字压力计，显示值变化不大于0.01 [kPa/(4s)]，即为合格。检漏完毕，开启阀门1使微调部分泄压至零。

三、饱和蒸气压实验的步骤

1. 上述各组成部分检测后，按图4用橡胶管将各仪器连接成饱和蒸气压的实验装置。

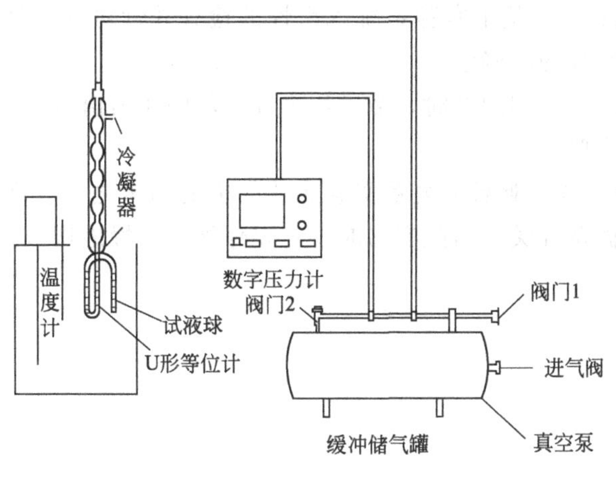

图4　饱和蒸气压系统装置示意图

2. 取下等位计，向加料口注入乙醇。使乙醇充满试液球体积的2/3和U形等位计（U形管）的大部分，按图4接好等位计。

3. 测定：接通冷却水，设定玻璃恒温水浴温度为25℃，打开搅拌器开关，将回差处于0.2。当水浴温度达到25℃时，将真空泵接到进气阀上，关闭阀门1，打开阀门2（在整个实验过程中阀门2始终处于打开状态，无须再动）。开启真空泵，打开进气阀使体系中的空气被抽出（压力计上显示－90kPa左右）。当U形等位计内的乙醇沸腾至3～5min时，关闭进气阀和真空泵，缓缓打开阀门1，漏入空气，当U形等位计中两臂的液面平齐时，关闭阀门1。若等位计液柱再变化，再打开阀门1使液面平齐，待液柱不再变化时，记下恒温槽温度和压力计上的压力值。若液柱始终变化，说明空气未被抽干净，应重复步骤3。

如上测定30℃、35℃、40℃、45℃、50℃时乙醇的蒸气压。

注意：测定过程中如不慎使空气倒灌入试液球，则需重新抽真空后方能继续测定。如升温过程中，U形等位计内液体发生暴沸，可缓缓打开阀门1，通入少量空气，防止管内液体大量挥发而影响实验进行。

实验结束后，慢慢打开进气活塞，使压力计恢复零位。用虹吸法放掉恒温槽内的热水，关闭冷却水。拔去所有的电源插头。

四、实验注意事项

1. 实验系统必须密闭，一定要仔细检漏。

2. 必须让U形等位计中的试液缓缓沸腾3～4min后方可进行测定。

3. 升温时可预先通入少许空气，以防止U形等位计中液体暴沸。

4. 液体的蒸气压与温度有关，所以测定过程中须严格控制温度。

5. 必须缓慢通入空气，否则U形等位计中的液体将冲入试液球中。

6. 必须充分抽净U形等位计空间的全部空气。U形等位计必须放置于恒温水浴中的液面以下，以保证试液温度的准确度。

五、使用与维护

1. 数字压力计、恒温控制仪等精密仪表不宜放置在潮湿的地方，应置于阴凉通风处。

2. 为了保证数字压力计、恒温控制仪等精密仪表工作正常，没有专门检测设备的单位和个人请勿打开机盖进行检修，更不允许调整和更换元件，否则将无法保证仪表测量的准确度。

3. 实验之前要认真进行整个实验系统气密性的检查并针对漏气情况给予处理，以保证实验顺利进行和实验结果的准确性。

4. 实验中调节阀门1、阀门2时，数字压力计显示的压力值有时有跳动现象属正常，待压力值稳定后再进行实验。

5. 阀门1和阀门2是否泄漏是关系实验成败的主要因素之一。在实验时，阀门1既是放气开关，也是压力微调开关，因此实验时一定要仔细、缓慢地调节。

实验六　二组分金属相图的绘制

【实验目的】

1. 学会用热分析法测绘 Sn-Bi 二组分金属相图。

2. 了解纯物质和混合物步冷曲线的形状有何不同，其相变点的温度应如何确定。

3. 了解热电偶测量温度和进行热电偶校正的方法。

【实验原理】

测绘金属相图常用的实验方法是热分析法，其原理是将一种金属或两种金属混合物熔融后，使之均匀冷却，每隔一定时间记录一次温度。表示温度与时间关系的曲线称为步冷曲线。当熔融体系在均匀冷却过程中无相变化时，其温度将连续均匀下降得到一平滑的步冷曲线；当体系内发生相变时，则因体系产生的相变热与自然冷却时体系放出的热量相抵消，步冷曲线就会出现转折或水平线段，转折点所对应的温度，即为该组成体系的相变温度。利用步冷曲线所得到的一系列组成和所对应的相变温度数据，以横轴表示混合物的组成，纵轴表示相变的温度，把这些点连接起来，就可绘出相图。二元简单低共熔体系的步冷曲线及相图如图 6-1 所示。

用热分析法测绘相图时，被测体系必须时时处于或接近相平衡状态，因此必须保证冷却速度足够慢才能得到较好的效果。此外，在冷却过程中，一个新的固相出现以前，常常发生过冷现象，轻微过冷则有利于测量相变温度；但严重过冷现象却会使转折点发生起伏，使相变温度的确定产生困难，见图 6-2。遇此情况，可延长 dc 线与 ab 线相交，交点 e 即为转折点。

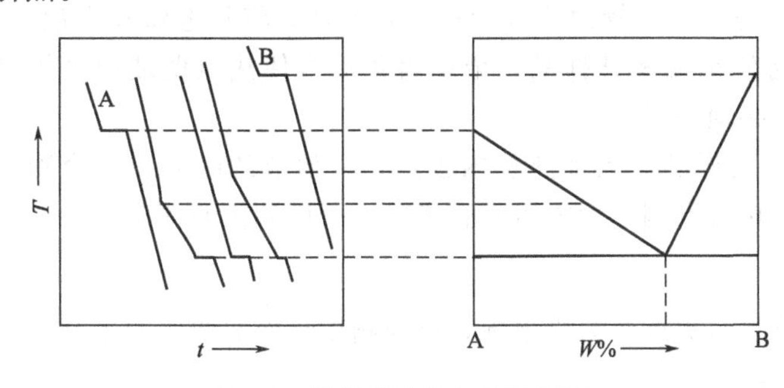

图 6-1　根据步冷曲线绘制相图

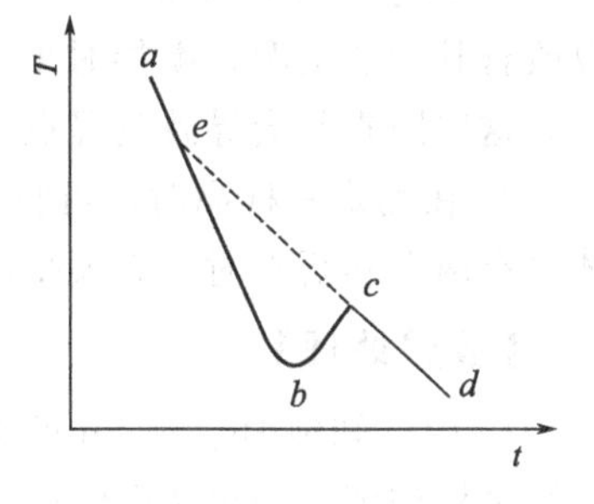

图 6-2　有过冷现象时的步冷曲线

【仪器试剂】

立式加热炉，保温炉，记录仪，调压器，镍铬-镍硅热电偶，样品坩埚，玻璃套管，烧杯（250mL）。

Sn（化学纯），Bi（化学纯），石蜡油，石墨粉。

【实验步骤】

1. 热电偶的选择和制备

取 60cm 长的镍铬丝和镍硅丝各一段，将镍铬丝用小绝缘瓷管穿好，将其一端与镍硅丝的一端紧密地扭合在一起（扭合头为 0.5cm），将扭合头稍稍加热立即沾以硼砂粉，并用小火熔化，然后放在高温焰上小心烧结，直到扭合头熔成一光滑的小珠，冷却后将硼砂玻璃层除去。

2. 样品配制

用感量0.1g的台秤分别称取纯Sn、纯Bi各50g，另配制含锡20%、40%、60%、80%的铋锡混合物各50g，分别置于坩埚中，在样品上方各覆盖一层石墨粉。

3. 绘制步冷曲线

(1) 将热电偶及测量仪器如图6-3所示连接好。

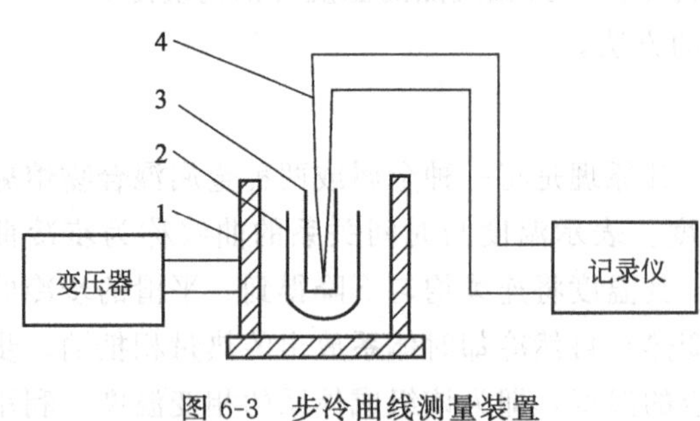

图6-3 步冷曲线测量装置

1—加热炉；2—坩埚；3—玻璃套管；4—热电偶

(2) 将盛放样品的坩埚放入加热炉内加热（控制炉温不超过400℃）。待样品熔化后停止加热，用玻璃棒将样品搅拌均匀，并在样品表面撒一层石墨粉，以防止样品氧化。

(3) 将坩埚移至保温炉中冷却，此时热电偶的尖端应置于样品中央，以便反映出体系的真实温度，同时开启记录仪绘制步冷曲线。

(4) 用上述方法绘制所有样品的步冷曲线。

(5) 用小烧杯装一定量的水，在电炉上加热，将热电偶插入水中绘制出水沸腾时的水平线。

【注意事项】

1. 用电炉加热样品时，温度要适当，温度过高则样品易氧化变质，温度过低或加热时间不够则样品没有完全熔化，测不出步冷曲线转折点。

2. 热电偶热端应插到样品中心部位，在套管内注入少量的石蜡油，将热电偶浸入油中，以改善其导热情况。搅拌时要注意勿使热端离开样品，金属熔化后常使热电偶玻璃套管浮起，这些因素都会导致测温点变动，必须注意。

3. 在测定一样品时，可将另一待测样品放入加热炉内预热，以便节约时间。混合物的体系有两个转折点时，必须待第二个转折点测完后方可停止实验，否则须重新测定。

【数据处理】

1. 用已知纯Bi、纯Sn的熔点及水的沸点作为横坐标，以纯物质步冷曲线中的平台温度为纵坐标作图，画出热电偶的工作曲线。

2. 找出各步冷曲线中转折点和水平线段所对应的温度值。

3. 从热电偶的工作曲线上查出各转折点温度和水平线段所对应的温度，以温度为纵坐标，以物质组成为横坐标，绘出Sn-Bi金属相图。

【思考题】

1. 对于不同组分混合物的步冷曲线，其水平段有什么不同？为什么？

2. 除热分析法外，绘制相图还有哪些方法？

【讨论】

1. 本实验的关键是步冷曲线上转折点和水平线段是否明显。步冷曲线上温度变化的速度取决于体系与环境间的温差、体系的热容量、体系的热传导率等因素，若体系析出固体放出的热量抵消散失热量的大部分，转折变化明显，否则转折就不明显。故控制好样品的降温速度很重要，一般控制在 6～8℃/min，在冬季室温较低时，就需要给体系降温过程加以一定的电压（约 20V 左右）来减缓降温速度。

2. 本实验所用体系一般为 Sn-Bi、Cd-Bi、Pb-Zn 等低熔点金属体系，但它们的蒸气对人有危害，因而要在样品上方覆盖石墨粉或石蜡油，防止样品的挥发和氧化。石蜡油的沸点较低（大约为 300℃），故电炉加热样品时注意不宜升温过高，特别是样品近熔化时所加电压不宜过大，以防止石蜡油的挥发和炭化。

3. 固液系统的相图类型很多，二组分间可形成固溶体、化合物等，其相图可能会比较复杂。一个完整相图的绘制，除热分析法外，还需借用化学分析、金相显微镜、X 射线衍射等方法共同解决。

【附】

KWL-08 可控升降温电炉使用方法（采用“内控”系统控温）

1. 将控制开关置于“内控”位置，测温仪传感器置于样品管中。

2. 打开电源，调节“加热量调节”旋钮使电炉按自己所需要的速度进行升温。

3. 当接近所需温度时，关闭“加热量调节”旋钮（逆时针旋至底位，此时加热电压指示“0”），待达到所需温度并较稳定时，选择适当的“加热量调节”位置，以保证炉温基本稳定。

4. 当需要降温时，首先将“加热量调节”旋钮逆时针旋至底位，此时加热电压指示“0”，观察降温速度，若降温速度太慢，可增加“冷风量电压”；若降温速度太快，可适当增加“加热量电压”，以达到所需降温速度。

实验七　完全互溶双液系的平衡相图

【实验目的】

1. 绘制常压下环己烷-乙醇双液系的 T-x 图，并找出恒沸点混合物的组成和最低恒沸点。

2. 掌握阿贝折射仪的使用方法。

【实验原理】

常温下，任意两种液体混合组成的体系称为双液体系。若两液体能按任意比例互溶，则称完全互溶双液体系；若只能部分互溶，则称部分互溶双液体系。双液体系的沸点不仅与外压有关，还与双液体系的组成有关。恒压下将完全互溶双液体系蒸馏，测定馏出物（气相）和蒸馏液（液相）的组成，就能找出平衡时气、液两相的成分并绘出 T-x 图。

通常，如果液体与拉乌尔定律的偏差不大，在 T-x 图上溶液的沸点介于 A、B 二纯液体的沸点之间，如图 7-1(a) 所示。而实际溶液由于 A、B 二组分的相互影响，常与拉乌尔定律有较大偏差，在 T-x 图上就会有最高或最低点出现，这些点称为恒沸点，其相应的溶液称为恒沸混合物，如图 7-1(b)、(c) 所示。恒沸混合物蒸馏时，所得的气相与液相组成相同，因此通过蒸馏无法改变其组成。

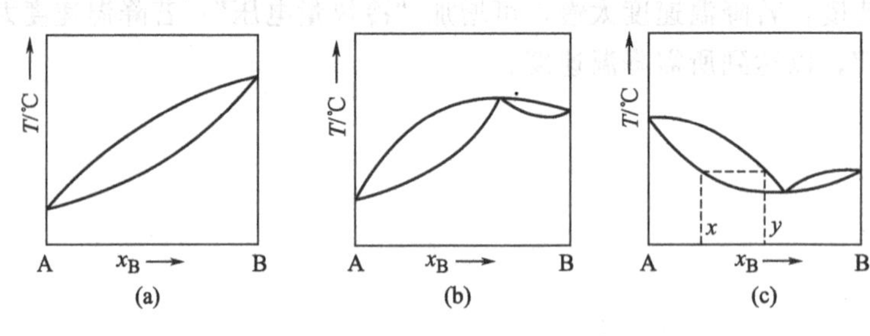

图 7-1　完全互溶双液体系的相图

本实验采用回流冷凝的方法绘制环己烷-乙醇体系的 T-x 图。其方法是用阿贝折射仪测定不同组分的体系在沸点温度时气相、液相的折射率，再从折射率-组成工作曲线上查得相应的组成，然后绘制 T-x 图。

完全互溶双液系实验装置图见图 7-2。

【仪器试剂】

沸点仪，恒温槽，阿贝折射仪，移液管（1mL、2mL、5mL、10mL、25mL），具塞小试管，滴管，擦镜纸。

环己烷（分析纯），无水乙醇（分析纯），丙酮（分析纯）。

【实验步骤】

1. 调节恒温槽温度比室温高 5℃，通恒温水于阿贝折射仪中。

2. 测定折射率与组成的关系，绘制工作曲线：将 9 个小试管编号，依次加入 0.200mL、0.400mL、…、1.800mL 的环己烷，然后依次加入 1.800mL、1.600mL、…、0.200mL 的无水乙醇，轻轻摇动，混合均匀，配成 9 份已知浓度的溶液。用阿贝折射仪测定每份溶液的

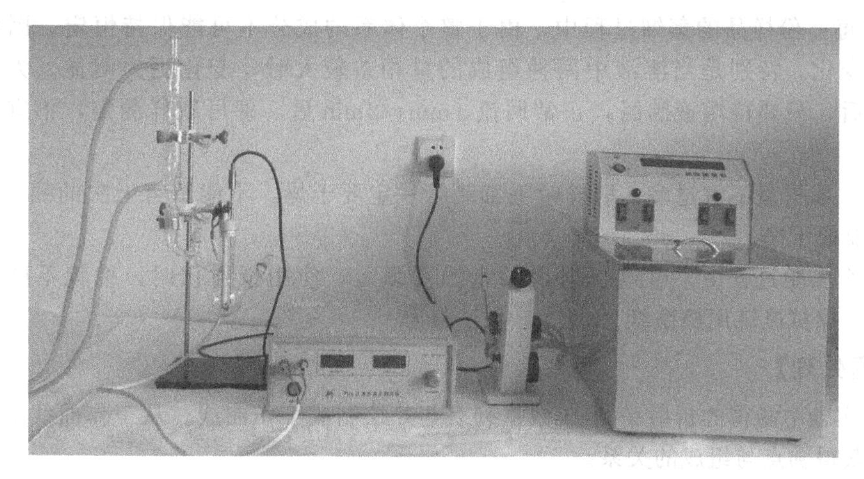

图 7-2　完全互溶双液系实验装置图

折射率及纯环己烷和纯无水乙醇的折射率。以折射率对浓度（按纯样品的密度，换算成质量百分浓度）作图，即得工作曲线。

3. 测定环己烷-乙醇体系的沸点与组成的关系。

如图 7-3 所示安装好沸点仪，打开冷凝水，加热使沸点仪中溶液沸腾。最初冷凝管下端凹槽部的冷凝液不能代表平衡时的气相组成。将凹槽部的最初冷凝液体倾回蒸馏器，并反复 2～3 次，待溶液沸腾且回流正常、温度读数恒定后，记录溶液沸点。用毛细滴管从气相冷凝液取样口吸取气相样品，把所取的样品迅速滴入阿贝折射仪中，测其折射率 n_g。再用另一个滴管吸取沸点仪中的溶液，测其折射率 n_l。

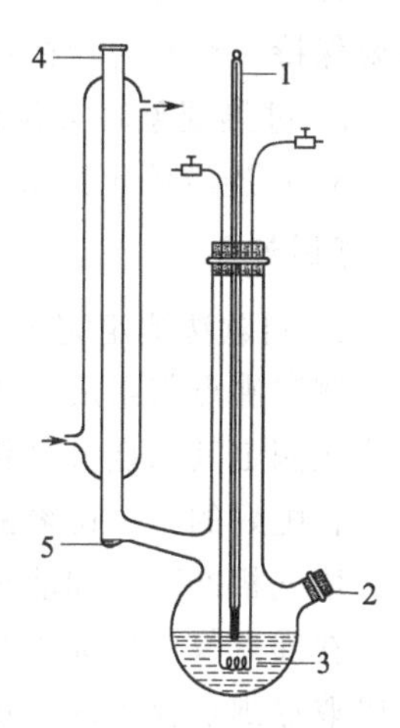

图 7-3　沸点仪

1—温度计；2—加料口；3—加热丝；4—气相冷凝液取样口；5—气相冷凝液

本实验是以恒沸点为界，把相图分成左右两半支，分两次来绘制相图。具体方法如下。

（1）右半支沸点-组成关系的测定

取 20mL 无水乙醇加入沸点仪中，然后依次加入环己烷 0.5mL、1.0mL、1.5mL、2.0mL、4.0mL、14.0mL。用前述方法分别测定溶液沸点及气相组分折射率 n_g、液相组分折射率 n_l。实验完毕，将溶液倒入回收瓶中。

（2）左半支沸点-组成关系的测定

取 25mL 环己烷加入沸点仪中，然后依次加入无水乙醇 0.1mL、0.2mL、0.3mL、0.4mL、1.0mL、5.0mL，用前述方法分别测定溶液沸点及气相组分折射率 n_g、液相组分折射率 n_l。

【注意事项】

1. 整个体系并非绝对恒温，气、液两相的温度会有少许差别，因此沸点仪中，温度计水银球的位置应一半浸在溶液中，一半露在蒸气中。随着溶液量的增加要不断调节水银球的位置。在精确的测定中，要对温度计的外露水银柱进行露茎校正。

2. 实验中可调节加热电压来控制回流速度，电压不可过大，能使待测液体沸腾即可。电阻丝不能露出液面，一定要被待测液体浸没。

3. 在每一份样品的蒸馏过程中，由于整个体系的成分不可能保持恒定，因此平衡温度会略有变化，特别是当溶液中两种组成的量相差较大时，变化更为明显。为此每加入一次样品后，只要待溶液沸腾，正常回流 1min～2min 后，即可取样测定，不宜等待时间过长。

4. 每次取样量不宜过多，取样时毛细滴管一定要干燥，不能留有上次的残液，气相部分的样品要取干净。

5. 整个实验过程中，通过折射仪的水温要恒定，使用折射仪时，棱镜不能触及硬物（如滴管），擦拭棱镜用擦镜纸。

【数据处理】

1. 将实验中测得的折射率-组成数据列表，并绘制成工作曲线。从工作曲线上查得相应的组成，获得沸点与组成的关系。

2. 绘制环己烷-乙醇体系的 T-x 图，并标明最低恒沸点和组成。

【思考题】

1. 该实验中，测定工作曲线时折射仪的恒温温度与测定样品时折射仪的恒温温度是否需要保持一致？为什么？

2. 过热现象对实验有什么影响？如何在实验中尽可能避免？

3. 在连续测定法实验中，样品的加入量应十分精确吗？为什么？

【讨论】

1. 间歇法测定完全互溶双液体系的 T-x 图。

测定沸点与组成的关系时，也可以用间歇方法测定。先配好不同质量分数的溶液，按顺序依次测定其沸点及气相、液相的折射率。

将配好的第一份溶液加入沸点仪中加热，待沸腾稳定后，读取沸点温度，立即停止加热。取气相冷凝液和液相液体分别测其折射率。用滴管取尽沸点仪中的测定液，放回回收瓶中。在沸点仪中再加入新的待测液，用上述方法同样依次测定（注意：更换溶液时，务必用滴管取尽沸点仪中的测定液，以免带来误差）。

2. 具有最低恒沸点的完全互溶双液体系很多，除了上面介绍的环己烷-乙醇体系外，再介绍一个异丙醇-环己烷体系。实验中两个体系的工作曲线及 T-x 图的绘制方法完全相同，只是样品的加入量有所区别，现介绍如下。

右半分支：先加入 20mL 异丙醇，然后依次加入 1.0mL、1.5mL、2.0mL、2.5mL、3.0mL、6.0mL、25.0mL 环己烷。

左半分支：加入 50mL 环己烷，依次加入 0.3mL、0.5mL、0.7mL、1.0mL、2.5mL、5.0mL、12.0mL 的异丙醇。

【附】

阿贝折射仪的结构图见图 1，阿贝折射仪的调节见图 2。

1. 阿贝折射仪的使用

(1) 将折射仪与恒温槽相连接，调节好水温进行恒温并通入恒温水。

(2) 当温度恒定时，打开棱镜，滴一两滴丙酮在镜面上，合上两棱镜，使镜面全部被丙酮润湿再打开，用丝巾或镜头纸吸干，然后用重蒸馏水或已知折射率的试剂滴在标准玻璃块上来校正标尺刻度。

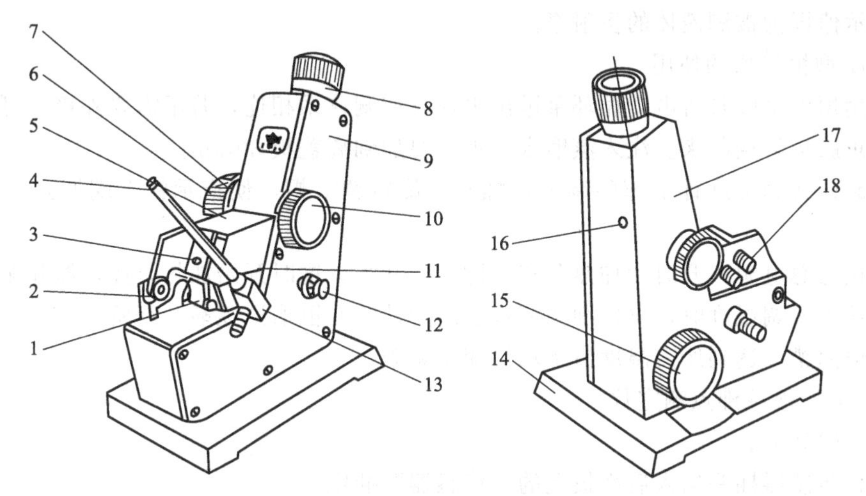

图 1　阿贝折射仪的结构图

1—反射镜；2—转轴；3—遮光板；4—温度计；5—进光棱镜座；6—色散调节手轮；
7—色散值刻度圈；8—目镜；9—盖板；10—手轮；11—折射棱镜座；
12—照明刻度盘镜；13—温度计座；14—底座；15—刻度调节手轮；
16—小孔；17—壳体；18—恒温器接头

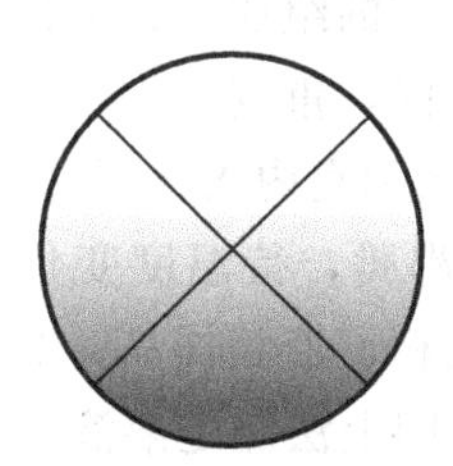

未调节右边旋扭前
在右边目镜看到的图象
此时颜色是散的

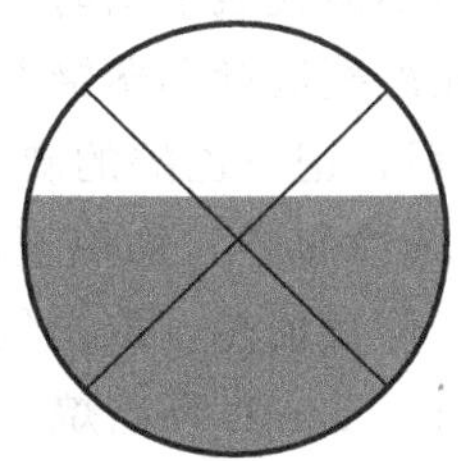

调节右边旋扭直到出现
有明显的分界线为止

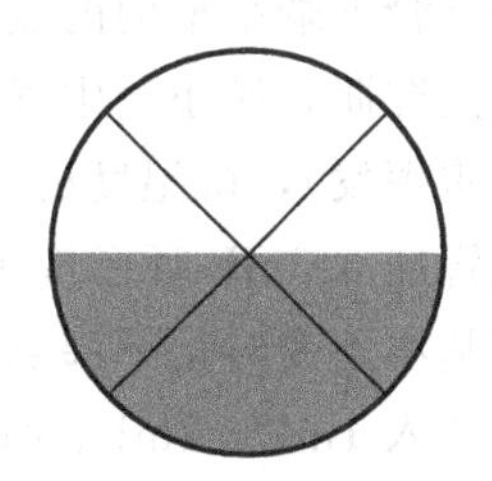

调节左边旋扭使分界线
经过交叉点为止并在左
边目镜中读数

图 2　阿贝折射仪的调节

(3) 测定时拉开棱镜把欲测液体滴在洗净擦干了的折射棱镜上，待整个面上沾润后，合上棱镜进行观察。每次测定时两个棱镜都要锁紧，防止两棱镜所夹液层成劈状，影响数据重复性。如样品很容易挥发，可把样品由棱镜间小槽滴入。

(4) 旋转棱镜，使目镜中能看到半明半暗现象。因光源为白光，故在界线处呈现彩色，旋转补偿棱镜使彩色消失，明暗清晰，然后再转动棱镜，使明暗界线正好与目镜中的十字线交点重合，从标尺上直接读取折射率，读数可至小数点后第四位。

2. WYA 阿贝折射仪的使用

(1) 准备工作：每次测定工作之前必须将进光棱镜的毛面、折射棱镜的抛光面用无水乙醇与乙醚（1∶1）的混合液和脱脂棉花或镜头纸轻擦干净，以免留有其他物质，影响测量准确度。

(2) 测定液体：将被测液体用干净滴管加在折射棱镜表面，并将进光棱镜盖上，用手轮锁紧，要求液层均匀，充满视场，无气泡。打开遮光板，合上反射镜，调节目镜视度，使十字线成像清晰，此时旋转刻度调节手轮在目镜视场中找到明暗分界线的位置，使分界线位于十字线的中心，再旋转色散调节手轮使分界线不带任何色彩，适当转动聚光镜，此时目镜视场下方显示值即为被测液体的折射率。

3. 501 型恒温槽的使用

(1) 用恒温水胶管将电动循环泵进出水嘴与待测体系相连，若不需要外接，可将泵的进出水嘴用短胶皮管接起来。注入蒸馏水，水面要加到离盖板 30mm。

(2) 旋松接触温度计上部的调节帽螺丝，旋转调节帽，使指示铁上端调到低于恒温温度 2℃。

(3) 接通总电源，开启“加热”和“搅拌”开关，这时开始加热，搅拌器和循环泵开始工作，待接近所调温度时，再仔细调节接触温度计，使恒槽温逐渐升至所需温度。对于灵敏度较高的恒温槽，达到所需温度后指示灯变换频繁。

4. FDY 双液系沸点测定仪

操作步骤如下。

(1) 将传感器插头插入后面板上的“传感器”插座。

(2) 将～220V 电源接入后面板上的电源插座。

(3) 按图 7-4 连好沸点仪实验装置，传感器勿与加热丝相碰。

(4) 接通冷凝水。量取 20mL 乙醇从侧管加入蒸馏瓶内，并使传感器和加热丝浸入溶液内。打开电源开关，调节“加热电源调节”旋钮（电压为 12V 即可）。将液体加热至缓慢沸腾，因最初在冷凝管下端小槽内的液体不能代表平衡时气相的组成，为加速达到平衡，须连同支架一起倾斜蒸馏瓶，使小槽中气相冷凝液倾回蒸馏瓶内，重复三次（注意：加热时间不宜太长，以免物质挥发），待温度稳定后，记下乙醇的沸点和室内大气压。

(5) 通过侧管加 0.5mL 环己烷于蒸馏瓶中，加热至沸腾，待温度变化缓慢时，同上法回流三次，温度基本不变时记下沸点，停止加热。取出气相、液相样品，测其折射率。

(6) 依次再加入 1mL、2mL、4mL、12mL 环己烷，同上法测定溶液的沸点和平衡时气相、液相的折射率。

(7) 实验完毕，将溶液倒入回收瓶，用吹风机吹干蒸馏瓶。

(8) 从侧管加入 20mL 环己烷，测其沸点。

(9) 再依次加入 0.2mL、0.4mL、0.8mL、1.0mL、2.0mL 乙醇，按上法测其沸点和平衡时气相、液相的折射率。

(10) 实验结束后，关闭仪器和冷凝水，将溶液倒入回收瓶。

仪器维护注意事项如下。

(1) 加热丝一定要被被测液体浸没，否则通电加热时可能引起有机液体燃烧。

(2) 加热功率不能太大，加热丝上有小气泡逸出即可。

(3) 温度传感器不要直接碰到加热丝。

(4) 一定要使体系达到平衡，即温度读数稳定后再取样。

第二节 化学动力学

实验八 蔗糖转化反应速率常数的测定

【实验目的】

1. 掌握测定蔗糖转化速率常数和半衰期的方法。
2. 了解旋光仪的构造和正确的使用方法。

【实验原理】

蔗糖在酸性溶液中易转化为葡萄糖和果糖（H^+为催化剂），其反应式为：

$$\underset{\text{蔗糖}}{C_{12}H_{22}O_{11}} + H_2O \xrightarrow{H^+} \underset{\text{葡萄糖}}{C_6H_{12}O_6} + \underset{\text{果糖}}{C_6H_{12}O_6}$$

蔗糖溶液较稀，水是大量的，反应过程中水的浓度可近似认为不变，故此反应可视为一级反应。反应动力学方程为：

$$-\frac{dc}{dt}=kc$$

式中，k 为反应速率常数；c 为反应物浓度；t 为时间。

积分可得：

$$\ln c=-kt+\ln c_0$$

式中，c_0 为反应初始时蔗糖浓度。

显然，若在不同时间测得反应物浓度，并以 $\ln c$ 对 t 作图，即可得直线，由直线斜率可求得反应速率常数。当反应物浓度 $c=\frac{1}{2}c_0$ 时，反应时间即为半衰期：

$$t_{1/2}=\frac{1}{k}\ln\frac{c_0}{\frac{1}{2}c_0}=\frac{1}{k}\ln 2=\frac{0.693}{k}$$

蔗糖及其转化物都有旋光性，但旋光能力不同，葡萄糖、蔗糖右旋，果糖左旋。果糖左旋性比葡萄糖右旋性大，所以生成物呈现左旋性质。因此，随着反应进行，体系的右旋角不断减小，至某一瞬间，体系的旋光度可恰好等于零，而后变成左旋，直至蔗糖完全转化，这时左旋角达到最大值。测量物质旋光度所用仪器称为旋光仪。溶液旋光度与溶液中所含旋光物质的旋光能力、溶剂性质、溶液浓度、样品管长度、光源波长及温度等都有关系。当其他条件均固定时，旋光度 α 与反应物浓度 c 呈线性关系，即：$\alpha=Kc$，其中，比例常数 K 与物质的旋光能力、溶剂性质、溶液浓度、样品管长度及温度等有关。

设最初体系的旋光度为：$\alpha_0=K_{反}c_0$（$t=0$，蔗糖尚未转化）

最终体系的旋光度为：$\alpha_\infty=K_{生}c_0$（$t=\infty$，蔗糖完全转化）

设某时刻 t 时蔗糖浓度 c 相应旋光度：$\alpha_t=K_{反}c+K_{生}(c_0-c)$

整理得

$$c_0=\frac{\alpha_0-\alpha_\infty}{K_{反}-K_{生}}=K(\alpha_0-\alpha_\infty)$$

$$c=\frac{\alpha_t-\alpha_\infty}{K_{反}-K_{生}}=K(\alpha_t-\alpha_\infty)$$

则

$$\ln\frac{c_0}{c}=\ln\frac{\alpha_0-\alpha_\infty}{\alpha_t-\alpha_\infty}=kt$$

整理得

$$\ln(\alpha_t-\alpha_\infty)=-kt+\ln(\alpha_0-\alpha_\infty)$$

以 $\ln(\alpha_t-\alpha_\infty)$ 对 t 作图，斜率为 $-k$，继而可求半衰期 $t_{1/2}$。

旋光仪的构造及读数如图 8-1 所示。

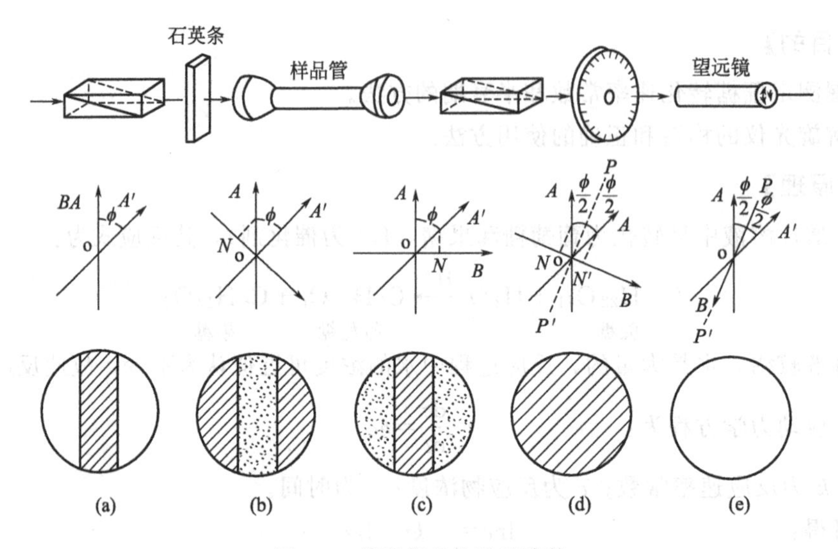

图 8-1　旋光仪的构造及读数

【仪器试剂】

旋光仪 1 套，秒表 1 个，托盘天平，容量瓶（50mL 2 个，100mL 1 个），移液管（25mL 2 个）。

蔗糖（分析纯），盐酸（分析纯），蒸馏水。

【实验步骤】

1. 配制蔗糖溶液

用托盘天平称 5g 蔗糖于烧杯中，加蒸馏水溶解定容于 100mL 容量瓶。

2. 仪器零点校正

将装满蒸馏水的旋光管置于暗匣内，调整旋光仪的刻度值为零或零刻度附近（若用自动旋光仪，待显示读数稳定，按“采零”键）。

3. 测定 α_t

分别移取 25mL 已配蔗糖溶液和 25mL 4mol/L 盐酸溶液于两个 50mL 容量瓶中，并将其置于 30℃恒温水浴中加热 15min。将盐酸溶液倒入蔗糖溶液，迅速摇匀，并立即开始计时。润洗旋光管 3 次，立即装好，（用镜头纸擦干镜片上水）放于旋光仪中测定。开始 15min 内每 2min 记录一次数据，此后每 5min 记录一次，至 50min 停止。

4. 测定 α_∞

将剩余蔗糖溶液与盐酸溶液等体积混合，置于 50℃恒温水中加热 25min，冷却至室温，测定其旋光度，测 5 次，取平均值。

【数据处理】

1. 实验数据记录

恒温水浴温度：______℃

t/min									
α_t									
α_∞	第一次：	第二次：	第三次：	第四次：	第五次：			平均值：	
$\ln(\alpha_t-\alpha_\infty)$									

2. 实验数据处理

绘制 $\ln(\alpha_t-\alpha_\infty)$ 与 t 关系图，由直线斜率求反应速率常数 k，并计算半衰期 $t_{1/2}$。

【思考题】

1. 为何配制蔗糖溶液时可粗称？

2. 为什么可用蒸馏水来校正旋光仪的零点？在本实验中，若不进行校正，对结果是否有影响？

3. 使用旋光仪时有什么注意事项？

4. 测定 α_∞时，蔗糖水解反应液恒温的温度不能超过 60℃，为什么？

【附】

WXG-4 型圆盘旋光仪使用

1. 操作方法

(1) 将仪器电源插头插入 220V 交流电源（要求使用交流电子稳压器 1kV·A），并将接地线可靠接地。

(2) 向上打开电源开关（右侧面），这时钠灯在交流工作状态下起辉，经 5min 钠灯激活后，钠灯才发光稳定。

(3) 向上打开光源开关（右侧面），仪器预热 20min（若光源开并扳上后，钠光灯熄灭，则再将光源开关上下重复扳动 1 次到 2 次，使钠灯在直流下点亮，为正常）。

(4) 按“测量”键，这时液晶屏应有数字显示。注意：开机后“测量”键只需按一次，如果误按该键，则仪器停止测量，液晶无显示。用户可再次按“测量”键，液晶重新显示，此时需重新校零（若液晶屏已有数字显示，则不需按测量键）。

(5) 将装有蒸馏水或其他空白溶剂的试管放入样品室，盖上箱盖，待示数稳定后，按“清零”键。试管中若有气泡，应先让气泡浮在凸颈处；通光面两端的雾状水滴应用软布揩干，试管螺帽不宜旋得过紧，以免产生应力，影响读数。试管安放时应注意标记的位置和方向。

(6) 取出试管。将待测样品注入试管，按相同的位置和方向放入样品室内，盖好箱盖，仪器将显示出该样品的旋光度，此时指示灯“1”点亮。注意：试管内腔应用少量被测试样冲洗 3～5 次。

(7) 按“复测”键一次，指示灯“2”点亮，表示仪器显示第一次复测结果，再次按“复测”键，指示灯“3”点亮，表示仪器显示第二次复测结果。按“123”键，可切换显示各次测量的旋光度值。按“平均”键，显示平均值，指示灯“AV”点亮。

(8) 如样品超过测量范围，仪器在±45°处来回振荡。此时，取出试管，仪器即自动转回零位。此时可将试液稀释一倍再测。

(9) 仪器使用完毕后，应依次关闭光源、电源开关。

(10) 钠灯在直流供电系统出现故障不能使用时，仪器也可以在钠灯交流供电（光源开关不向上开启）的情况下测试，但仪器的性能可能略有降低。

(11) 当放入小角度样品（小于±5°）时，示数可能变化，这时只要按“复测”键，就会出现新数字。

2. 测定浓度或含量

先将已知纯度的标准品或参考样品按一定比例稀释成若干个不同浓度的试样，分别测出其旋光度。然后以浓度为横轴，旋光度为纵轴，绘成旋光曲线。

测定时，先测出样品的旋光度，根据旋光度从旋光曲线上查出该样品的浓度或含量。

旋光曲线应用同一台仪器、同一个试管来做。

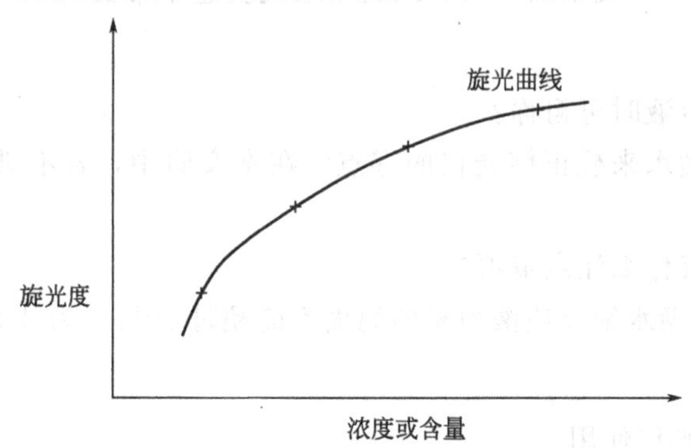

3. 测定比旋度、纯度

先按药典规定的浓度配制好溶液，依法测出旋光度，然后按下列公式计算出比旋度（α）：

$$(\alpha)=\frac{\alpha}{Lc}$$

式中 α——测得的旋光度，(°)；

c——溶液的浓度，g/mL；

L——溶液的长度，dm。

由测得的比旋度，可求得样品的纯度：

$$纯度=\frac{实测比旋度}{理论比旋度}$$

4. 测定国际糖分度

根据国际糖度标准，规定用 26g 纯糖制成 100mL 溶液，用 200mm 试管，在 20℃下用钠光测定，其旋光度为+34.626°，其糖度为 100 糖分度。

5. 注意事项

(1) 钠灯连续使用时间不能超过 4h。

(2) 旋光管使用后应及时用蒸馏水清洗干净、擦干。

实验九　乙酸乙酯皂化反应

【实验目的】

1. 用电导率仪测定乙酸乙酯皂化反应进程中的电导率。
2. 学会用图解法求二级反应的速率常数，并计算该反应的活化能。
3. 学会使用电导率仪和恒温水浴。

【实验原理】

乙酸乙酯皂化反应是个二级反应，其反应方程式为：

$$CH_3COOC_2H_5 + OH^- \longrightarrow CH_3COO^- + C_2H_5OH$$

当乙酸乙酯与氢氧化钠溶液的起始浓度相同时，如均为 a，则反应速率表示为：

$$\frac{dx}{dt} = k(a-x)^2 \tag{1}$$

式中，x 为时间 t 时反应物消耗掉的浓度；k 为反应速率常数。将上式积分得：

$$\frac{x}{a(a-x)} = kt \tag{2}$$

起始浓度 a 已知，因此只要由实验测得不同时间 t 时的 x 值，以 $x/(a-x)$ 对 t 作图，若所得为一直线，证明是二级反应，并可以从直线的斜率求出 k 值。

乙酸乙酯皂化反应中，参加导电的离子有 OH^-、Na^+ 和 CH_3COO^-。由于反应体系是很稀的水溶液，可认为 CH_3COONa 是全部电离的。因此，反应前后 Na^+ 的浓度不变。随着反应的进行，仅仅是导电能力很强的 OH^- 逐渐被导电能力弱的 CH_3COO^- 所取代，致使溶液的电导逐渐减小。因此，可用电导率仪测量皂化反应进程中电导率随时间的变化，从而达到跟踪反应物浓度随时间变化的目的。

令 G_0 为 $t=0$ 时溶液的电导，G_t 为时间 t 时混合溶液的电导，G_∞ 为 $t=\infty$（反应完毕）时溶液的电导。则稀溶液中，电导值的减少量与 CH_3COO^- 的浓度成正比，设 K 为比例常数，则

$$t=t \text{ 时}，x=x，x=K(G_0-G_t)$$

$$t=\infty \text{时}，x=a，a=K(G_0-G_\infty)$$

由此可得：

$$a-x=K(G_t-G_\infty)$$

所以 $a-x$ 和 x 可以用溶液相应的电导表示，将其代入式(2) 得：

$$\frac{1}{a}\frac{G_0-G_t}{G_t-G_\infty}=kt$$

重新排列得：

$$G_t=\frac{1}{ak}\frac{G_0-G_t}{t}+G_\infty \tag{3}$$

因此，只要测出不同时间溶液的电导值 G_t 和起始溶液的电导值 G_0，然后以 G_t 对 $(G_0-G_t)/t$ 作图，应得一直线，直线的斜率为 $1/(ak)$，由此便求出某温度下的反应速率常数 k 值。将电导与电导率 κ 的关系式 $G=\kappa A/l$ 代入式(3) 得：

$$\kappa_t = \frac{1}{ak}\frac{\kappa_0 - \kappa_t}{t} + \kappa_\infty \tag{4}$$

通过实验测定不同时间溶液的电导率κ_t和起始溶液的电导率κ_0，以κ_t对（$\kappa_0-\kappa_t$）$/t$作图，也得一直线，从直线的斜率也可求出反应速率常数k值。

如果知道不同温度下的反应速率常数$k(T_2)$和$k(T_1)$，根据Arrhenius公式，可计算出该反应的活化能E。

$$\ln\frac{k(T_2)}{k(T_1)} = \frac{E}{R}\left(\frac{1}{T_1} - \frac{1}{T_2}\right) \tag{5}$$

【仪器试剂】

电导率仪（图9-1）1台，电导池1个，恒温水浴1套，秒表1个，移液管（50mL 3个，1mL 1个）；容量瓶（250mL 1个），叉形管直管（5个）。

NaOH（0.0200mol/L），乙酸乙酯（分析纯），电导水。

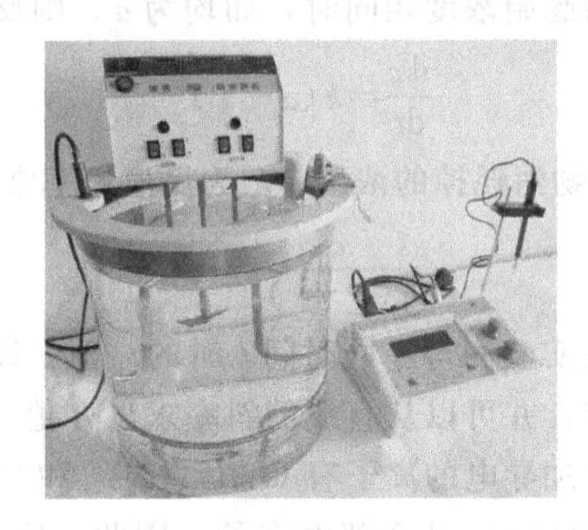

图9-1　电导率仪

【实验步骤】

1. 配制乙酸乙酯溶液

准确配制与NaOH浓度（约0.0200mol/L）相等的乙酸乙酯溶液。其方法是：根据室温下乙酸乙酯的密度，计算出配制250mL 0.0200mol/L的乙酸乙酯水溶液所需的乙酸乙酯的体积V，然后用1mL移液管吸取VmL乙酸乙酯注入250mL容量瓶中，稀释至刻度即可。

2. 调节恒温槽

将恒温槽的温度调至（25.0±0.1)℃或（30.0±0.1)℃。

3. 校准电导率仪

接通电导率电源，让仪器预热15min。按“校准/测量”键，仪器处于校准状态，将“温度补偿”旋钮的标志线置于被测液的实际温度相应位置。调节常数旋钮，使仪器显示值为所用电极的常数值。按“校准/测量”键，使仪器处于测量工作状态。

4. 溶液起始电导率κ_0的测定

在干燥的叉形管直管中，用移液管加入10mL 0.0200mol/L的NaOH溶液和等体积的电导水，混合均匀后，倒出少许溶液洗涤电导池和电极，然后将剩余溶液倒入电导池（盖过电极上沿并超出约1cm)，恒温约10min，并轻轻摇动数次，然后将电极插入溶液，测定溶液电导率，直至不变为止，此数值即为κ_0。

5. 反应时电导率κ_t的测定

用移液管移取10mL 0.0200mol/L的乙酸乙酯溶液于干燥的叉形管的直管处，用另一个移液管移取 10mL 0.0200mol/L 的 NaOH 溶液于叉形管的支管处。将叉形管置于恒温槽，并轻摇数次，注意不要将溶液混合，恒温 10min 后，将 NaOH 溶液迅速倒入乙酸乙酯中，同时开动秒表，作为反应的开始时间，迅速将溶液混合均匀，并用少许溶液洗涤电导池和电极，然后将溶液倒入电导池中，测定溶液的电导率 κ_t，在 4min、6min、8min、10min、12min、15min、20min、25min、30min、35min、40min 各测电导率一次，记下 k_t 和对应的时间 t。

6. 另一温度下 κ_0 和 κ_t 的测定

调节恒温槽温度为 (35.0±0.1)℃或 (40.0±0.1)℃。重复上述步骤 4、5，测定该温度下的 κ_0 和 κ_t。但在测定 κ_t 时，按反应进行 4min、6min、8min、10min、12min、15min、18min、21min、24min、27min、30min 测其电导率。实验结束后，关闭电源，清洗电极，并置于电导水中保存待用。

【注意事项】

1. 本实验需用电导水，并避免接触空气及落入灰尘杂质。
2. 配好的 NaOH 溶液要防止空气中的 CO_2 气体进入。
3. 乙酸乙酯溶液和 NaOH 溶液浓度必须相同。
4. 乙酸乙酯溶液需现配现用，配制时动作要迅速，以减少挥发损失。

【数据处理】

1. 将 t、κ_t、$(\kappa_0-\kappa_t)/t$ 数据列表。
2. 以两个温度下的 κ_t 对 $(\kappa_0-\kappa_t)/t$ 作图，分别得一直线。由直线的斜率计算各温度下的速率常数 k。
3. 由两温度下的速率常数，根据 Arrhenius 公式计算该反应的活化能。

【思考题】

1. 为什么由 0.0100mol/L 的 NaOH 溶液和 0.0100mol/L 的 $CH_3COOC_2H_5$ 溶液测得的电导率可以认为是 κ_0、κ_∞?
2. 如果两种反应物起始浓度不相等，试问应怎样计算 k 值?
3. 如果 NaOH 和乙酸乙酯溶液为浓溶液时，能否用此法求 k 值，为什么?

【讨论】

1. 乙酸乙酯皂化反应是吸热反应，混合后体系温度降低，所以在混合后的几分钟内所测溶液的电导率偏低，因此最好在反应 4～6min 后开始测定，否则由 κ_t 对$(\kappa_0-\kappa_t)/t$ 作图所得是一抛物线，而非直线。

2. 乙酸乙酯皂化反应还可以用 pH 法进行测定。当碱和乙酸乙酯的初始浓度不相等时，设其浓度分别为 a 和 b，且 $a>b$，则其反应速率方程的积分式为

$$\ln\frac{a_t}{a_t-a_\infty}=a_\infty kt+\ln\frac{a}{b}$$

设 $t=t$ 和 $t=\infty$时，体系的 $[OH^-]$ 分别为 $[OH^-]_t$ 和 $[OH^-]_\infty$，则有

$$A^*=-\ln\left(1-\frac{[OH^-]_t}{[OH^-]_\infty}\right)=[OH^-]_\infty kt+\ln\frac{a}{b}$$

当 a、b 较小时（一般小于 0.01mol/L)，由于在稀溶液中体系的离子浓度变化不大，根据 pH 值的定义，在 25℃时，可用酸度计测定体系的 pH 值，即

$$pH=14+\lg[OH^-]$$

通过测定 $t=t$ 和 $t=\infty$ 时体系的 pH_t 和 pH_∞ 求得 $[OH^-]_t$ 和 $[OH^-]_\infty$。以 A^* 对 t 作图求直线的斜率，从而获得速率常数 k。

3. 动力学数据采用物理量如旋光度、电导值、吸光度等代替浓度的实验技术方法，同学们可以根据反应中一些物理量的变化设计实验。

【附】

一、电导率仪使用规程

1. 测定工作

(1) 电极的选用：当电导率大于 100μS/cm 时用铂黑电极；小于 100μS/cm 时用光亮铂电极。

(2) 调节“常数”旋钮：把旋钮置于与使用的电极的电导池常数相一致的位置上。

(3) 把“量程”开关扳在“检查”位置，调节“校正”旋钮，使指针指向满刻度。

(4) 将“量程”开关扳在最大电导率挡后，视被测介质电导率的大小，可逐挡下降，开始测量。

2. 注意事项

(1) 电极使用前，应用蒸馏水冲洗两次，再用被测试样冲洗三次方可使用。

(2) 不测时应将“量程”开关扳在“检查”位置，并经常对仪器进行校正。

(3) 电极常数应定期进行校正。

二、实验前准备

(1) 将电极插头插入电极插座（插头、插座上的定位销对准后，按下插头顶部即可）。接通仪器电源，仪器处于校准状态，校准指示灯亮，让仪器预热 15min。

(2) 恒温槽的调节及溶液的配制。

① 调节恒温槽温度为 25℃。

② 准确配制 0.0200mol/L 的 NaOH 溶液和 $CH_3COOC_2H_5$ 溶液各 100mL。

(3) 仪器的校准

① 按“校准/测量”使仪器处于校准工作状态（校准指示灯亮）。

② 将“温度补偿”旋钮的标志线置于被测液的实际温度相应位置，当“温度补偿”旋钮置于 25℃位置时，则无补偿作用。

③ 调节“常数”旋钮，使仪器所显示值为所用电极的常数标称值，例如：电极常数为“0.92”，调“常数”旋钮显示 9200，电极常数为 1.10，调“常数”旋钮使显示 11000（忽略小数点）。

④ 按“校准/测量”键，使仪器处于测量工作状态（工作指示灯亮）。

三、测量

1. κ_0 的测定

分别取 10mL 蒸馏水和 10mL 0.0200mol/L NaOH 的溶液，加到洁净干燥的叉型管电导池中充分混合均匀，置于恒温槽中，恒温 10min。将电极放入已恒温的 NaOH 溶液中，测溶液的电导率，直至数值不变为止，此数值即为 κ_0。

2. κ_t 的测定

在叉型电导池的直支管中加 10mL 0.02mol/L $CH_3COOC_2H_5$ 溶液，侧支管中加入 10mL 0.02mol/L NaOH 溶液，把洗净的电极插入直支管中，恒温 10min，在恒温槽中将叉型电导池中溶液混合均匀，同时按下“计时”键，开始计时，当反应进行 6min 时，测其电导率，并在 9min、12min、15min、20min、25min、30min、35min、40min、50min、60min 时各测电导率一次，记录电导率 κ_t 及时间 t。实验结束时按下“计时”键，计时停止。

注意：计时功能在测量状态时有效，计时状态时按“量程/选择”键无效。

调节恒温槽温度为 35℃，重复测其 κ_0 和 κ_t 的步骤，但在测定 κ_t 时，测量的是反应进行 4min、6min、8min、10min、12min、15min、18min、21min、24min、27min、30min 时的电导率。

四、注意事项

1. 本实验所用的蒸馏水需事先煮沸，待冷却后使用，以免溶解的 CO_2 使 NaOH 溶液浓度发生变化。

2. 配好的 NaOH 溶液需装配碱吸收管，以防空气中 CO_2 进入瓶中改变溶液浓度。

3. 测定 25℃、35℃的 κ_0 时，溶液均需临时配制。

4. 所用 NaOH 溶液和 $CH_3COOC_2H_5$ 溶液浓度必须相等。

5. $CH_3COOC_2H_5$ 溶液须现用现配，因该稀溶液会缓慢水解（$CH_3COOC_2H_5+H_2O \rightleftharpoons CH_3COOH+C_2H_5OH$），影响 $CH_3COOC_2H_5$ 的浓度，且水解产物（CH_3COOH）又会部分消耗 NaOH。在配制溶液时，因 $CH_3COOC_2H_5$ 易挥发，称量时可预先在称量瓶中放入少量已煮过的蒸馏水，且动作要迅速。

6. 为确保 NaOH 溶液与 $CH_3COOC_2H_5$ 溶液混合均匀，需使该两溶液在叉形管中多次来回往复。

7. 不可用纸擦拭电导电极上的铂黑。

实验十 氨基甲酸铵分解反应平衡常数的测定

【实验目的】

1. 测定不同温度下氨基甲酸铵的分解压力，计算各温度下分解反应的平衡常数 K_p 及有关的热力学函数。

2. 熟悉用等压计测定平衡压力的方法。

3. 掌握氨基甲酸铵分解反应平衡常数的计算及其与热力学函数间的关系。

【实验原理】

氨基甲酸铵是合成尿素的中间产物，白色固体，很不稳定，其分解反应式为：

$$NH_2COONH_4(s) \rightleftharpoons 2NH_3(g) + CO_2(g)$$

该反应为复相反应，在封闭体系中很容易达到平衡，在常压下其平衡常数可近似表示为：

$$K_p^{\ominus} = \left(\frac{p_{NH_3}}{p^{\ominus}}\right)^2 \left(\frac{p_{CO_2}}{p^{\ominus}}\right) \tag{1}$$

式中，p_{NH_3}、p_{CO_2} 分别表示反应温度下 NH_3 和 CO_2 平衡时的分压；$p^{\ominus}$ 为标准压。在压力不大时，气体的逸度近似为 1，且纯固态物质的活度为 1，体系的总压 $p = p_{NH_3} + p_{CO_2}$。从化学反应计量方程式可知：

$$p_{NH_3} = \frac{2}{3}p,\ p_{CO_2} = \frac{1}{3}p \tag{2}$$

将式(2) 代入式(1) 得：

$$K_p^{\ominus} = \left(\frac{2p}{3p^{\ominus}}\right)^2 \left(\frac{p}{3p^{\ominus}}\right) = \frac{4}{27}\left(\frac{p}{p^{\ominus}}\right)^3 \tag{3}$$

因此，当体系达平衡后，测量其总压 p，即可计算出平衡常数 $K_p^{\ominus}$。

温度对平衡常数的影响可用下式表示：

$$\frac{d\ln K_p^{\ominus}}{dT} = \frac{\Delta_r H_m^{\ominus}}{RT^2} \tag{4}$$

式中，T 为热力学温度；$\Delta_r H_m^{\ominus}$ 为标准反应热效应。氨基甲酸铵分解反应是一个热效应很大的吸热反应，温度对平衡常数的影响比较灵敏。当温度在不大的范围内变化时，$\Delta_r H_m^{\ominus}$ 可视为常数，由式(4) 积分得：

$$\ln K_p^{\ominus} = -\frac{\Delta_r H_m^{\ominus}}{RT} + C' \quad (C'\text{为积分常数}) \tag{5}$$

若以 $\ln K_p^{\ominus}$ 对 $1/T$ 作图，得一直线，其斜率为 $-\dfrac{\Delta_r H_m^{\ominus}}{R}$，由此可求出 $\Delta_r H_m^{\ominus}$。并按下式计算 T 温度下反应的标准吉布斯自由能变化 $\Delta_r G_m^{\ominus}$：

$$\Delta_r G_m^{\ominus} = -RT\ln K_p^{\ominus} \tag{6}$$

利用实验温度范围内反应的平均等压热效应 $\Delta_r H_m^{\ominus}$ 和 T 温度下的标准吉布斯自由能变化 $\Delta_r G_m^{\ominus}$，可近似计算出该温度下的熵变 $\Delta_r S_m^{\ominus}$

$$\Delta_r S_m^{\ominus} = \frac{\Delta_r H_m^{\ominus} - \Delta_r G_m^{\ominus}}{T} \tag{7}$$

因此通过测定一定温度范围内某温度的氨基甲酸铵的分解压（平衡总压），就可以利用上述公式分别求出 $K_p^{\ominus}$，$\Delta_r H_m^{\ominus}$，$\Delta_r G_m^{\ominus}(T)$，$\Delta_r S_m^{\ominus}(T)$。

【仪器试剂】

实验装置 1 套，真空泵 1 台，低真空测压仪 1 台。

新制备的氨基甲酸铵，硅油或邻苯二甲酸二壬酯。

【实验步骤】

1. 检漏

按图 10-1 所示安装仪器。将烘干的小球和玻璃等压计相连，将活塞 5、6 放在合适位置，开动真空泵，当测压仪读数约为 53kPa 时，关闭三通活塞。检查系统是否漏气，待 10min 后，若测压仪读数没有变化，则表示系统不漏气，否则说明漏气，应仔细检查各接口处，直到不漏气为止。

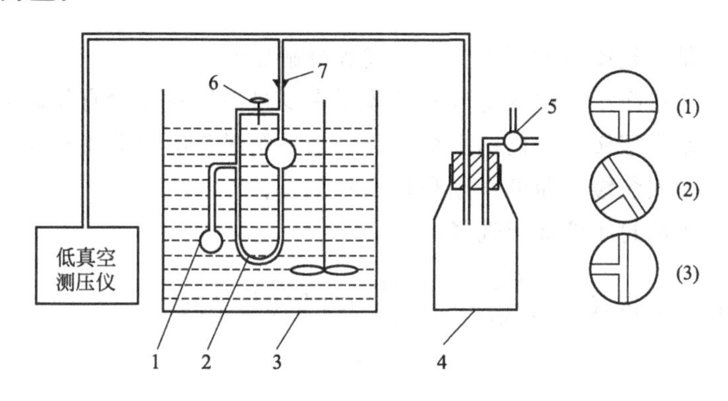

图 10-1 实验装置图

1—装样品的小球；2—玻璃等压计；3—玻璃恒温槽；4—缓冲瓶；5—三通活塞；6—二通活塞；7—磨口接头

2. 装样品

确信系统不漏气后，使系统与大气相通，然后取下小球装入氨基甲酸铵，再用吸管吸取纯净的硅油或邻苯二甲酸二壬酯放入已干燥好的等压计中，使之形成液封，再按图 10-1 装好实验装置。

3. 测量

调节恒温槽温度为（25.0±0.1)℃。开启真空泵，将系统中的空气排出，约 15min 后，关闭二通活塞，然后缓缓开启三通活塞，将空气慢慢分次放入系统，直至等压计两边液面处于水平时，立即关闭三通活塞，若 5min 内两液面保持不变，即可读取测压仪的读数。

4. 重复测量

为了检查小球内的空气是否已完全排净，可重复步骤 3 的操作，如果两次测定结果差值小于 270Pa，方可进行下一步实验。

5. 升温测量

调节恒温槽温度为（27.0±0.1)℃，在升温过程中小心地调节三通活塞，缓缓放入空气，使等压计两边液面水平，保持 5min 不变，即可读取测压仪读数，然后用同样的方法继续测定 30.0℃、32.0℃、35.0℃、37.0℃时的压力差。

6. 复原

实验完毕，将空气放入系统中至测压仪读数为零，切断电源、水源。

【注意事项】

1. 在实验开始前，务必掌握图中两个活塞（5 和 6）的正确操作。

2. 必须充分排除净小球内的空气。

3. 体系必须达平衡后，才能读取测压仪读数。

【数据处理】

1. 计算各温度下氨基甲酸铵的分解压。

2. 计算各温度下氨基甲酸铵分解反应的平衡常数 $K_p^{\ominus}$。

3. 根据实验数据，以 $\ln K_p^{\ominus}$ 对 $1/T$ 作图，并由直线斜率计算氨基甲酸铵分解反应的 $\Delta_r H_m^{\ominus}$。

4. 计算 25℃时氨基甲酸铵分解反应的 $\Delta_r G_m^{\ominus}$ 及 $\Delta_r S_m^{\ominus}$。

【思考题】

1. 测压仪读数是否是体系的压力？是否代表分解压？

2. 为什么一定要排净小球中的空气？若体系有少量空气对实验有何影响？

3. 如何判断氨基甲酸铵分解已达平衡？反应未平衡时就测数据将有何影响？

4. 在实验装置中安装缓冲瓶的作用是什么？

5. 玻璃等压计中的封闭液如何选择？

6. $K_p = p_{NH_3}^2 p_{CO_2}$ 和 $K_p^{\ominus} = \left(\frac{p_{NH_3}}{p^{\ominus}}\right)^2 \left(\frac{p_{CO_2}}{p^{\ominus}}\right)$ 两者有何不同？

【讨论】

氨基甲酸铵极不稳定，需自制。其制备方法为：氨和二氧化碳接触后，即能生成氨基甲酸铵。其反应式为：

$$2NH_3(g) + CO_2(g) \longrightarrow NH_2COONH_4(s)$$

如果氨和二氧化碳都是干燥的，则生成氨基甲酸铵；若有水存在时，则还会生成 $(NH_4)_2CO_3$ 或 NH_4HCO_3，因此在制备时必须保持氨、CO_2 及容器都是干燥的，制备氨基甲酸铵的具体操作如下。

1. 制备氨气。氨气可由蒸发氨水或将 NH_4Cl 和 NaOH 溶液加热得到，这样制得的氨气含有大量水蒸气，应依次经 CaO、固体 NaOH 脱水。也可直接用钢瓶里的氨气经 CaO 干燥而得。

2. 制备 CO_2。CO_2 可由大理石（$CaCO_3$）与工业浓 HCl 在启普发生器中反应制得，或用钢瓶里的 CO_2 气体依次经 $CaCl_2$、浓硫酸脱水。

3. 合成反应在双层塑料袋中进行，在塑料袋一端插入 1 支进氨气管，1 支进二氧化碳气管，另一端有 1 支废气导管通向室外。

4. 合成反应开始时先通入 CO_2 气体于塑料袋中，约 10min 后再通入氨气，用流量计或气体在干燥塔中的冒泡速度控制 NH_3 流速为 CO_2 两倍，通气 2h，可在塑料袋内壁上生成固体氨基甲酸铵。

5. 反应完毕，在通风橱里将塑料袋一头橡皮塞松开，将固体氨基甲酸铵从塑料袋中倒出研细，放入密封容器内于冰箱中保存备用。

实验十一　BZ化学振荡反应

【实验目的】

1. 了解 Belousov-Zhabotinsky 反应（简称 BZ 反应）的基本原理及研究化学振荡反应的方法。

2. 掌握在硫酸介质中以金属铈离子作为催化剂时，丙二酸被溴酸氧化体系的基本原理。

3. 了解化学振荡反应的电势测定方法。

【实验原理】

有些自催化反应有可能使反应体系中某些物质的浓度随时间（或空间）发生周期性的变化，这类反应称为化学振荡反应。

最著名的化学振荡反应是 1959 年首先由别诺索夫（Belousov）观察发现的，随后柴波廷斯基（Zhabotinsky）继续了该反应的研究。他们报道了以金属铈离子作为催化剂时，柠檬酸被 $HBrO_3$ 氧化可发生化学振荡现象，后来又发现了一批溴酸盐的类似反应，人们把这类反应称为 B-Z 振荡反应。例如丙二酸在溶有硫酸铈的酸性溶液中被溴酸钾氧化的反应就是一个典型的 B-Z 振荡反应。

1972 年，Fiel、Koros、Noyes 等通过实验对上述振荡反应进行了深入研究，提出了 FKN 机理，反应由三个主过程组成。

过程 A (1) $Br^- + BrO_3^- + 2H^+ \longrightarrow HBrO_2 + HBrO$

(2) $Br^- + HBrO_2 + H^+ \longrightarrow 2HBrO$

过程 B (3) $HBrO_2 + BrO_3^- + H^+ \longrightarrow 2BrO_2\cdot + H_2O$

(4) $BrO_2\cdot + Ce^{3+} + H^+ \longrightarrow HBrO_2 + Ce^{4+}$

(5) $2HBrO_2 \longrightarrow BrO_3^- + H^+ + HBrO$

过程 C (6) $4Ce^{4+} + BrCH(COOH)_2 + H_2O + HBrO \longrightarrow 2Br^- + 4Ce^{3+} + 3CO_2 + 6H^+$

过程 A 消耗 Br^-，产生能进一步反应的 $HBrO_2$，HBrO 为中间产物。

过程 B 是一个自催化过程，在 Br^- 消耗到一定程度后，$HBrO_2$ 才按式(3)、式(4) 进行反应，并使反应不断加速，与此同时，Ce^{3+} 被氧化为 Ce^{4+}。$HBrO_2$ 的累积还受到式(5) 的制约。

过程 C 为丙二酸被溴化为 $BrCH(COOH)_2$，与 Ce^{4+} 反应生成 Br^-，使 Ce^{4+} 还原为 Ce^{3+}。

过程 C 对化学振荡反应非常重要，如果只有 A 和 B，就是一般的自催化反应，进行一次就完成了，正是过程 C 的存在，以丙二酸的消耗为代价，重新得到 Br^- 和 Ce^{3+}，反应得以再启动，形成周期性的振荡。

该体系的总反应为：

$$2H^+ + 2BrO_3^- + 3CH_2(COOH)_2 \xrightarrow{Ce^{3+}} 2BrCH(COOH)_2 + 3CO_2 + 4H_2O$$

振荡的控制离子是 Br^-。

由上述可见，产生化学振荡需满足以下三个条件。

(1) 反应必须远离平衡态。化学振荡只有在远离平衡态、具有很大的不可逆程度时才能发生。在封闭体系中振荡是衰减的，在敞开体系中，可以长期持续振荡。

(2) 反应历程中应包含有自催化的步骤，所以产物能加速反应，如过程 A 中的产物 $HBrO_2$ 同时又是反应物。

(3) 体系必须有两个稳态存在，即具有双稳定性。

化学振荡体系的振荡现象可以通过多种方法观察到，如观察溶液颜色的变化、测定吸光度随时间的变化、测定电势随时间的变化等。

本实验通过测定离子选择性电极上的电势（U）随时间（t）变化的 U-t 曲线来观察 B-Z 反应的振荡现象（图 11-1），同时测定不同温度对振荡反应的影响。根据 U-t 曲线，得到诱导期（$t_{诱}$）和振荡周期（$t_{1振}$，$t_{2振}$…）。

按照文献的方法，依据 $\ln\frac{1}{t_{诱}}=-\frac{E_{诱}}{RT}+C$ 及 $\ln\frac{1}{t_{振}}=-\frac{E_{振}}{RT}+C$ 公式，计算出表观活化能 $E_{诱}$、$E_{振}$。

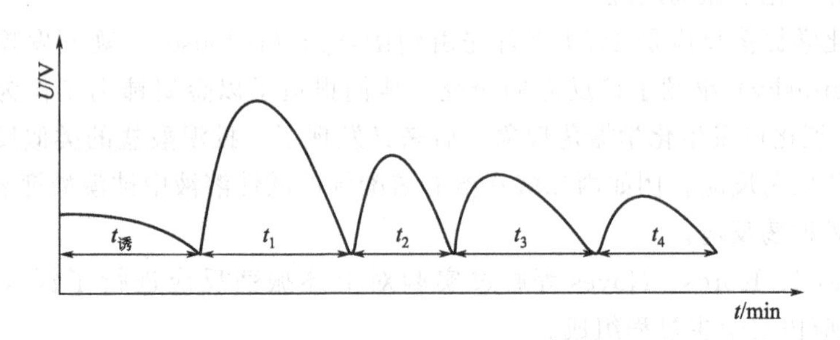

图 11-1　U-t 曲线

【仪器试剂】

恒温槽 1 台，磁力搅拌器 1 台，记录仪 1 台，或计算机采集系统一套，恒温反应器（50mL 1 个）。

丙二酸（分析纯），溴酸钾（优级纯），硫酸铈铵（分析纯），浓硫酸（分析纯）。

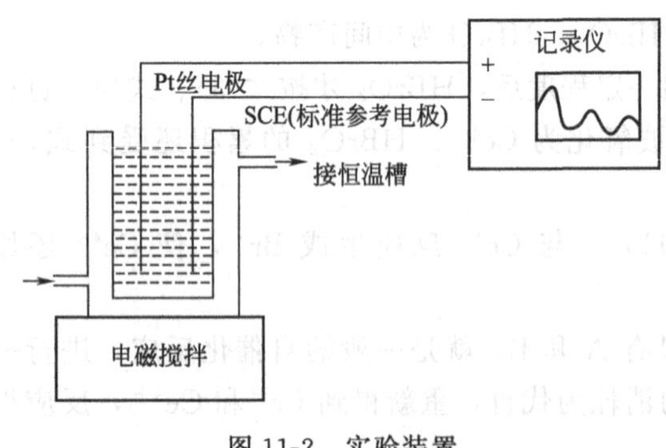

图 11-2　实验装置

【实验步骤】

1. 配制溶液

配制 0.45mol/L 丙二酸溶液 100mL，0.25mol/L 溴酸钾溶液 100mL，3.00mol/L 硫酸溶液 100mL，在 0.2mol/L 硫酸介质中的 4×10^{-3}mol/L 的硫酸铈铵溶液 100mL。

2. 安装实验装置

按图 11-2 连接好仪器，打开恒温槽，将温度调节到（25.0±0.1）℃。

3. 记录电势-时间曲线

在恒温反应器中加入已配好的丙二酸溶液 10mL，溴酸钾溶液 10mL，硫酸溶液 10mL，恒温 10min 后加入硫酸铈铵溶液 10mL，观察溶液的颜色变化，同时记录相应的电势-时间曲线。

4. 用上述方法改变温度为 30℃、35℃、40℃、45℃、50℃，重复上述实验。

【注意事项】

1. 实验所用试剂均需用不含 Cl^- 的去离子水配制，而且参比电极不能直接使用甘汞电极。若用 217 型甘汞电极时要用 1mol/L H_2SO_4 作为液接，可用硫酸亚汞参比电极，也可使用双盐桥甘汞电极，外面夹套中充满饱和 KNO_3 溶液，这是因为其中所含 Cl^- 会抑制振荡的发生和持续。

2. 配制 4×10^{-3}mol/L 的硫酸铈铵溶液时，一定要在 0.20mol/L 硫酸介质中配制，防止发生水解呈混浊。

3. 实验中溴酸钾试剂纯度要求高，所使用的反应容器一定要冲洗干净，磁力搅拌器中转子位置及速度都必须加以控制。

【数据处理】

1. 从 U-t 曲线中得到诱导期和第一、二振荡周期。

2. 根据 $t_{诱}$、$t_{1振}$、$t_{2振}$与 T 的数据，作 $\ln(1/t_{诱})$-$1/T$ 和 $\ln(1/t_{1振})$-$1/T$ 图，由直线的斜率求出表观活化能 $E_{诱}$、$E_{振}$。

【思考题】

影响诱导期和振荡周期的主要因素有哪些？

【讨论】

1. 本实验是在一个封闭体系中进行的，所以振荡波逐渐衰减。若把实验放在敞开体系中进行，则振荡波可以持续不断地进行，并且周期和振幅保持不变。

本实验也可以通过替换体系中的成分来实现，如将丙二酸换成焦性没食子酸、各种氨基酸等有机酸，也可用碘酸盐、氯酸盐等替换溴酸盐，又如用锰离子、亚铁菲咯啉离子或铬离子代替铈离子来进行实验都可以发生振荡现象，但振荡波形、诱导期、振荡周期、振幅等都会发生变化。

2. 振荡体系有许多类型，除化学振荡外还有液膜振荡、生物振荡、萃取振荡等。表面活性剂在穿越油水界面自发扩散时，经常伴随有液膜（界面）物理性质的周期变化，这种周期变化称为液膜振荡。另外在溶剂萃取体系中也发现了振荡现象。生物振荡现象在生物中很常见，如在新陈代谢过程占重要地位的酶降解反应中，许多中间化合物和酶的浓度是随时间周期性变化的。生物振荡也包括微生物振荡。

【附】

ZD-BZ 振荡实验装置操作步骤

1. 为了防止参比电极中离子对实验的干扰以及溶液对参比电极的干扰，所用的饱和甘汞电极与溶液之间必须用 1mol/L H_2SO_4 盐桥隔离。

2. 按图 11-2 连接好仪器，按照恒温水浴的使用方法，将温度控制在 25℃±0.1℃，待温度稳定后接通循环水。

3. 配制 0.45mol/L 丙二酸 100mL，0.25mol/L 溴酸钾 100mL，3.00mol/L 硫酸 100mL，在 0.2mol/L 硫酸介质中配制 4×10^{-3}mol/L 的硫酸铈铵 100mL。

4. 在反应器中加入已配好的丙二酸溶液、溴酸钾溶液、硫酸溶液各 10mL，进行恒温，同时将硫酸铈铵溶液也放入超级恒温水浴中恒温。

5. 将电源开关置于“开”位置，将磁珠摆到反应器中，调节“调速”旋钮调节至合适的速度。

6. 选择量程 2V 挡，将两输入线短接，按清零键，消除系统测量误差。清零后将甘汞电极接负极，铂电极接正极。

7. 恒温 10min 后加入硫酸铈铵溶液，观察溶液的颜色变化，同时开始计时并记录相应的电势变化。

8. 电势变化首次到最低时，记下时间 $t_{诱}$。

9. 用上述方法将温度（T）设置为 30℃、35℃、40℃、45℃、50℃，重复实验。

注意：

1. 实验中溴酸钾试剂纯度要求高，为优级纯；其余为分析纯。

2. 配制硫酸铈铵溶液时，一定要在 0.2mol/L 硫酸介质中配制，防止发生水解而呈混浊。

3. 反应器应清洁干净，转子位置和速度都必须加以控制。

4. 电势测量一般取 0～2V 挡，用户可根据实验需要选用 0～20V 挡。

5. 若跟电脑连接时，只要用专用通讯线将仪器上的串行口与电脑串行口相接，在相应软件下工作即可（软件使用参见软件使用说明书）。

6. 若测量过程中显示“OUL”（表示超量程），需切换量程到 20V。

实验十二　复杂反应——丙酮碘化速率方程

【实验目的】

1. 测定用酸作为催化剂时丙酮碘化反应的速率常数及活化能。
2. 初步认识复杂反应机理，了解复杂反应表观速率常数的计算方法。
3. 掌握分光光度计的使用方法。

【实验原理】

$$\underset{\text{A}}{CH_3-\overset{\overset{\displaystyle O}{\|}}{C}-CH_3} + I_2 \xlongequal{H^+} \underset{\text{E}}{CH_3-\overset{\overset{\displaystyle O}{\|}}{C}-CH_2I} + I^- + H^+$$

一般认为该反应按以下两步进行：

$$\underset{\text{A}}{CH_3-\overset{\overset{\displaystyle O}{\|}}{C}-CH_3} \overset{H^+}{\rightleftharpoons} \underset{\text{B}}{CH_3-\overset{\overset{\displaystyle OH}{|}}{C}=CH_2} \tag{1}$$

$$\underset{\text{B}}{CH_3-\overset{\overset{\displaystyle OH}{|}}{C}=CH_2} + I_2 \longrightarrow \underset{\text{E}}{CH_3-\overset{\overset{\displaystyle O}{\|}}{C}-CH_2I} + I^- + H^+ \tag{2}$$

反应(1) 是丙酮的烯醇化反应，它是一个很慢的可逆反应，反应(2) 是烯醇的碘化反应，它是一个快速且趋于进行到底的反应。因此，丙酮碘化反应的总速率是由丙酮烯醇化反应的速率决定的，丙酮烯醇化反应的速率取决于丙酮及氢离子的浓度。如果以碘化丙酮浓度的增加来表示丙酮碘化反应的速率，则此反应的动力学方程式可表示为：

$$\frac{dc_E}{dt}=kc_Ac_{H^+} \tag{3}$$

式中，c_E 为碘化丙酮的浓度；c_{H^+} 为氢离子的浓度；c_A 为丙酮的浓度；k 为丙酮碘化反应总的速率常数。

由反应(2) 可知：

$$\frac{dc_E}{dt}=-\frac{dc_{I_2}}{dt} \tag{4}$$

因此，如果测得反应过程中各时刻碘的浓度，就可以求出 dc_E/dt。由于碘在可见光区有一个比较宽的吸收带，所以可利用分光光度计来测定丙酮碘化反应过程中碘的浓度随时间的变化，从而求出反应的速率常数。若在反应过程中，丙酮的浓度远大于碘的浓度且催化剂酸的浓度也足够大时，则可把丙酮和酸的浓度看作不变，把式(3) 代入式(4) 积分得：

$$c_{I_2}=-kc_Ac_{H^+}t+B \tag{5}$$

按照朗伯-比耳（Lambert-Beer）定律，某指定波长的光通过碘溶液后的光强为 I，通过蒸馏水后的光强为 I_0，则透光率可表示为：

$$T=I/I_0 \tag{6}$$

并且透光率与碘的浓度之间的关系可表示为：

$$\lg T=-\varepsilon d c_{I_2} \tag{7}$$

式中，T 为透光率；d 为比色槽的光径长度；ε 为取以 10 为底的对数时的摩尔吸收系数。将式(5) 代入式(7) 得：

$$\lg T=k\varepsilon d c_A c_{H^+} t+B' \tag{8}$$

由 $\lg T$ 对 t 作图可得一直线，直线的斜率为 $k\varepsilon d c_A c_{H^+}$。式中的 εd 可通过测定一已知浓度的碘溶液的透光率，由式(7) 求得。当 c_A 与 c_{H^+} 浓度已知时，只要测出不同时刻丙酮、酸、碘的混合液对指定波长的透光率，就可以利用式(8) 求出反应的总速率常数 k。

由两个或两个以上温度的速率常数，就可以根据阿伦尼乌斯（Arrhenius）关系式计算反应的活化能。

$$E_a=\frac{RT_1T_2}{T_2-T_1}\ln\frac{k_2}{k_1} \tag{9}$$

为了验证上述反应机理，可以进行反应级数的测定。根据总反应方程式，可建立如下关系式：

$$V=\frac{dc_E}{dt}=kc_A^{\alpha}c_{H^+}^{\beta}c_{I_2}^{\gamma}$$

式中，α、β、γ 分别表示丙酮、氢离子和碘的反应级数。若保持氢离子和碘的起始浓度不变，只改变丙酮的起始浓度，分别测定在同一温度下的反应速率，则：

$$\frac{V_2}{V_1}=\left(\frac{c'_A}{c_A}\right)^{\alpha} \qquad \alpha=\lg\frac{V_2}{V_1}\Big/\lg\frac{c'_A}{c_A} \tag{10}$$

同理可求出 β、γ

$$\beta=\lg\frac{V_3}{V_1}\Big/\lg\frac{c'_{H^+}}{c_{H^+}} \qquad \gamma=\lg\frac{V_4}{V_1}\Big/\lg\frac{c'_{I_2}}{c_{I_2}} \tag{11}$$

【仪器试剂】

分光光度计 1 套，容量瓶（50mL 4 个），超级恒温槽 1 台，带有恒温夹层的比色皿 1 个，移液管（10mL 3 个），停表 1 块。

碘溶液（含 4%KI）(0.03mol/L)，HCl（1.0000mol/L），丙酮（2mol/L）。

【实验步骤】

1. 实验准备

(1) 恒温槽恒温（25.0±0.1)℃或（30.0±0.1)℃。

(2) 开启有关仪器，分光光度计要预热 30min。

(3) 取四个洁净的 50mL 容量瓶，第一个装满蒸馏水；第二个用移液管移入 5mL I_2 溶液，用蒸馏水稀释至刻度；第三个用移液管移入 5mL I_2 溶液和 5mL HCl 溶液；第四个先加入少许蒸馏水，再加入 5mL 丙酮溶液。然后将四个容量瓶放在恒温槽中恒温备用。

2. 透光率 100%的校正

分光光度计波长调在 565nm；狭缝宽度为 2（或 1）nm；控制面板上工作状态调在透光率挡。比色皿中装满蒸馏水，在光路中放好。恒温 10min 后调节蒸馏水的透光率为 100%。

3. 测量 εd 值

取恒温好的碘溶液注入恒温比色皿，在 (25.0±0.1)℃时，置于光路中，测其透光率。

4. 测定丙酮碘化反应的速率常数

将恒温的丙酮溶液倒入盛有酸和碘混合液的容量瓶中，用恒温好的蒸馏水洗涤盛有丙酮的容量瓶 3 次。洗涤液均倒入盛有混合液的容量瓶中，最后用蒸馏水稀释至刻度，混合均匀，倒入比色皿少许，洗涤三次倾出。然后再装满比色皿，用擦镜纸擦去残液，置于光路中，测定透光率，并同时开启停表。以后每隔 2min 读一次透光率，直到光点指在透光率 100%为止。

5. 测定各反应物的反应级数

各反应物的用量如下：

编号	2mol/L 丙酮溶液	1.0000mol/L 盐酸溶液	0.03mol/L 碘溶液
2	10mL	5mL	5mL
3	5mL	10mL	5mL
4	5mL	5mL	2.5mL

测定方法同步骤 3，温度仍为 (25.0±0.1)℃或 (30.0±0.1)℃。

6. 将恒温槽的温度升高到 (35.0±0.1)℃，重复上述操作 1(3)、2～4，但测定时间应相应缩短，可改为 2min 记录一次。

【注意事项】

1. 温度影响反应速率常数，实验时体系始终要恒温。
2. 混合反应溶液时操作必须迅速准确。
3. 比色皿的位置不得变化。

【数据处理】

1. 将所测实验数据列表。
2. 将 $\lg T$ 对时间 t 作图，得一直线，从直线的斜率可求出反应的速率常数。
3. 利用 25.0℃及 35.0℃时的 k 值，求丙酮碘化反应的活化能。
4. 反应级数的求算：由实验步骤 4、步骤 5 中测得的数据，分别以 $\ln T$ 对 t 作图，得到四条直线。求出各直线斜率，即为不同起始浓度时的反应速率，代入式(10)、式(11) 可求出 α、β、γ。

【思考题】

1. 本实验中将丙酮溶液加到盐酸和碘的混合液中，但没有立即计时，而是当混合物稀释至 50mL，摇匀倒入恒温比色皿测透光率时才开始计时，这样做是否影响实验结果？为什么？

2. 影响本实验结果的主要因素是什么？

【讨论】

虽然在反应(1) 和反应(2) 中，从表观上看除 I_2 外没有其他物质吸收可见光，但实际上反应体系中却还存在着一个次要反应，即在溶液中存在着 I_2、I^- 和 I_3^- 的平衡：

$$I_2 + I^- \rightleftharpoons I_3^- \tag{12}$$

其中 I_2 和 I_3^- 都吸收可见光。因此反应体系的吸光度不仅取决于 I_2 的浓度，而且与 I_3^-

的浓度有关。根据朗伯-比尔定律知，在含有 I_3^- 和 I_2 的溶液的总光密度 E 可以表示为 I_3^- 和 I_2 两部分消光度之和

$$E=E_{I_2}+E_{I_3^-}=\varepsilon_{I_2}dc_{I_2}+\varepsilon_{I_3^-}dc_{I_3^-} \tag{13}$$

而摩尔消光系数 ε_{I_2} 和 $\varepsilon_{I_3^-}$ 是入射光波长的函数。在特定条件下，即波长 $\lambda=565$nm 时，$\varepsilon_{I_2}=\varepsilon_{I_3^-}$，所以式(13) 就可变为

$$E=\varepsilon_{I_2}d(c_{I_2}+c_{I_3^-}) \tag{14}$$

也就是说，在 565nm 这一特定的波长条件下，溶液的光密度 E 与总碘量（$I_2+I_3^-$）成正比。因此常数 εd 就可以由测定已知浓度碘溶液的总光密度 E 来求出。所以本实验必须选择工作波长为 565nm。

【附】

722 型分光光度计使用方法

(1) 预热仪器：将选择开关置于“T”，打开电源开关，使仪器预热 20min。

(2) 选定波长：根据实验要求，转动波长手轮，调至所需要的单色波长。

(3) 固定灵敏度挡：在能使空白溶液很好地调到“100%”的情况下，尽可能采用灵敏度较低的挡，使用时，首先调到“1”挡，灵敏度不够时再逐渐升高。但换挡改变灵敏度后，须重新校正“0%”和“100%”。选好的灵敏度，实验过程中不要再变动。

(4) 调节“T=0%”：轻轻旋动“0%”旋钮，使数字显示为“00.0”（此时试样室是打开的）。

(5) 调节“T=100%”：将盛蒸馏水（或空白溶液，或纯溶剂）的比色皿放入比色皿座架中的第一格内，并对准光路，把试样室盖子轻轻盖上，调节透过率“100%”旋钮，使数字显示正好为“100.0”。

(6) 吸光度的测定：将选择开关置于“A”，盖上试样室盖子，将空白液置于光路中，调节吸光度调节旋钮，使数字显示为“.000”。将盛有待测溶液的比色皿放入比色皿座架中的其他格内，盖上试样室盖，轻轻拉动试样架拉手，使待测溶液进入光路，此时数字显示值即为该待测溶液的吸光度值。读数后，打开试样室盖，切断光路。

(7) 关机：实验完毕，切断电源，将比色皿取出洗净，并将比色皿座架用软纸擦净。

注意：

(1) 为了防止光电管疲劳，不测定时必须将试样室盖打开，使光路切断，以延长光电管的使用寿命。

(2) 取拿比色皿时，手指只能捏住比色皿的毛玻璃面，而不能碰比色皿的光学表面。

(3) 比色皿不能用碱溶液或氧化性强的洗涤液洗涤，也不能用毛刷清洗。比色皿外壁附着的水或溶液应用擦镜纸或细而软的吸水纸吸干，不要擦拭，以免损伤它的光学表面。

(4) 不要在仪器上方倾倒测试样品，以免样品污染仪器表面，损坏仪器。

(5) 仪器左侧下角有一只干燥剂筒，应保持其干燥，发现干燥剂变色应立即更新或烘干后再用。

第三节　电化学

实验十三　离子迁移数的测定

当电流通过电解质溶液时，溶液中的正负离子各自向阴、阳两极迁移，由于各种离子的迁移速度不同，各自所带过去的电量也必然不同。每种离子所带过去的电量与通过溶液的总电量之比，称为该离子在此溶液中的迁移数。若正负离子传递电量分别为 q_+ 和 q_-，通过溶液的总电量为 Q，则正负离子的迁移数分别为：

$$t_+ = q_+/Q \qquad t_- = q_-/Q$$

离子迁移数与浓度、温度、溶剂的性质有关，增加某种离子的浓度，则该离子传递电量的百分数增加，离子迁移数也相应增加；温度改变，离子迁移数也会发生变化，但温度升高正负离子的迁移数差别较小；同一种离子在不同电解质中的迁移数是不同的。

离子迁移数可以直接测定，方法有希托夫法、界面移动法和电动势法等。

（一）希托夫法测定离子迁移数

【目的要求】

1. 掌握希托夫法测定电解质溶液中离子迁移数的某本原理和操作方法。
2. 测定 $CuSO_4$ 溶液中 Cu^{2+} 和 SO_4^{2-} 的离子迁移数。

【实验原理】

用希托夫法测定 $CuSO_4$ 溶液中 Cu^{2+} 和 SO_4^{2-} 的离子迁移数时，在溶液中间区浓度不变的条件下，分析通电前原溶液及通电后阳极区（或阴极区）溶液的浓度，读取阳极区（或阴极区）溶液的体积，可计算出通电后迁移出阳极区（或阴极区）的 Cu^{2+} 和 SO_4^{2-} 的量。通过溶液的总电量 Q 由串联在电路中的电量计（即库仑计）测定。可算出 t_+ 和 t_-。

在迁移管中，两电极均为 Cu 电极。其中放 $CuSO_4$ 溶液。通电时，溶液中的 Cu^{2+} 在阴极上发生还原析出 Cu，而在阳极上金属铜溶解生成 Cu^{2+}。

对于阳极，通电时阳极区有 Cu^{2+} 迁移出，电极上 Cu 溶解生成 Cu^{2+}，因而有：

$$n_{迁,Cu^{2+}} = q_+/Q = n_{原始,Cu^{2+}} - n_{阳极,Cu^{2+}} + n_{电}$$

对于阴极，通电时阴极区有 Cu^{2+} 迁移入，电极上 Cu^{2+} 析出生成 Cu，因而有：

$$n_{迁,Cu^{2+}} = q_+/Q = n_{阴极,Cu^{2+}} - n_{原始,Cu^{2+}} + n_{电}$$

$$t_{Cu^{2+}} = \frac{n_{迁,Cu^{2+}}}{n_{电}}, t_{SO_4^{2-}} = 1 - t_{Cu^{2+}}$$

式中，$n_{迁,Cu^{2+}}$ 表示迁移出阳极区或迁入阴极区的 Cu^{2+} 的量；$n_{原始,Cu^{2+}}$ 表示通电前阳极区或阴极区所含 Cu^{2+} 的量；$n_{阳极,Cu^{2+}}$ 表示通电后阳极区所含 Cu^{2+} 的量；$n_{阴极,Cu^{2+}}$ 表示通电后阴极区所含 Cu^{2+} 的量；$n_{电}$ 表示通电时阳极上 Cu 溶解（转变为 Cu^{2+}）的量，也等于

铜电量计阴极上 Cu^{2+} 析出生成 Cu 的量，可以看出希托夫法测定离子的迁移数至少包括两个假定。

(1) 电的输送者只是电解质的离子，溶剂水不导电，这一点与实际情况接近。

(2) 不考虑离子水化现象。

实际上正、负离子所带水量不一定相同，因此电极区电解质浓度的改变，部分是由水迁移所引起的，这种不考虑离子水化现象所测得的迁移数称为希托夫迁移数。

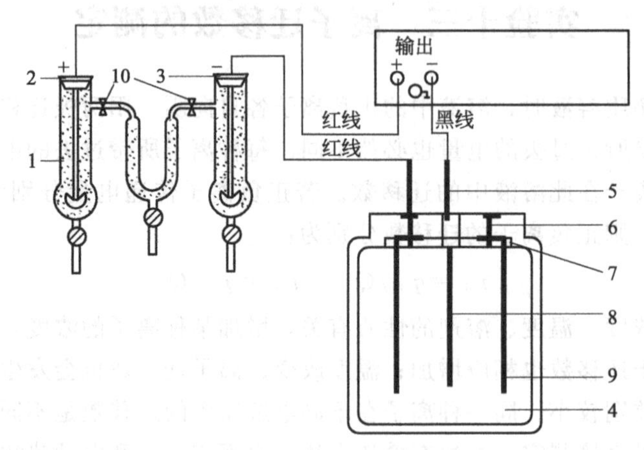

图 13-1　希托夫法离子迁移数测定装置图

1—迁移管；2—阳极；3—阴极；4—库仑计；5—阴极插座；6—阳极插座；
7—电极固定板；8—阴极铜片；9—阳极铜片；10—活塞

本实验用硫代硫酸钠溶液滴定铜离子浓度。每 1mol Cu^{2+} 消耗 1mol $S_2O_3^{2-}$。

其反应机理如下：

$$4I^- + 2Cu^{2+} = CuI_2 \downarrow + I_2$$

$$I_2 + 2S_2O_3^{2-} = S_4O_6^{2-} + 2I^-$$

【仪器试剂】

迁移管 1 套，铜电极 2 个，迁移数测定仪 1 台，铜电量计 1 台，分析天平 1 台，碱式滴定管（25mL 1 只），碘量瓶（250mL 2 个），移液管（20mL 3 个），量筒（100mL 1 个）。

KI 溶液（10%），淀粉指示剂（0.5%），硫代硫酸钠溶液（0.5000mol/L），醋酸溶液（1mol/L），硫酸铜溶液（0.5mol/L）。

【实验步骤】

1. 取 25mL 0.5mol/L 硫酸铜溶液于 250mL 干净容量瓶中，稀释至刻度，得 0.05mol/L 的 $CuSO_4$ 溶液。

2. 用水洗迁移管，然后用 0.05mol/L 的 $CuSO_4$ 溶液洗迁移管，并安装到迁移管固定架上。电极表面有氧化层时用细砂纸打磨。

3. 将铜电量计中阴极、阳极铜片取下，先用细砂纸磨光，除去表面氧化层，用蒸馏水洗净，用乙醇淋洗并吹干，在分析天平上称重，装入电量计中。

4. 连接好迁移管、离子迁移数测定仪和铜电量计。

5. 接通电源，调节电流强度不超过 10mA，连续通电 90min。

6. 取 5mL 0.5000mol/L $Na_2S_2O_3$ 溶液于 50mL 干净容量瓶中，稀释至刻度，得 0.0500mol/L 的 $Na_2S_2O_3$ 溶液。

7. 通电前 $CuSO_4$ 溶液的滴定。

用移液管从 250mL 容量瓶中移取 10mL 0.05mol/L 的 $CuSO_4$ 溶液于碘量瓶中，加入 5mL 1mol/L 的 HAc 溶液，加入 3mL 10%的 KI 溶液，塞好瓶盖，振荡，置暗处 5～10min，以 0.0500mol/L 的 $Na_2S_2O_3$ 标准溶液滴定至溶液呈淡黄色，然后加入 1mL 淀粉指示剂，继续滴定至蓝色恰好消失（乳白色），记录消耗的 $Na_2S_2O_3$ 标准溶液体积。

8. 通电后 $CuSO_4$ 溶液的滴定。

停止通电后，关闭活塞 10，分别测量阴、阳极区 $CuSO_4$ 溶液的体积，并分别移取 10mL 阴、阳极区 $CuSO_4$ 溶液，用 $Na_2S_2O_3$ 标准溶液滴定，分别记录消耗的 $Na_2S_2O_3$ 标准溶液体积。

9. 将铜电量计中阴极、阳极铜片取下，用蒸馏水洗净，用乙醇淋洗并吹干，在分析天平上称重。

【注意事项】

1. 实验中的铜电极必须是纯度为 99.999%的电解铜。

2. 实验过程中凡是能引起溶液扩散、搅动等的因素必须避免。电极阴、阳极的位置能对调，迁移管及电极不能有气泡，两电极上的电流密度不能太大。

3. 本实验中各部分的划分应正确，不能将阳极区与阴极区的溶液错划入中部，这样会引起实验误差。因此，停止通电后，必须先关闭活塞 10，然后才能测量阴、阳极区 $CuSO_4$ 溶液的体积。

4. 阴、阳极区 $CuSO_4$ 溶液的浓度差别很小，为减少误差，宜分别用干净的移液管直接移取通电后的阴、阳极区 $CuSO_4$ 溶液进行滴定，测量体积时将用于滴定的体积数计算在内。

5. 本实验由铜电量计的增重计算电量，因此称量及前处理都很重要，须仔细进行。

【数据处理】

1. 数据记录

<table>
<tr><td>室温/℃</td><td></td><td>电流强度/mA</td><td></td><td>通电时间/min</td><td></td></tr>
<tr><td colspan="2" rowspan="3">铜电量计铜片质量/g</td><td colspan="2">铜片 1</td><td colspan="2">铜片 2</td></tr>
<tr><td>通电前</td><td>通电后</td><td>通电前</td><td>通电后</td></tr>
<tr><td></td><td></td><td></td><td></td></tr>
<tr><td colspan="2" rowspan="2">$CuSO_4$ 溶液的体积/mL</td><td colspan="2">左侧</td><td colspan="2">右侧</td></tr>
<tr><td></td><td></td><td></td><td></td></tr>
<tr><td colspan="2">$Na_2S_2O_3$ 原液浓度/(mol/L)</td><td colspan="4">$Na_2S_2O_3$ 标准溶液浓度/(mol/L)</td></tr>
<tr><td>Cu^{2+}浓度滴定</td><td>试样体积/mL</td><td>滴定前 $Na_2S_2O_3$ 标准溶液读数/mL</td><td>滴定后 $Na_2S_2O_3$ 标准溶液读数/mL</td><td>消耗 $Na_2S_2O_3$ 标准溶液体积/mL</td><td>Cu^{2+}浓度/(mol/L)</td></tr>
<tr><td>通电前</td><td></td><td></td><td></td><td></td><td></td></tr>
<tr><td>左侧电极区</td><td></td><td></td><td></td><td></td><td></td></tr>
<tr><td>右侧电极区</td><td></td><td></td><td></td><td></td><td></td></tr>
</table>

2. 由铜电量计中阴极铜片的增量，算出通入的总电量，即

$$铜片的增量/铜的原子量=n_{电}$$

3. 计算 Cu^{2+} 和 SO_4^{2-} 的迁移数。

【思考题】

1. 通过铜电量计阴极的电流密度为什么不能太大？

2. 通电前后中部区溶液的浓度改变时，须重做实验，为什么？

3. 0.1mol/L KCl 和 0.1mol/L NaCl 中的 Cl^- 迁移数是否相同？

4. 如以阳极区电解质溶液的质量计算 Cu^{2+} 迁移数，应如何进行?

（二）界面移动法测定离子迁移数

【实验原理】

利用界面移动法测迁移数的实验可分为两类：一类是使用两种指示离子，造成两个界面；另一类是只用一种指示离子，有一个界面。近年来这种方法已经代替了第一类方法，其原理如下。

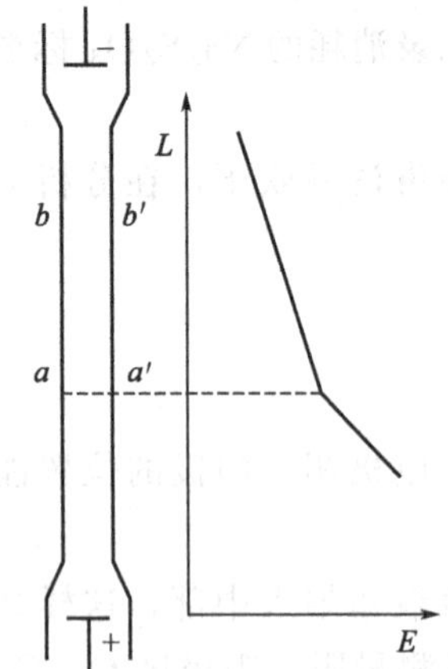

图 13-2 迁移管中的电位梯度

实验在图 13-2 所示的迁移管中进行。设 M^{Z+} 为欲测的阳离子，M'^{Z+} 为指示阳离子。为了保持界面清晰，防止由于重力而产生搅动作用，应将密度大的溶液放在下面。当有电流通过溶液时，阳离子向阴极迁移，原来的界面 aa' 逐渐上移，经过一定时间 t 到达 bb'。设 aa' 和 bb' 间的体积为 V，$t_{M^{Z+}}$ 为 M^{Z+} 的迁移数。据定义有：

$$t_{M^{Z+}}=\frac{VFc}{Q}$$

式中，F 为法拉第（Faraday）常数；c 为 $\left(\frac{1}{Z}M^{Z+}\right)$ 的物质的量浓度；Q 为通过溶液的总电量；V 为界面移动的体积，可用称量充满 aa' 和 bb' 间的水的质量进行校正。

本实验用 Cd^{2+} 作为指示离子，测定 0.1mol/L HCl 中 H^+ 的迁移数。因为 Cd^{2+} 淌度（U）较小，即 $U_{Cd^{2+}}<U_{H^+}$。

在图 13-3 的实验装置中，通电时，H^+ 向上迁移，Cl^- 向下迁移，在 Cd 阳极上 Cd 氧化，进入溶液生成 $CdCl_2$，逐渐顶替 HCl 溶液，在管中形成界面。由于溶液要保持电中性，且任一截面都不会中断传递电流，H^+ 迁移走后的区域，Cd^{2+} 紧紧地跟上，离子的移动速度（v）是相等的，$v_{Cd^{2+}}=v_{H^+}$ 由此可得：

$$U_{Cd^{2+}}\frac{dE'}{dL}=U_{H^+}\frac{dE}{dL}$$

$$\frac{dE'}{dL}>\frac{dE}{dL}$$

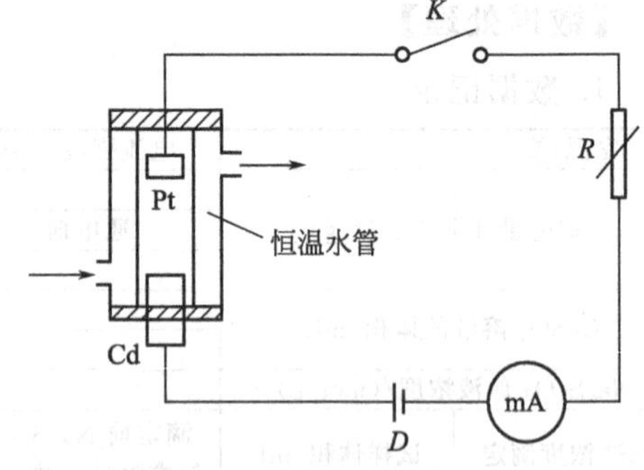

图 13-3 界面移动法测离子迁移数装置示意图

即在 $CdCl_2$ 溶液中电位梯度是较大的。因此，若 H^+ 因扩散作用落入 $CdCl_2$ 溶液层，它就不仅比 Cd^{2+} 迁移得快，而且比界面上的 H^+ 也要快，能赶回到 HCl 层。同样，若任何 Cd^{2+} 进入低电位梯度的 HCl 溶液，它就要减速，一直到它们重又落后于 H^+ 为止，这样界面在通电过程中保持清晰。

【仪器试剂】

精密稳流电源 1 台，滑线变阻器 1 个，毫安表 1 个，烧杯（25mL 1 个）。

HCl（0.1000mol/L），甲基紫（或甲基橙）指示剂。

【实验步骤】

1. 在小烧杯中倒入约 10mL 0.1mol/L HCl，加入少许甲基紫，使溶液呈深蓝色。并用少许该溶液洗涤迁移管后，将溶液装满迁移管，并插入 Pt 电极。

2. 按图 13-3 接好线路，按通开关 K 与电源 D 相通，调节电位器 R 保持电流在 5～7mA 之间。

3. 当迁移管内蓝紫色界面达到起始刻度时，立即开动秒表，此时要随时调节电位器 R，使电流 I 保持定值。当蓝紫色界面迁移 1mL 后，再按秒表，并关闭电源开关。

【注意事项】

1. 通电后由于 $CdCl_2$ 层的形成电阻加大，电流会渐渐变小，因此应不断调节电流使其保持不变。

2. 通电过程中，迁移管应避免振动。

【数据处理】

计算 t_{H^+} 和 t_{Cl^-}。讨论与解释观察到的实验现象，将结果与文献值加以比较。

【思考题】

1. 本实验成功的关键是什么？应注意什么？

2. 测量某一电解质离子迁移数时，指示离子应如何选择？指示剂应如何选择？

【讨论】

离子迁移数的测定方法除以上介绍的希托夫法和界面移动法外，还有电动势法。

电动势法是通过测量具有或不具有溶液接界的浓差电池的电动势来进行的。例如测定硝酸银溶液的 t_{Ag^+} 和 $t_{NO_3^-}$ 可安排如下电池：

（1）有溶液接界的浓差电池　$Ag|AgNO_3(m_1)|AgNO_3(m_2)|Ag$

总的电池反应：　$AgNO_3(m_2) \longrightarrow AgNO_3(m_1)$

测得电动势

$$E_1 = 2t_{NO_3^-}\frac{RT}{F}\ln\frac{\gamma_{\pm 2}m_2}{\gamma_{\pm 1}m_1}$$

（2）无溶液接界的浓差电池　$Ag|AgNO_3(m_1)\|AgNO_3(m_2)|Ag$

总的电池反应：　$Ag^+(m_2) \longrightarrow Ag^+(m_1)$

测得电动势

$$E_2 = \frac{RT}{F}\ln\frac{(a_{Ag^+})_2}{(a_{Ag^+})_1}$$

假定溶液中价数相同的离子具有相同活度系数，则可得：

$$a_{\pm 1} = (a_{Ag^+})_1 = (a_{NO_3^-})_1 = \gamma_{\pm 1}m_1$$

$$a_{\pm 2} = (a_{Ag^+})_2 = (a_{NO_3^-})_2 = \gamma_{\pm 2}m_2$$

$$\frac{E_1}{E_2} = \frac{2t_{NO_3^-}\dfrac{RT}{F}\ln\dfrac{\gamma_{\pm 2}m_2}{\gamma_{\pm 1}m_1}}{\dfrac{RT}{F}\ln\dfrac{(a_{Ag^+})_2}{(a_{Ag^+})_1}}$$

因此，$t_{NO_3^-} = \frac{1}{2}\times\frac{E_1}{E_2}$，$t_{Ag^+} = 1 - t_{NO_3^-}$

【附】

操作步骤及使用方法

1. 库仑计使用方法

(1) 库仑计中共有三片铜片，两边铜片为阳极，中间铜片为阴极。

(2) 阳极铜片固定在电极固定板上，不可拆下，阴极铜片由阴极插座固定。拆下或固定阴极铜片时只需反时针旋松或顺时针旋紧阴极插座即可。

(3) 电极固定板上有两个阳极插座，实验中可任意插入其中一个插座。

2. 操作步骤

(1) 配制 0.05mol/L $CuSO_4$ 溶液 250mL。洗净所有容器。用 0.05mol/L $CuSO_4$ 溶液荡洗 3 次，然后在迁移管中装入该溶液，迁移管中不应有气泡。

(2) 铜电极放在 1mol/L HNO_3 溶液中稍微洗涤一下，以除去表面的氧化层，用蒸馏水冲洗后，将作为阳极的两片铜电极放入盛有镀铜液的库仑计中（镀铜液：100mL 水中含 15g $CuSO_4 \cdot 5H_2O$、5mL 浓 H_2SO_4、5mL 乙醇），将铜阴极用无水乙醇淋洗一下，用热空气将其吹干（温度不能太高），在天平上称重得 m_1，然后放入库仑计。

(3) 接好测量线路。接通电源，通过调节使电流在 10mA 左右。

(4) 通电 90min，关闭电源。取出库仑计中的铜阴极，用蒸馏水冲洗后，用无水乙醇淋洗，再用热空气将其吹干，然后称重得 m_2。

(5) 分别将中间区、阴极区、阳极区的 $CuSO_4$ 溶液全部取出，放入已知质量的锥形瓶称重，然后分别加入 10%KI 溶液 10mL、1mol/L 醋酸溶液 10mL，用标准硫代硫酸钠溶液滴定，滴至淡黄色，加入 1mL 淀粉指示剂，再滴至紫色消失。

实验十四　电导的测定及其应用

【实验目的】

1. 了解溶液电导、电导率的基本概念，学会电导（率）仪的使用方法。

2. 掌握溶液电导（率）的测定及应用，并计算弱电解质溶液的电离常数及难溶盐溶液的 K_{sp}。

【实验原理】

1. 弱电解质电离常数的测定

AB 型弱电解质在溶液中电离达到平衡时，电离平衡常数 K_c 与原始浓度 c 和电离度 α 有以下关系：

$$K_c=\frac{c\alpha^2}{1-\alpha} \tag{1}$$

在一定温度下 K_c 是常数，因此可以通过测定 AB 型弱电解质在不同浓度时的 α 代入式(1) 求出 K_c。

醋酸溶液的电离度可用电导法来测定，图 14-1 是用来测定溶液电导的电导池。

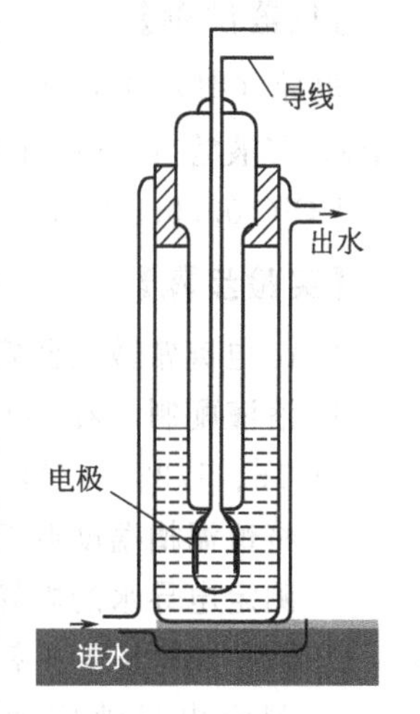

图 14-1　电导池

将电解质溶液注入电导池内，溶液电导（G）的大小与两电极之间的距离 l 成反比，与电极的面积 A 成正比：

$$G=\kappa A/l \tag{2}$$

式中，l/A 为电导池常数，以 K_{cell} 表示；κ 为电导率。其物理意义：在两平行且相距 1m、面积均为 $1m^2$ 的两电极间，电解质溶液的电导称为该溶液的电导率，其单位以 S/m 表示。

由于电极的 l 和 A 不易精确测量，实验中用一种已知电导率值的溶液，先求出电导池常数 K_{cell}，然后把待测溶液注入该电导池测出其电导值，再根据式(2) 求其电导率。

溶液的摩尔电导率是指把含有 1mol 电解质的溶液置于相距为 1m 的两平行板电极之间测得的电导。以 Λ_m 表示，其单位为 $S\cdot m^2/mol$。

摩尔电导率与电导率的关系：

$$\Lambda_m=\kappa/c \tag{3}$$

式中，c 为该溶液的浓度，其单位为 mol/m^3。对于弱电解质溶液来说，可以认为：

$$\alpha=\Lambda_m/\Lambda_m^{\infty} \tag{4}$$

式中，Λ_m^{∞} 为溶液在无限稀释时的摩尔电导率。

将式(4) 代入式(1) 可得：

$$Kc=\frac{c\Lambda_m^2}{\Lambda_m^{\infty}(\Lambda_m^{\infty}-\Lambda_m)} \tag{5}$$

或

$$c\Lambda_m=(\Lambda_m^{\infty})^2K_c\frac{1}{\Lambda_m}-\Lambda_m^{\infty}K_c \tag{6}$$

以 $c\Lambda_m$ 对 $1/\Lambda_m$ 作图，其直线的斜率为 $(\Lambda_m^\infty)^2K_c$，若已知 Λ_m^∞ 值，可求算 K_c。

2. CaF_2（或 $BaSO_4$、$PbSO_4$）饱和溶液溶度积（K_{sp}）的测定

利用电导法能方便地求出微溶盐的溶解度，进而得到其溶度积值。CaF_2 的溶解平衡可表示为：

$$CaF_2 \rightleftharpoons Ca^{2+} + 2F^-$$

$$K_{sp} = c(Ca^{2+})[c(F^-)]^2 = 4c^3 \tag{7}$$

微溶盐的溶解度很小，饱和溶液的浓度则很低，所以式(3) 中 Λ_m 可以认为就是 Λ_m^∞(盐)，c 为饱和溶液中微溶盐的溶解度。

$$\Lambda_m^\infty(\text{盐}) = \frac{\kappa_{\text{盐}}}{c} \tag{8}$$

$\kappa_{\text{盐}}$ 是纯微溶盐的电导率。实验中所测定的饱和溶液的电导率值为盐与水的电导率之和。

$$\kappa_{\text{溶液}} = \kappa_{H_2O} + \kappa_{\text{盐}} \tag{9}$$

这样，可由测得的微溶盐饱和溶液的电导率利用式(9) 求出 $\kappa_{\text{盐}}$，再利用式(8) 求出溶解度，最后求出 K_{sp}。

【仪器试剂】

电导（率）仪 1 台，超级恒温水浴 1 套，电导池 1 个，电导电极 1 个，容量瓶（100mL 5 个），移液管（25mL 1 个、50mL 1 个），洗瓶 1 个，洗耳球 1 个。

KCl(10.00mol/m³)，HAc(100.0mol/m³)，CaF_2(或 $BaSO_4$、$PbSO_4$)（分析纯）。

【实验步骤】

HAc 电离常数的测定

1. 溶液配制　在 100mL 容量瓶中配制浓度为原始醋酸（100.0mol/m³）浓度的 1/4、1/8、1/16、1/32、1/64 的溶液 5 份。

2. 将恒温槽温度调至（25.0±0.1)℃或（30.0±0.1)℃，使恒温水流经电导池夹层。

3. 测定电导水的电导（率）用电导水洗涤电导池和铂黑电极 2～3 次，然后注入电导水，恒温后测其电导（率）值，重复测定三次。

4. 测定电导池常数 K_{cell}　倾去电导池中蒸馏水。将电导池和铂黑电极用少量的 10.00mol/m³ KCl 溶液洗涤 2～3 次后，装入 10.00mol/m³ KCl 溶液，恒温后，用电导仪测其电导，重复测定三次。

5. 测定 HAc 溶液的电导（率）　倾去电导池中的液体，将电导池和铂黑电极用少量待测溶液洗涤 2～3 次，最后注入待测溶液。恒温约 10min，用电导（率）仪测其电导（率），每份溶液重复测定三次。按照浓度由小到大的顺序，测定 5 种不同浓度 HAc 溶液的电导（率）。

CaF_2（或 $BaSO_4$、$PbSO_4$）饱和溶液溶度积 K_{sp} 的测定

取约 1g CaF_2（或 $BaSO_4$、$PbSO_4$），加入约 80mL 电导水，煮沸 3～5min，静置片刻后倾掉上层清液。再加电导水、煮沸，再倾掉清液，连续进行五次，第四次和第五次的上清液放入恒温筒中恒温，分别测其电导（率）。若两次测得的电导（率）值相等，则表明 CaF_2（或 $BaSO_4$、$PbSO_4$）中的杂质已清除干净，清液即为饱和 CaF_2（或 $BaSO_4$、$PbSO_4$）溶液。

实验完毕后仍将电极浸在蒸馏水中。

【注意事项】

电导池不用时，应将两铂黑电极浸在蒸馏水中，以免干燥致使表面发生改变。

实验中温度要恒定，测量必须在同一温度下进行。恒温槽的温度要控制在（25.0±0.1)℃或（30.0±0.1)℃。

测定前，必须将电导电极及电导池洗涤干净，以免影响测定结果。

【数据处理】

1. 由 KCl 溶液电导率值计算电导池常数。

2. 将实验数据列表并计算醋酸溶液的电离常数。

HAc 原始浓度：__________

$c/(mol/m^3)$	G/S	$\kappa/(S/m)$	$\Lambda_m/(S \cdot m^2/mol)$	$\Lambda_m^{-1}/mol/(S \cdot m^2)$	$c\Lambda_m/(S/m)$	α	$K_c/(mol/m^3)$	$\overline{K_c}/(mol/m^3)$

3. 按式(6) 以 $c\Lambda_m$ 对 $1/\Lambda_m$ 作图应得一直线，直线的斜率为 $(\Lambda_m^{\infty})^2 K_c$，由此求得 K_c，并与上述结果进行比较。

4. 计算 CaF_2（或 $BaSO_4$、$PbSO_4$）的 K_{sp}。

G（电导水）：________；κ（电导水）：________。

G(溶液)/S	κ(溶液)/(S/m)	G(盐)/S	κ(盐)/(S/m)	$c/(mol/m^3)$	$K_{sp}/(mol^3/m^9)$

【思考题】

1. 为什么要测电导池常数？如何得到该常数？

2. 测电导时为什么要恒温？实验中测电导池常数和溶液电导时，温度是否要一致？

3. 实验中为何用镀铂黑电极？使用时注意事项有哪些？

【讨论】

1. 电导与温度有关，通常温度升高 1℃，电导平均增加 1.9%，即：

$$G_t = G_{25}\left[1 + \frac{1.3}{100}(t-25)\right]$$

2. 普通蒸馏水中常溶有 CO_2 等杂质，故存在一定电导。因此实验所测的电导值是欲测电解质和水的电导的总和。因此做电导实验时需要纯度较高的水，称为电导水。其制备方法通常是在蒸馏水中加入少许高锰酸钾，用石英或硬质玻璃蒸馏器再蒸馏一次。

3. 铂电极镀铂黑的目的是减少电极极化，且增加电极的表面积，使测定电导时有较高灵敏度。

【附】

1. EM1636 型函数发生器（音频信号发生器）的使用

(1) 接好波形输出（OUTPUT）端，按下电源开关。

(2) 按下所需选择波形的功能开关（FUNCTION）选择波形（～正弦波）。

(3) 当需要脉冲波和锯齿波时，拉出并转动 VARRAMP/PULSE 开关，调节占空比(RAMP/PULSE)，此时频率显示÷10，其他状态时关掉。

(4) 当需小信号输出时，按入衰减器（ATT）。

(5) 调节幅度（AMPLITUDE）至需要的输出幅度。

(6) 调节直流电平偏移至需要设置的电平值，其他状态时关掉，直流电平将为零。

2. 示波器面板上各旋钮的作用

(1) 电源　开关。

(2) 辉度　控制屏幕上光迹的亮度，顺时针方向旋转亮度增加，反之则减弱。

(3) 聚焦　控制光点聚焦。聚焦良好时，光点应为一清晰的小圆点。

(4) 辅助聚焦　辅助聚焦使光点为一清晰的小圆点。

(5) Y轴位移↑↓　控制荧光屏上Y轴方向轨迹位置。

(6) X轴位移　控制荧光屏上X轴方向轨迹位置。

(7) 衰减　分1、10、100三挡，供选择适当的偏转电压。在“∞”位置时，机内电压直接从Y轴输入端送入。

(8) 微调　控制荧光屏上Y轴方向光迹的长度。顺时针方向旋转时光迹增长，反之则减短。

(9) DC. AC　Y轴放大器的耦合开关置DC时，被测信号直接送到Y轴放大器；在AC时，被测信号经电容器耦合送到Y轴放大器。

(10) 平衡　校准Y轴直流放大器平衡输出。

(11) Y输入　被测信号从Y轴输入的接线柱。

(12) 扫描范围　锯齿形扫描频率范围变换开关。TVT和TVH分别为电视场频和行频扫描。在“外”接时，扫描发生器停止工作，信号可经“X输入”接线柱送入X轴放大器。

(13) 微调/相位　置“同步—内”时，作为扫描频率微调控制器。当置于“同步—电源”时，起相位调节作用。

(14) 同步控制　扫描发生器的同步方式。置“内”时，同步信号自Y轴直接送至扫描发生器；置“电源”时，则由电源频率信号输入X轴放大器。

(15) 增益　控制荧光屏上X轴方向光迹的长度。顺时针方向旋转则光迹增长，反之则减短。显示光迹长度在6cm内。

(16) X输入　被测信号从X轴输入的接线柱。

(17) 地　公共端的接线柱。

实验十五 电动势的测定及其应用

电动势的测量在物理化学研究中具有重要意义。通过电池电动势的测量可以获得氧化还原体系的许多热力学函数。

电池电动势的测量必须在可逆条件下进行。首先要求电池反应本身是可逆的，同时要求电池必须在可逆情况下工作，即放电和充电过程都必须在准平衡状态下进行，此时只允许有无限小的电流通过电池。因此，需用对消法来测定电动势。其测量原理是在待测电池上并联一个大小相等、方向相反的外加电势差，这样待测电池中没有电流通过，外加电势差的大小即等于待测电池电动势。

对消法测定电池电动势常用的仪器为电位差计及标准电池、工作电源、检流计等配套仪器。本实验包括以下几部分：(1) 电极电势的测定；(2) 溶度积的测定；(3) 溶液 pH 值的测定；(4) 求电池反应的 $\Delta_r S_m$、$\Delta_r H_m$、$\Delta_r G_m^{\ominus}$。

（一）电极电势的测定

【实验目的】

1. 学会几种金属电极的制备方法。
2. 掌握几种金属电极的电极电势的测定方法。

【实验原理】

可逆电池的电动势可看作正、负两个电极的电势之差。设正极电势为 φ_+，负极电势为 φ_-，则：

$$E=\varphi_+ - \varphi_-$$

电极电势的绝对值无法测定，手册上所列的电极电势均为相对电极电势，即以标准氢电极（其电极电势规定为零）作为标准，与待测电极组成一电池，所测电池电动势就是待测电极的电极电势。由于氢电极使用不便，常用另外一些易制备、电极电势稳定的电极作为参比电极，如：甘汞电极、银-氯化银电极等。

本实验测定几种金属电极的电极电势。将待测电极与饱和甘汞电极组成如下电池：

$$Hg(l)\text{-}Hg_2Cl_2(s)|KCl(\text{饱和溶液})\|M^{n+}(a_{\pm})|M(s)$$

金属电极的反应为： $M^{n+}+ne^- \longrightarrow M$

甘汞电极的反应为： $2Hg+2Cl^- \longrightarrow Hg_2Cl_2+2e^-$

电池电动势为：$$E=\varphi_+ - \varphi_- = \varphi^{\ominus}_{M^{n+},M}+\frac{RT}{nF}\ln a(M^{n+})-\varphi(\text{饱和甘汞}) \tag{1}$$

式中，$\varphi(\text{饱和甘汞})=0.24240-7.6\times10^{-4}(t-25)$，$t$ 单位为℃；$a=\gamma_{\pm}m$。

【仪器试剂】

原电池测量装置 1 套，银电极 1 个，饱和甘汞电极 1 个。

$AgNO_3$(0.0100mol/L)，KNO_3 饱和溶液，KCl 饱和溶液。

【实验步骤】

1. 铜、银、锌等金属电极的制备见本实验的讨论部分。

2. 测定以下电池的电动势。

Hg(l)-Hg_2Cl_2(s)|饱和 KCl 溶液 ‖ $AgNO_3$(0.0100mol/L)|Ag(s)

【数据处理】

由测定的电池电动势数据，利用式(1) 计算银的标准电极电势。

（二）难溶盐 AgCl 溶度积的测定

【实验目的】

1. 学会银电极、银-氯化银电极的制备方法。

2. 用电化学方法测定 AgCl 溶度积。

【实验原理】

设计电池如下：

(－)Ag(s)-AgCl(s)|KCl(0.0100mol/L) ‖ $AgNO_3$(0.0100mol/L)|Ag(s)(＋)

银电极反应： $Ag^+ + e^- \longrightarrow Ag$

银-氯化银电极反应： $Ag + Cl^- \longrightarrow AgCl + e^-$

总的电池反应为： $Ag^+ + Cl^- \longrightarrow AgCl$

$$E = E^{\ominus} - \frac{RT}{F}\ln\frac{1}{a_{Ag^+}a_{Cl^-}}$$

$$E^{\ominus} = E + \frac{RT}{F}\ln\frac{1}{a_{Ag^+}a_{Cl^-}} \tag{2}$$

又
$$\Delta_r G_m^{\ominus} = -nFE^{\ominus} = -RT\ln\frac{1}{K_{sp}} \tag{3}$$

式(3) 中 $n=1$，在纯水中 AgCl 溶解度极小，所以活度积就等于溶度积。所以：

$$-E^{\ominus} = \frac{RT}{F}\ln K_{sp} \tag{4}$$

式(4) 代入式(2) 得：

$$\ln K_{sp} = \ln a_{Ag^+} + \ln a_{Cl^-} - \frac{EF}{RT} \tag{5}$$

已知 a_{Ag^+}、a_{Cl^-}，测得电池动势 E，即可求 K_{sp}。

【仪器试剂】

原电池测量装置 1 套，Pt 电极 2 个，银电极 2 个。

HCl(1.0000mol/L)，$AgNO_3$(0.0100mol/L)，镀银溶液，稀 HNO_3 溶液（1∶3），KCl（0.0100mol/L）。

【实验步骤】

1. 银电极和 Ag-AgCl 电极的制备见本实验的讨论部分。

2. 测定以下电池的电动势

(－)Ag(s)-AgCl(s)|KCl(0.0100mol/L) ‖ $AgNO_3$(0.0100mol/L)|Ag(s)(＋)

【数据处理】

根据式(5) 并参照附表 14 中的电解质离子的平均活度系数，计算 AgCl 的溶度积。

（三）溶液 pH 值的测定

【实验目的】

1. 掌握通过测定可逆电池电动势测定溶液的 pH 值的方法。
2. 了解氢离子指示电极的构成。

【实验原理】

利用各种氢离子指示电极与参比电极组成电池，即可从电池电动势算出溶液的 pH 值，常用指示电极有：氢电极、醌氢醌电极和玻璃电极。今讨论醌氢醌（$Q\cdot QH_2$）电极。$Q\cdot QH_2$为醌（Q）与氢醌（QH_2）等摩尔混合物，在水溶液中部分分解。

$(Q\cdot QH_2) \rightleftharpoons (Q) + (QH_2)$

它在水中溶解度很小。将待测 pH 溶液用 $Q\cdot QH_2$ 饱和后，再插入一个光亮的 Pt 电极就构成了 $Q\cdot QH_2$ 电极，可用它构成如下电池：

$Hg(l)\text{-}Hg_2Cl_2(s)$|饱和 KCl 溶液‖用 $Q\cdot QH_2$ 饱和的待测 pH 溶液(H^+)|Pt(s)

$Q\cdot QH_2$ 电极反应为：

$$Q+2H^+ +2e^- \longrightarrow QH_2$$

因为在稀溶液中 $a_{H^+}=c_{H^+}$，所以：

$$\varphi_{Q\cdot QH_2}=\varphi^{\ominus}_{Q\cdot QH_2}-\frac{2.303RT}{F}pH$$

可见，$Q\cdot QH_2$ 电极的作用相当于一个氢电极，电池的电动势为：

$$E=\varphi_+ - \varphi_- = \varphi^{\ominus}_{Q\cdot QH_2}-\frac{2.303RT}{F}pH-\varphi(\text{饱和甘汞})$$

$$pH=[\varphi^{\ominus}_{Q\cdot QH_2}-E-\varphi(\text{饱和甘汞})]\div\frac{2.303RT}{F} \tag{6}$$

其中 $\varphi^{\ominus}_{Q\cdot QH_2}=0.6994-7.4\times10^{-4}(t-25)$，$\varphi$(饱和甘汞) 见本实验（一）电极电势的测定。

【仪器试剂】

原电池测量装置 1 套，Pt 电极 1 个，饱和甘汞电极 1 个。

KCl 饱和溶液，醌氢醌（固体），未知 pH 值溶液。

【实验步骤】

测定以下电池的电动势

(—)$Hg(l)\text{-}Hg_2Cl_2(s)$|饱和 KCl 溶液‖H^+(15mL 0.0100mol/L HAc+

$$15mL\ 0.0100mol/L\ NaAc)Q \cdot QH_2|Pt(s)(+)$$

【数据处理】

根据式(6) 计算未知溶液的 pH 值。

（四）化学反应的热力学函数

【实验目的】

掌握用电动势法测化学反应的热力学函数的原理及方法。

【实验原理】

化学反应的热效应可以用量热计直接量度，也可以用电化学方法来测定。由于电池的电动势可以测定得很准，所得数据较热化学方法所得的结果可靠。

在恒温、恒压、可逆条件下，电池所做的电功是最大有用功。利用对消法测定电池电动势 E，即可计算电池反应的 $\Delta_r G_m$、$\Delta_r S_m$、$\Delta_r H_m$。公式如下：

$$(\Delta_r G_m)_{T,p} = -nFE \tag{7}$$

$$\Delta_r S_m = nF\left(\frac{\partial E}{\partial T}\right)_p \tag{8}$$

$$\Delta_r H_m = -nFE + nFT\left(\frac{\partial E}{\partial T}\right)_p \tag{9}$$

【仪器试剂】

原电池测量装置 1 套，Pt 电极 2 个，银电极 2 个。

HCl(1.0000mol/L)，$AgNO_3$(0.0100mol/L)，镀银溶液，稀 HNO_3 溶液（1∶3）；KNO_3 饱和溶液。

【实验步骤】

1. 设计电池如下：

$$Ag(s)\text{-}AgCl(s)|HCl(1.0000mol/L)\|AgNO_3(0.0100mol/L)|Ag(s)$$

2. 调节恒温槽温度在 20～50℃之间，每隔 5～10℃测定一次电动势。每改变一次温度，需待热平衡后才能测定。

【数据处理】

1. 步骤 1 中所得电动势 E 与热力学温度 T 作图，并由图中曲线分别求取 25℃、30℃、35℃温度下的 $\left(\frac{\partial E}{\partial T}\right)_p$。

2. 利用式(7)～式(9) 和式(3)，分别计算 25℃、30℃、35℃时的 $\Delta_r G_m$、$\Delta_r S_m$、$\Delta_r H_m$ 和 $\Delta_r G_m^{\ominus}$。

【注意事项】

1. 连接仪器时，防止将正负极接错。

2. 汞齐化时要注意，汞蒸气有毒，用过的滤纸应放到带水的盆中，绝不允许随便丢弃。

【思考题】

1. 电位差计、标准电池、检流计及工作电池各有什么作用？如何保护及正确使用？

2. 参比电极应具备什么条件？它有什么功能？

3. 盐桥有什么作用？选作盐桥的物质应有什么原则？

4. UJ-25 型电位差计测定电动势过程中，有时检流计向一个方向偏转，分析原因。

【讨论】

在测量金属电极的电极电势时，金属电极要加以处理。现介绍几种常用金属电极的制备方法。

1. 锌电极的制备

将锌电极在稀硫酸溶液中浸泡片刻，取出洗净，浸入汞或饱和硝酸亚汞溶液中约 10s，表面即生成一层光亮的汞齐，用水冲洗、滤纸擦干后，插入 0.1000mol/L $ZnSO_4$ 中待用。汞齐化的目的是消除金属表面机械应力不同的影响，使它获得重复性较好的电极电势。

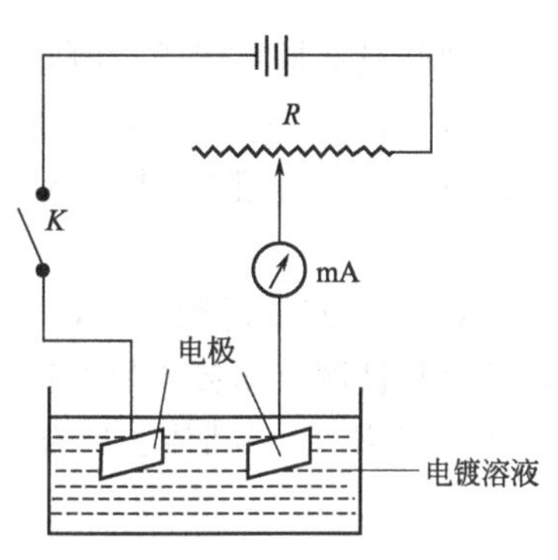

图 15-1　电镀线路图

2. 铜电极的制备

将欲镀铜电极用细砂纸轻轻打磨至露出新鲜的金属光泽，再用蒸馏水洗净作为负极，以另一铜板作为正极在镀铜液中电镀（镀铜液组成为：每升中含 125g $CuSO_4 \cdot 5H_2O$，25g H_2SO_4，50mL 乙醇）。电镀线路图参见图 15-1。控制电流为 20mA，电镀 30min 得表面呈红色的 Cu 电极，洗净后放入 0.1000mol/L $CuSO_4$ 中备用。

3. 银电极和 Ag-AgCl 电极的制备

（1）银电极的制备

将两个欲镀之银电极用细砂纸轻轻打磨至露出新鲜的金属光泽，再用蒸馏水洗净。将欲用的两个 Pt 电极浸入稀硝酸溶液片刻，取出用蒸馏水洗净。将洗净的电极分别插入盛有镀银液（镀液组成为 100mL 水中加 1.5g 硝酸银和 1.5g 氰化钠）的小瓶中，按图 15-1 接好线路，并将两个小瓶串联，控制电流为 0.3mA，镀 1h，得白色紧密的镀银电极两个。

（2）Ag-AgCl 电极的制备

将上面制成的一个银电极用蒸馏水洗净，作为正极，以 Pt 电极作为负极，在约 1mol/L 的 HCl 溶液中电镀，线路同图 15-1。控制电流为 2mA 左右，镀 30min，可得呈紫褐色的 Ag-AgCl 电极，该电极不用时应保存在 KCl 溶液中，贮藏于暗处。

【附】

数字电位差仪的使用

1. 打开电源开关，预热 15min。

2. 校验

（1）内标校验

将“测量选择”旋钮置于“内标”。

将测试线分别插入测量插孔内，将“10^0”位旋钮置于“1”，“补偿”旋钮逆时针旋到底，其他旋钮均置于“0”，此时，“电位指标”显示“1.00000”V，将两测试线短接。

待“检零指示”显示数值稳定后，按一下“采零”键，此时，“检零指示”显示为“0000”。

(2) 外标校验

将“测量选择”旋钮置于“外标”。

将已知电动势的标准电池按“+”“−”极性与“外标插孔”连接。

调节“10^0—10^4”五个旋钮和“补偿”旋钮，使“电位指示”显示的数值与外标电池数值相同。

待“检零指示”数值稳定后，按一下“采零”键，此时，“检零指示”显示为“0000”。

3. 测量

拔出“外标插孔”的测试线，再用测试线将被测电动势按“+”“−”极性接入“测量插孔”。

将“测量选择”置于“测量”。

调节“10^0～10^4”五个旋钮，使“检零指示”显示数值为负且绝对值最小。

调节“补偿旋钮”，使“检零指示”为“0000”，此时，“电位指示”数值即为被测电动势的值。

注意：① 测量过程中，若“检零指示”显示溢出符号“OU.L”，说明“电位指示”显示的数值与被测电动势值相差过大。

② 电阻箱 10^{-4} 挡值若稍有误差，可调节“补偿”电位器达到对应值。

实验十六　极化曲线的测定

【实验目的】

1. 掌握准稳态恒电位法测定金属极化曲线的基本原理和测试方法。
2. 了解极化曲线的意义和应用。
3. 掌握恒电位仪的使用方法。

【实验原理】

1. 极化现象与极化曲线

为了探索电极过程机理及影响电极过程的各种因素，必须对电极过程进行研究，其中极化曲线的测定是重要方法之一。在研究可逆电池的电动势和电池反应时，电极上几乎没有电流通过，每个电极反应都是在接近于平衡状态下进行的，因此电极反应是可逆的。但当有电流明显地通过电池时，电极的平衡状态被破坏，电极电势偏离平衡值，电极反应处于不可逆状态，而且随着电极上电流密度的增加，电极反应的不可逆程度也随之增大。由于电流通过电极而导致电极电势偏离平衡值的现象称为电极的极化，描述电流密度与电极电势之间关系的曲线称作极化曲线，如图16-1所示。

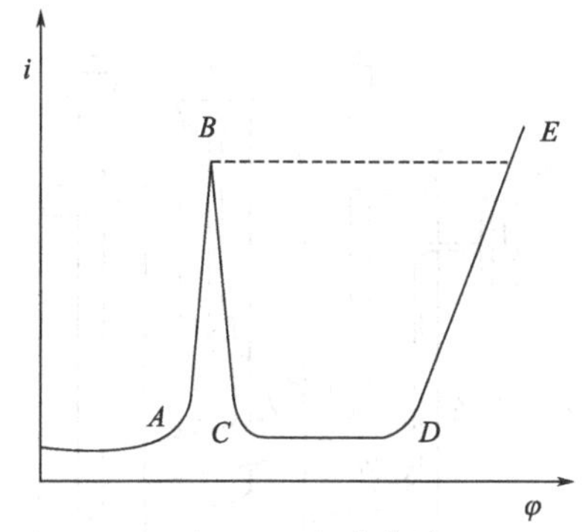

图16-1　极化曲线

A-B—活性溶解区；B—临界钝化点；B-C—过渡钝化区；C-D—稳定钝化区；D-E—超（过）钝化区

金属的阳极过程是指金属作为阳极时在一定的外电势下发生的阳极溶解过程，如下式所示：

$$M \longrightarrow M^{n+} + ne^-$$

此过程只有在电极电势正于其热力学平衡电势时才能发生。阳极的溶解速度随电位变正而逐渐增大，这是正常的阳极溶出，但当阳极电势正到某一数值时，其溶解速度达到最大值，此后阳极溶解速度随电势变正反而大幅度降低，这种现象称为金属的钝化现象。图16-1中曲线表明，从 A 点开始，随着电位向正方向移动，电流密度也随之增加，电势超过 B 点后，电流密度随电势增加迅速减至最小，这是因为在金属表面生产了一层电阻高、耐腐蚀的钝化膜。B 点对应的电势称为临界钝化电势，对应的电流称为临界钝化电流。电势到达 C 点以后，随着电势的继续增加，电流却保持在一个基本不变的很小的数值上，该电流称为维钝电流，直到电势升到 D 点，电流才又随着电势的上升而增大，表示阳极又发生了氧化过程，可能是高价金属离子产生，也可能是水分子放电析出氧气，DE 段称为过钝化区。

2. 极化曲线的测定

(1) 恒电位法

恒电位法就是将研究电极的电极电势依次恒定在不同的数值上，然后测量对应于各电位下的电流。极化曲线的测量应尽可能接近体系稳态。稳态体系指被研究体系的极化电流、电极电势、电极表面状态等基本上不随时间而改变。在实际测量中，常用的控制电位测量方法有以下两种。

阶跃法　将电极电势恒定在某一数值，测定相应的稳定电流值，如此逐点地测量一系列各个电极电势下的稳定电流值，以获得完整的极化曲线。对某些体系，达到稳态可能需要很长时间，为节省时间，提高测量重现性，往往人们自行规定每次电势恒定的时间。

慢扫描法　控制电极电势以较慢的速度连续地改变（扫描），并测量对应电势下的瞬时电流值，以瞬时电流与对应的电极电势作图，获得整个的极化曲线。一般来说，电极表面建立稳态的速度愈慢，则电位扫描速度也应愈慢。因此对不同的电极体系，扫描速度也不相同。为测得稳态极化曲线，人们通常依次减小扫描速度测定若干条极化曲线，当测至极化曲线不再明显变化时，可确定此扫描速度下测得的极化曲线即为稳态极化曲线。同样，为节省时间，对于那些只是为了比较不同因素对电极过程影响的极化曲线，则选取适当的扫描速度绘制准稳态极化曲线就可以了。

上述两种方法都已经获得了广泛应用，尤其是慢扫描法，由于可以自动测绘，扫描速度可控制一定，因而测量结果重现性好，特别适用于对比实验。

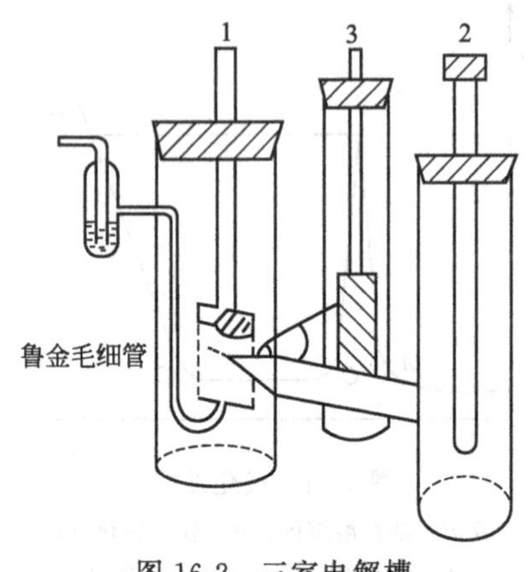

图 16-2　三室电解槽

1—研究电极；2—参比电极；3—辅助电极

（2）恒电流法

恒电流法就是控制研究电极上的电流密度，依次恒定在不同的数值下，同时测定相应的稳定电极电势值。采用恒电流法测定极化曲线时，由于种种原因，给定电流后，电极电势往往不能立即达到稳态，不同的体系，电势趋于稳态所需要的时间也不相同，因此在实际测量时一般电势接近稳定（如 1～3min 内无大的变化）即可读值，或人为自行规定每次电流恒定的时间。

【仪器试剂】

电化学综合测试系统 1 套（或恒电位仪 1 台；数字电压表 1 个；毫安表 1 个），电磁搅拌器 1 台，饱和甘汞电极 1 个，碳钢电极 2 个（研究电极、辅助电极各 1 个），三室电解槽 1 个（图 16-2），氮气钢瓶 1 个。

$(NH_4)_2CO_3$（2mol/L）；H_2SO_4（0.5mol/L）；H_2SO_4（0.5mol/L）＋KCl（5.0×10^{-3} mol/L）；H_2SO_4（0.5mol/L）＋KCl（0.1mol/L）。

【实验步骤】

方法一　碳钢在碳酸铵溶液中的极化曲线

1. 碳钢预处理

用金相砂纸将碳钢电极打磨至镜面光亮，在丙酮中除油后，留出 1cm^2 面积，用石蜡涂封其余部分。以另一碳钢电极为阳极，处理后的碳钢电极为阴极，在 0.5mol/L H_2SO_4 溶液中控制电流密度为 5mA/cm^2，电解 10min，去除电极上的氧化膜，然后用蒸馏水洗净备用。

2. 电解线路连接

将 2mol/L $(NH_4)_2CO_3$ 溶液倒入电解池中，按照图 16-2 安装好电极并与相应恒电位仪上的接线柱相接，将电流表串联在电流回路中。通电前在溶液中通入 N_2 5～10min，以除去电解液中的氧。为保证除氧效果，可打开电磁搅拌器。

3. 恒电位法测定阳极和阴极极化曲线

① 阶跃法　开启恒电位仪，先测“参比”对“研究”的自腐电位（电压表示数应该在0.8V以上方为合格，否则需要重新处理研究电极），然后调节恒电位仪从+1.2V开始，每次改变0.02V，逐点调节电位值，同时记录其相应的电流值，直到电位达到−1.0V为止。

② 慢扫描法

a. 测试仪器以LK98-Ⅱ为例。

b. 将测试体系的研究电极、辅助电极和参比电极分别和仪器上对应的接线柱相连。

c. 在Windows 98操作平台下运行“LK98-Ⅱ”，进入主控菜单；打开主机电源开关，按下主机前面板的“RESET”键，主控菜单显示“系统自检通过”。否则应重新检查各连接线。

d. 选择仪器所提供的方法中的“线性扫描伏安法”。“参数设定”中，“初始电位”设为−1.2V，“终止电位”设为1.0V，“扫描速度”设为10mV/s，“等待时间”设为120s。选择“控制”子菜单中的“开始实验”，记录并保存实验结果。

e. 依次降低扫描速度至所得曲线不再明显变化。保存该曲线为实验测定的稳态极化曲线。

4. 恒电流法测定阳极极化曲线

采用阶跃法。恒定电流值从0mA开始，每次变化0.5mA，并测量相应的电极电势值，直到所测电极电势突变后，再测定数个点为止。

方法二　镍在硫酸溶液中的钝化曲线

1. 镍电极预处理

用金相砂纸将镍电极端面打磨至镜面光亮，在丙酮中除油后，在0.5mol/L H_2SO_4溶液中浸泡片刻，然后用蒸馏水洗净备用。

2. 电解线路连接

将0.5mol/L H_2SO_4溶液倒入电解池中，按照图16-2安装好电极并与相应恒电位仪上的接线柱相接，将电流表串联在电流回路中。通电前在溶液中通入N_2 5～10min，以除去电解液中的氧。为保证除氧效果，可打开电磁搅拌器。

3. 恒电位法测定镍在硫酸溶液中的钝化曲线

① 阶跃法　开启恒电位仪，给定电位从自腐电位开始，连续逐点改变阳极电势，同时记录其相应的电流值，直到O_2在阳极上大量析出为止。

② 慢扫描法　测试仪器以LK98-Ⅱ为例。

a. 将测试体系的研究电极、辅助电极和参比电极分别和仪器上对应的接线柱相连。

b. 在Windows 98操作平台下运行“LK98-Ⅱ”，进入主控菜单；打开主机电源开关，按下主机前面板的“RESET”键，主控菜单显示“系统自检通过”。否则应重新检查各连接线。

c. 选择仪器所提供的方法中的“线性扫描伏安法”。“参数设定”中，“初始电位”设为−0.2V，“终止电位”设为1.7V，“扫描速度”设为10mV/s，“等待时间”设为120s。选择“控制”子菜单中的“开始实验”，记录并保存实验结果。

d. 重新处理电极，依次降低扫描速度至所得曲线不再明显变化。保存该曲线为实验测定的稳态极化曲线。

4. 考察Cl^-对镍阳极钝化的影响

重新处理电极，依次更换0.5mol/L H_2SO_4 + 5.0×10^{-3} mol/L KCl混合溶液和

$0.5mol/L\ H_2SO_4+0.1mol/L\ KCl$混合溶液，采用阶跃法或慢扫描法（慢扫描法在以上实验中选定的扫描速度下）进行钝化曲线的测量。

【注意事项】

1. 按照实验要求，严格进行电极处理。

2. 将研究电极置于电解槽时，要注意与鲁金毛细管之间的距离每次应保持一致。研究电极与鲁金毛细管应尽量靠近，但管口离电极表面的距离不能小于毛细管本身的直径。

3. 考察Cl^-对镍阳极钝化的影响时，测试方式和测试条件等应保持一致。

4. 每次做完测试后，应在确认恒电位仪或电化学综合测试系统在非工作的状态下，关闭电源，取出电极。

【数据处理】

1. 对阶跃法测试的数据应列出表格。

2. 以电流密度为纵坐标，电极电势（相对饱和甘汞）为横坐标，绘制极化曲线。

3. 讨论所得实验结果及曲线的意义，指出钝化曲线中的活性溶解区、过渡钝化区、稳定钝化区、过钝化区，并标出临界钝化电流密度（电势）、维钝电流密度等数值。

4. 讨论Cl^-对镍阳极钝化的影响。

【思考题】

1. 比较恒电流法和恒电位法测定极化曲线有何异同，并说明原因。

2. 测定阳极钝化曲线为何要用恒电位法？

3. 做好本实验的关键有哪些？

【讨论】

1. 电化学稳态的含义

指定的时间内，被研究的电化学系统的参量，包括电极电势、极化电流、电极表面状态、电极周围反应物和产物的浓度分布等，随时间变化甚微，该状态通常被称为电化学稳态。电化学稳态不是电化学平衡态。实际上，真正的稳态并不存在，稳态只具有相对的含义。到达稳态之前的状态被称为暂态。在稳态极化曲线的测试中，由于要达到稳态需要很长的时间，而且不同的测试者对稳态的认定标准也不相同，因此人们通常人为界定电极电势的恒定时间或扫描速度，使测试过程接近稳态，测取准稳态极化曲线，此法尤其适用于考察不同因素对极化曲线的影响时。

2. 三电极体系

极化曲线描述的是电极电势与电流密度之间的关系。被研究电极过程的电极被称为研究电极或工作电极。与工作电极构成电流回路，以形成对研究电极极化的电极称为辅助电极，也叫对电极。其面积通常要较研究电极为大，以降低该电极上的极化。参比电极是测量研究电极电势的比较标准，与研究电极组成测量电池。参比电极应是一个电极电势已知且稳定的可逆电极，该电极的稳定性和重现性要好。为减少电极电势测试过程中的溶液电位降，通常两者之间以鲁金毛细管相连。鲁金毛细管应尽量但也不能无限制靠近研究电极表面，以防对研究电极表面的电力线分布造成屏蔽效应。

3. 影响金属钝化过程的几个因素

金属的钝化现象是常见的，人们已对它进行了大量的研究工作。影响金属钝化过程及钝化性质的因素，可以归纳为以下几点。

（1）溶液的组成。溶液中存在的 H^+、卤素离子以及某些具有氧化性的阴离子，对金属的钝化现象起着颇为显著的影响。在中性溶液中，金属一般比较容易钝化，而在酸性或某些碱性的溶液中，钝化则困难得多，这与阳极产物的溶解度有关系。卤素离子，特别是氯离子的存在，则明显地阻滞了金属的钝化过程，已经钝化了的金属也容易被它破坏（活化），而使金属的阳极溶解速度重新增大。溶液中存在的某些具有氧化性的阴离子（如 CrO_4^{2-}）则可以促进金属的钝化。

（2）金属的化学组成和结构。各种纯金属的钝化性能不尽相同，以铁、镍、铬三种金属为例，铬最容易钝化，镍次之，铁较差些。因此添加铬、镍可以提高钢铁的钝化能力及钝化的稳定性。

（3）外界因素（如温度、搅拌等）。一般来说，温度升高以及搅拌加剧，可以推迟或防止钝化过程的发生，这显然与离子的扩散有关。

【附】

HDY 恒电位仪（图 16-3）的使用

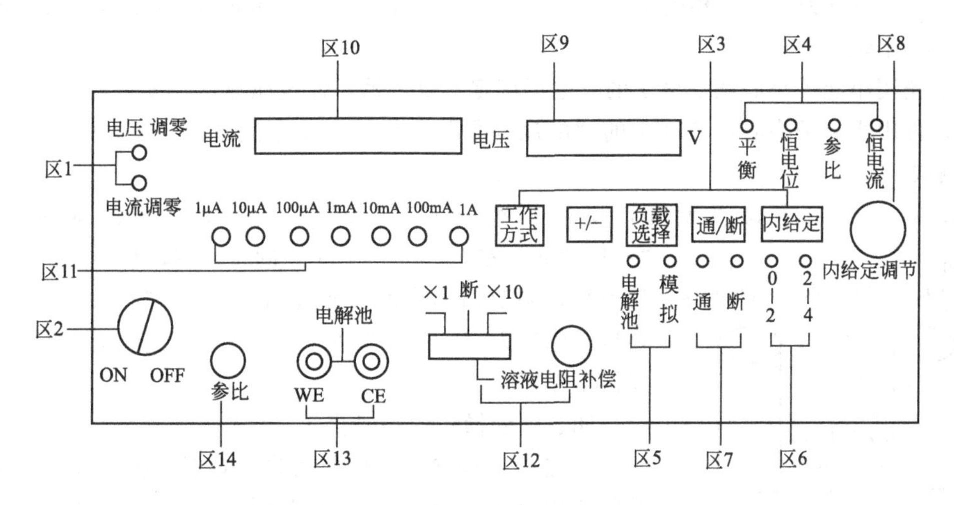

图 16-3　HDY 恒电位仪前面板

一、开机前的准备

1. 区 8 的调节旋钮左旋到底。

2. 区 11 电流量程选择“1mA”按键按下。

3. 区 12 溶液电阻补偿控制开关置于“断”。

4. 仪器参比探头和电解池电极引线按图 16-4 所示连接。

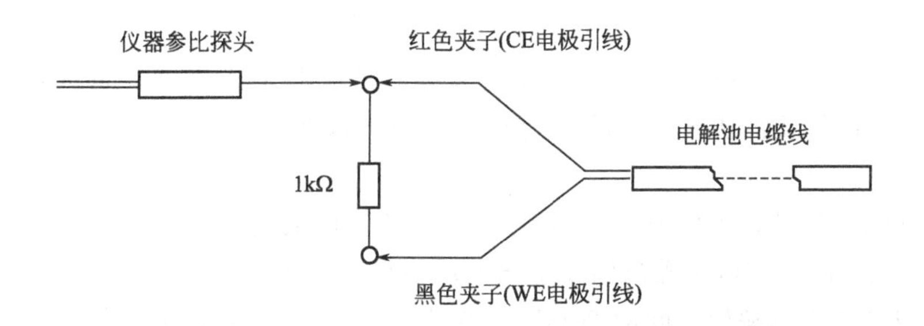

图 16-4　1kΩ 电阻为外接电解池时的连接图

5. 后面板选择开关置于“内给定”。

6. 确认供电电网电压无误后，将随机提供的电源连线插入后面板的电源插座中。

二、开机后的初始状态

接通前面板的电源开关，仪器进入初始状态，前面板显示如下。

1. 区 4 的“恒电位”工作方式指示灯亮。

2. 区 5“模拟”负载指示灯亮。

3. 区 6“0—2”指示灯亮。

4. 区 7 负载工作状况的“断”指示灯亮。

若各状态指示正确，预热 15min，可进入“仪器调零和验收测试”。

三、仪器调零和验收测试

1. 按图 16-4 标 1kΩ 电阻作为电解池接好。

2. 按一下区 3 的负载选择按键，使区 5“电解池”指示灯亮，即仪器以电解池为负载。

3. 按一下区 3 的通/断按键，使区 7 负载工作状况的“通”指示灯亮。

4. 经过数分钟后，观察电压、电流的显示值是否显示“0.0000”，若显示值未到零，按下述步骤调零。

① 先用小起子小心调节区 1 的“电压调零”电位器，使电压显示为零；

② 再用小起子小心调节区 1 的“电流调零”电位器，使电流显示为零。完毕后，进行后续测试。

5. 旋内给定电位器旋钮，使电压表显示“1.0000”，而电流表的显示值应为“−1.0000”左右；按一下区 3 的+/−按键，电压表显示值反极性，调节内给定旋钮使电压表显示“−1.0000”，电流表显示值应为“1.0000”左右。若仪器工作如上所述，说明仪器工作正常。

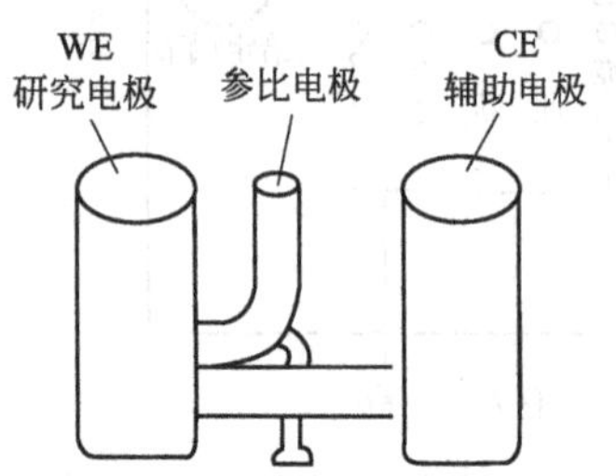

图 16-5　电化学实验装置图

四、实验操作的一般步骤

1. 通电实验前必须按照实验指导书正确连接好电化学实验装置如图 16-5 所示，并根据具体所做实验选择好合适的电流量程（如用恒电位法测定极化曲线，可将电流量程先置于“100mA”挡），内给定旋钮左旋到底。

2. 电极处理。用金属相砂纸将碳钢电极擦至镜面光亮状，然后浸入 100mL 蒸馏水含 1mL H_2SO_4 的溶液中约 1min，取出用蒸馏水洗净备用。

3. 在 100mL 烧杯中加入 NH_4HCO_3 饱和溶液和浓氨水各 35mL。混合后倒入电解池。研究电极为碳钢电极平面，靠近毛细管口，辅助电极为铂电极，参比电极为甘汞电极。

4. 接通电源开关，通过工作/方式按键选择“参比”工作方式；负载选择为电解池，通/断置“通”，此时仪器电压显示的值为自然电位（应大于 0.8V 以上，否则应重新处理电极）。

5. 按通/断置“断”，工作方式选择为“恒电位”，负载选择为模拟，接通负载，再按通/断置“通”，调节内给定电位器旋钮使电压显示为自然电压。

6. 将负载选择为电解池，间隔 20mV 调往小的方向调节内给定电位器旋钮，等电流稳定后，记录相应的恒电位和电流值。

7. 当调到零时，微调内给定电位器旋钮，使得有少许电压值显示，按+/-使显示为“-”值，再以 20mV 为间隔调节内给定电位器旋钮，直到约-1.2V 为止，记录相应的电流值。

8. 将内给定电位器旋钮左旋到底，关闭电源，将电极取出用水洗净。

第四节　表面与胶体化学

实验十七　溶液表面张力的测定

（一）最大气泡法

【实验目的】

1. 掌握最大气泡法（或扭力天平）测定表面张力的原理，了解影响表面张力测定的因素。

2. 测定不同浓度正丁醇溶液的表面张力，计算吸附量，由表面张力的实验数据求分子的截面积及吸附层的厚度。

【实验原理】

1. 溶液中的表面吸附

从热力学观点来看，液体表面缩小是一个自发过程，这是使体系总自由能减小的过程，欲使液体产生新的表面 ΔA，就需对其做功，其大小应与 ΔA 成正比：

$$-W'=\sigma\Delta A \tag{1}$$

如果 ΔA 为 $1m^2$，则 $-W'=\sigma$ 是在恒温恒压下形成 $1m^2$ 新表面所需的可逆功，所以 σ 称为比表面吉布斯自由能，其单位为 J/m^2。也可将 σ 看作作用在界面上每单位长度边缘上的力，称为表面张力，其单位是 N/m。在定温下纯液体的表面张力为定值，当加入溶质形成溶液时，表面张力发生变化，其变化的大小取决于溶质的性质和加入量的多少。根据能量最低原理，溶质能降低溶剂的表面张力时，表面层中溶质的浓度比溶液内部大；反之，溶质使溶剂的表面张力升高时，它在表面层中的浓度比在内部的浓度低，这种表面浓度与内部浓度不同的现象叫作溶液的表面吸附。在指定的温度和压力下，溶质的吸附量与溶液的表面张力及溶液的浓度之间的关系遵守吉布斯（Gibbs）吸附方程：

$$\Gamma=-\frac{c}{RT}\left(\frac{d\sigma}{dc}\right)_T \tag{2}$$

式中，Γ 为溶质在表面层的吸附量；σ 为表面张力；c 为吸附达到平衡时溶质在介质中的浓度。当$\left(\frac{d\sigma}{dc}\right)_T<0$ 时，$\Gamma>0$，称为正吸附；当$\left(\frac{d\sigma}{dc}\right)_T>0$ 时，$\Gamma<0$，称为负吸附。吉布斯吸附等温式应用范围很广，但上述形式仅适用于稀溶液。

引起溶剂表面张力显著降低的物质叫表面活性物质，被吸附的表面活性物质分子在界面层中的排列，取决于它在液层中的浓度。

图 17-1 中（a）和（b）是不饱和层中分子的排列，（c）是饱和层分子的排列。当界面上被吸附分子的浓度增大时，它的排列方式在改变，最后，当浓度足够大时，被吸附分子盖住了所有界面的位置，形成饱和吸附层，分子排列方式如图 17-1(c) 所示。这样的吸附层

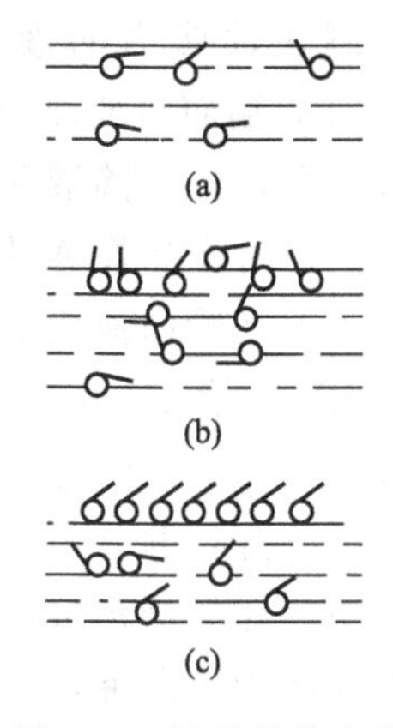

图 17-1 被吸附的分子在界面上的排列图

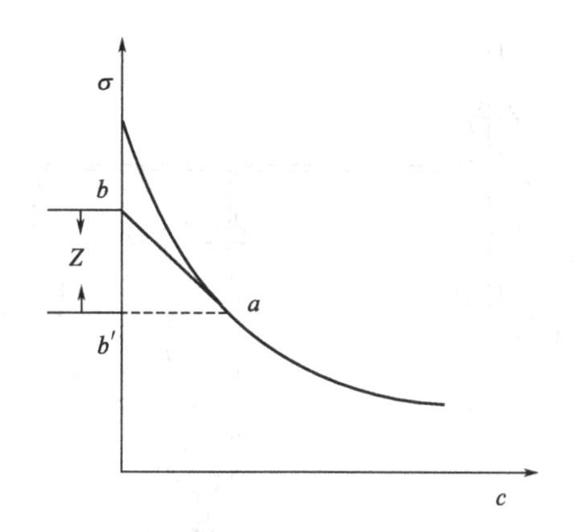

图 17-2 表面张力和浓度关系图

是单分子层，随着表面活性物质的分子在界面上愈益紧密排列，则此界面的表面张力也就逐渐减小。如果在恒温下绘成曲线 $\sigma=f(c)$（表面张力等温线），当 c 增加时，σ 在开始时显著下降，而后下降逐渐缓慢下来，以至 σ 的变化很小，这时 σ 的数值恒定为某一常数（图 17-2）。利用图解法进行计算十分方便，如图 17-2 所示，经过切点 a 作平行于横坐标的直线，交纵坐标于 b' 点。以 Z 表示切线和平行线在纵坐标上截距间的距离，显然 Z 的长度等于 $c\left(\frac{d\sigma}{dc}\right)_T$

$$\left(\frac{d\sigma}{dc}\right)_T=-\frac{Z}{c}$$

$$Z=-c\left(\frac{d\sigma}{dc}\right)_T \tag{3}$$

$$\Gamma=-\frac{c}{RT}\left(\frac{d\sigma}{dc}\right)_T=\frac{Z}{RT}$$

以不同的浓度对其相应的 Γ 可作出曲线，$\Gamma=f(c)$ 称为吸附等温线。

根据朗格谬尔（Langmuir）公式：

$$\Gamma=\Gamma_\infty\frac{kc}{1+kc} \tag{4}$$

式中，Γ_∞ 为饱和吸附量，即表面被吸附物铺满一层分子时的 Γ

$$\frac{c}{\Gamma}=\frac{kc+1}{k\Gamma_\infty}=\frac{c}{\Gamma_\infty}+\frac{1}{k\Gamma_\infty} \tag{5}$$

以 c/Γ 对 c 作图，得一直线，该直线的斜率为 $1/\Gamma_\infty$。

由所求得的 Γ_∞ 可求得被吸附分子的截面积 $S_0=1/(\Gamma_\infty N)$（N 为阿伏伽德罗常数）。

若已知溶质的密度 ρ、分子量 M，就可计算出吸附层厚度 δ：

$$\delta=\frac{\Gamma_\infty M}{\rho} \tag{6}$$

2. 最大气泡法测表面张力

其装置图如 17-3 所示，其中 A 为样品管，其中间玻璃管下端为一段直径 0.2～0.5mm 的毛细管，B 为滴液瓶（也称抽气瓶），G 为泄压开关，H 为滴液开关，C 为微压差计。

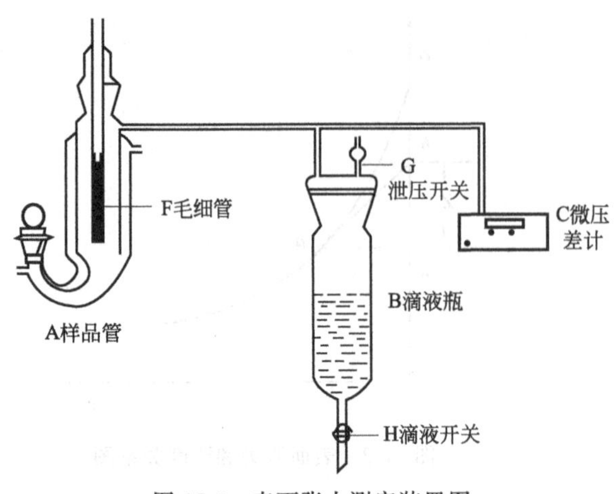

图 17-3　表面张力测定装置图

将待测表面张力的液体装于样品管，使F管的端面与液面相切，液面即沿毛细管上升，打开滴液瓶的活塞缓慢放水抽气，此时样品管A中的压力逐渐减小，由于毛细管内液面上所受的压力$p_{大气}$大于样品管A中液面上的压力$p_{系统}$，$\Delta p=p_{大气}-p_{系统}$，故毛细管内的液面逐渐下降，并从毛细管管端缓慢地逸出气泡。在气泡形成过程中，由于表面张力的作用，凹液面产生了一个指向液面外的附加压力，此附加压力和溶液的表面张力成正比，与气泡的曲率半径成反比，其关系式为：

$$\Delta p=\frac{2\sigma}{r} \tag{7}$$

式中，Δp 为附加压力；σ 为表面张力；r 为气泡的曲率半径。

如果毛细管半径很小，则形成的气泡基本上是球形的。当气泡开始形成时，表面几乎是平的，这时曲率半径最大；随着气泡的形成，曲率半径逐渐变小，直到形成半球形，这时曲率半径 R 和毛细管半径 r 相等，曲率半径达最小值，根据式(7)，这时附加压力达最大值。气泡进一步长大，R 变大，附加压力则变小，直到气泡逸出。根据式(7)，$R=r$ 时的最大附加压力为：

$$\Delta p_{最大}=\frac{2\sigma}{r}\quad 即\ \sigma=\frac{r}{2}\Delta p_{最大} \tag{8}$$

在实验中，若使用同一支毛细管，令 $K=r/2$，则

$$\sigma=K\Delta p_{最大}\quad (K\ 为仪器常数) \tag{9}$$

本实验用已知表面张力的蒸馏水作为标准（$\sigma_{蒸馏水}=0.072\text{N/m}$），求出仪器常数 K 的值。然后再用同一毛细管测得其他溶液的 $\Delta p_{最大}$，通过式(8) 即可求得各种液体的表面张力。

【仪器试剂】

最大气泡法表面张力仪 1 套，洗耳球 1 个，移液管（50mL 和 1mL 各 1 个），烧杯（500mL 1 个）。

无水乙醇（分析纯），蒸馏水，正丁醇。

【实验步骤】

1. 仪器准备

将表面张力仪器和毛细管洗净、烘干后按图 17-3 接好，用水浴对样品管进行恒温处理。

2. 仪器检漏

在滴液瓶中盛入水，将毛细管插入样品管中，打开 G 泄压开关，从侧管中加入样品，使毛细管管口刚好与液面相切，接入恒温水恒温五分钟后，系统采零之后关闭泄压开关。此时，将滴液瓶的 H 滴液开关缓慢打开放水，使体系内的压力降低，精密数字压力计显示一定数值时，关闭滴液瓶的开关。若 2～3min 内精密数字压力计数字不变，则说明体系不漏

气，可以进行实验。

3. 仪器常数的测量

关闭泄压开关G，缓慢打开滴液瓶的滴液开关H，调节滴液开关使毛细管下端每3～5s产生一个气泡，若形成时间太短，则吸附平衡就来不及在气泡表面建立起来，测得的表面张力也不能反映该浓度真正的表面张力值。精密数字压力计上显示压力值，读数由小到大再到小，记录压力最大值，连续读取三次，取其平均值。

注：压力值为负值，是把当前大气压作为零。

4. 表面张力随溶液浓度变化的测定

配制0.8mol/L的正丁醇母液100mL。分别移取1.00mL、2.5mL、5mL、10mL、15mL、20mL、25mL的母液于100mL的容量瓶中定容，依次测定7个不同浓度正丁醇溶液及母液的压力差$\Delta p_{最大}$。

5. 实验完毕，使系统与大气相通，关掉电源，洗净玻璃仪器。

【注意事项】

1. 仪器系统不能漏气。

2. 所用毛细管必须干净、干燥，应保持垂直，其管口刚好与液面相切。

3. 读取压力计的压差时，应取气泡单个逸出时的最大压力差。

【数据处理】

1. 计算仪器常数K和溶液表面张力σ，绘制σ-c等温线。

2. 作切线求Z，并求出Γ、c/Γ，将数据记入如下表格中。

c							
σ							
Z							
Γ							
c/Γ							

3. 绘制c/Γ-c等温线，求Γ_∞，并计算S_0和δ。

【思考题】

1. 毛细管尖端为何必须调节得恰与液面相切？否则对实验有何影响？

2. 最大气泡法测定表面张力时为什么要读最大压力差？如果气泡逸出得很快，或几个气泡一齐逸出，对实验结果有无影响？

3. 本实验选用的毛细管尖的半径对实验测定有何影响？若毛细管不清洁会不会影响测定结果？

（二）环法

【实验原理】

环法是应用相当广泛的方法，它可以测定纯液体溶液的表面张力；也可测定液体的界面张力。将一个金属环（如铂丝环）放在液面（或界面）上与润湿该金属环的液体相接触，则把金属环从该液体拉出所需的拉力P是由液体表面张力、环的内径及环的外径所决定的。

设环被拉起时带起一个液体圆柱（图 17-4），则将环拉离液面所需总拉力 P 等于液柱的质量：

$$P=mg=2\pi\sigma R'+2\pi\sigma(R'+2r)=4\pi\sigma(R'+r)=4\pi R\sigma \tag{10}$$

式中，m 为液柱质量；R'为环的内半径；r 为环丝半径；R 为环的平均半径，即 $R=R'+r$；σ 为液体的表面张力。

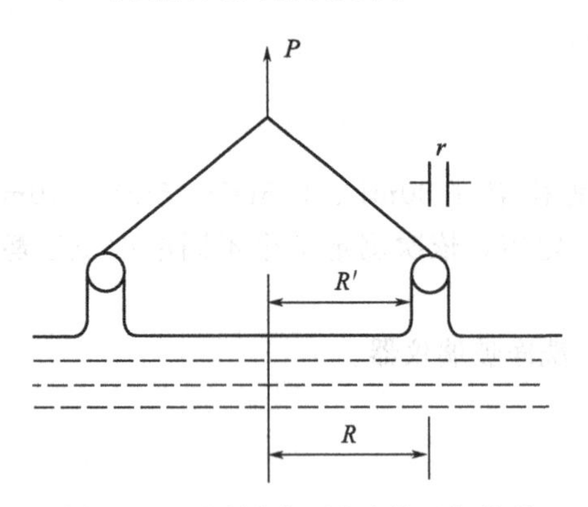

图 17-4　环法测表面张力的理想情况

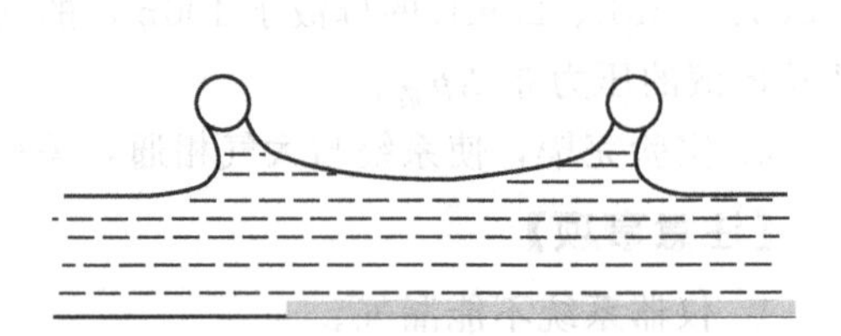

图 17-5　环法测表面张力的实际情况

实际上，式(10) 是理想的情况，与实际不完全符合，因为被环拉起的液体并非是圆柱形，而是如图 17-5 所示。实验证明，环所拉起的液体形态是 R^3/V(V 是圆环带起来的液体体积，可用 $P=mg=V\rho g$ 的关系求出，ρ 为液体的密度）和 R/r 的函数，同时也是表面张力的函数。因此式(10) 必须乘上校正因子 F 才能得到正确结果。对于（10）的校正方程为：

$$PF=4\pi R\sigma \tag{11}$$

$$\sigma=\frac{PF}{4\pi R} \tag{12}$$

拉力 P 可通过扭力丝天平测出

$$W_{扭力}=\frac{\pi\alpha r\theta}{2Ld} \tag{13}$$

式中，r 为铂丝半径；L 为铂丝长度；α 为铂丝切变弹性系数；d 为力臂长度；θ 为扭转的角度。当 r、L、d 和 α 不变时，则：

$$W_{扭力}=K\theta=4\pi\sigma R \tag{14}$$

式中，K 为常数；$W_{扭力}$仅与 θ 有关，所以 σ 与 θ 有关，根据 θ 即可求得 σ 值，该值为 $\sigma_{表观}$。根据式(12)，实际的表面张力为：

$$\sigma_{实际}=\sigma_{表观}F \tag{15}$$

校正因子 F 可由下式计算：

$$F=0.7250+\sqrt{\frac{0.01452\sigma_{表观}}{L^2\rho}+0.04534-1.679\frac{r}{R}} \tag{16}$$

式中，L 为铂环周长；ρ 为溶液密度；R 为铂环半径；r 为铂丝半径。

环法的优点是可以快速测定表面张力。缺点是因为拉环过程环经过移动，很难避免液面的振动，这就降低了准确度。另外环要放在液面上，偏 1°时，将引起误差 0.5%；偏 2.1°时，误差达 1.6%，因此环必须保持水平。拉环法要求接触角为零，即环必须完全被液体所润湿，否则结果偏低。

【仪器试剂】

环法界面张力仪（即扭力天平）1 台，容量瓶（100mL 2 个，50mL 6 个），移液管(10mL 2 个，5mL 2 个)。

正丁醇（分析纯）。

【实验步骤】

1. 先取两个 100mL 容量瓶，配制 0.80mol/L、0.50mol/L 正丁醇水溶液。然后取 6 个 50mL 容量瓶，用已配制的溶液，按逐次稀释方法配制 0.40mol/L、0.30mol/L、0.20mol/L、0.10mol/L、0.05mol/L、0.02mol/L 的正丁醇水溶液。

2. 将仪器放在不受振动和平稳的地方，用横梁上的水准泡，调节调水平旋钮 7 把仪器调到水平状态。

3. 用热洗液浸泡铂丝环和玻璃杯（或用结晶皿），然后用蒸馏水洗净，烘干。铂丝环应十分平整，洗净后不许用手触摸。

4. 将铂丝环悬挂在吊杆臂的下末端，旋转蜗轮把手 12 使刻度盘指“0”。然后，把臂的制止器 8 和 9 打开，使臂上的指针与反射镜上的红线重合。如果指针与红线重合，可以进行下一步测量，如果不重合，则旋转微调蜗轮把手 12 进行调整。

5. 用少量待测正丁醇水溶液洗玻璃杯，然后注入该溶液（从最稀的溶液开始测量），将玻璃杯置于样品台 1 上。

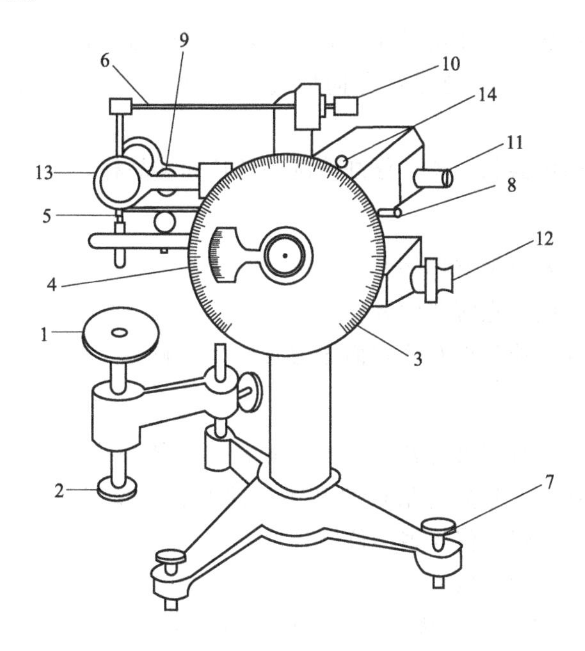

图 17-6　扭力天平结构图

1—样品台；2—调样品台旋钮；3—刻度盘；4—游标；5,6—臂；7—调水平旋钮；8,9—制止器；10—游码；11—微调；12—蜗轮把手；13—放大镜；14—水准仪

6. 旋转调样品台螺丝 2 使样品台 1 升高，直到玻璃杯上液体刚好同铂丝环接触为止(注意：环与液面必须呈水平)。在臂上的指针与反射镜上的红线重合的条件下，旋转蜗轮把手 12 来增加钢丝的扭力，并利用样品台下旋钮 2 降低样品台位置。此操作须非常小心缓慢地进行，直到铂丝环离开液面为止，此时刻度盘上的读数即为待测液的表面张力值。连续测

量三次，取其平均值（注意：每次测定完后，反时针旋转蜗轮把手12使指针反时针返回到零，否则扭力变化很大）。

7. 更换另一浓度的溶液，按上述方法测其表面张力。

8. 记录测定时的温度。

【数据处理】

1. 将实验数据记录于下表

实验温度________℃；大气压______________Pa。

浓度/(mol/L)										
$\sigma_{表观}$/(N/m)										
	平均值									

2. 根据式(16) 求出校正因子 F，并求出各浓度正丁醇水溶液的 $\sigma_{实际}$。

3. 绘出 σ-c 图。在曲线上选取6～8点作切线求出 Z 值。

4. 由 $\Gamma=ZRT$ 计算不同浓度溶液的 Γ 值，并作 Γ-c 图，求 Γ_{∞}，并计算 S_0 和 δ。

【注意事项】

1. 铂环易损坏，易变形，使用时要小心，切勿使其受力或碰撞。

2. 游标旋转至零时，应沿逆时针方向回转，切勿旋转360°，使扭力丝受力，而损坏仪器。

3. 实验完毕，关闭仪器制止器，仔细清洗铂丝环和样品杯。

【思考题】

1. 影响本实验的主要因素有哪些?

2. 使用扭力天平时应注意哪些问题?

3. 扭力天平的铂环清洁与否对测表面张力有什么影响?

【讨论】

1. 测定液体表面张力有多种方法，例如：环法、滴体积法、毛细管法和最大气泡压力法等。拉脱法表面张力仪主要分为吊环法和吊片法两种，仪器有Sigma703数字表面张力仪、JYW-200全自动界面张力仪等多种仪器。

2. 测定表面张力方法的比较。

环法精确度在1%以内，它的优点是测量快、用量少、计算简单。最大的缺点是控制温度困难。对易挥发性液体常因部分挥发使温度较室温略低。最大气泡法所用设备简单，操作和计算也简单，一般用于温度较高的熔融盐表面张力的测定，对表面活性剂此法很难测准。毛细管上升法最精确（精确度可达0.05%）。但此法的缺点是对样品润湿性要求极严。滴体积法设备简单操作方便，准确度高，同时易于温度的控制，已在很多科研工作中开始应用，但对毛细管要求较严，要求下口平整、光滑、无破口。

3. 用表面张力方法可研究不同链长的醇类同系物及不同链长的羧酸类同系物的界面吸附现象和它们的截面积及吸附层厚度的不同，找出其规律性。

【附】

DP-AW 精密数字压力计的使用说明

1. 单位键：选择所需要的计量单位。

2. 采零键：扣除仪表的零压力值（即零点漂移）。

3. 复位键：程序有误时重新启动 CPU。

4. 数据显示屏：显示被测压力数据。

5. 指示灯：显示不同计量单位的信号灯。

"单位"键：接通电源，初始状态 kPa 指示灯亮，LED 显示以法定计量单位 kPa 为计量单位的压力值；按一下单位键，mmH_2O 指示灯亮，LED 显示以 mmH_2O 为计量单位的压力值。

DP-AW 表面张力实验装置操作步骤

1. 仪器准备　将表面张力仪器和毛细管洗净、烘干后接好。

注：可选用水浴槽对样品管进行恒温处理。

2. 仪器检漏　在滴液瓶中盛入水，将毛细管插入样品管中，打开泄压开关，从侧管中加入样品，使毛细管管口刚好与液面相切，接入恒温水恒温 5min 后，系统采零之后关闭泄压开关。此时，将滴液瓶的滴液开关缓慢打开放水，使体系内的压力降低，精密数字压力计显示一定数值时，关闭滴液瓶的开关。若 2～3min 内精密数字压力计数字不变，则说明体系不漏气，可以进行实验。

3. 仪器常数的测量　缓慢打开滴液瓶的滴液开关，调节滴液开关使精密数字压力计显示值逐个递减，使气泡由毛细管尖端成单泡逸出，当气泡刚脱离毛细管管端破裂的一瞬间，精密数字压力计上显示压力值，记录压力值，连续读取三次，取其平均值。

注：压力值为负值，是把当前大气压作为零。

4. 表面张力随溶液浓度变化的测定　按上述方法改变溶液的浓度分别测定各自的压力值。

5. 实验完毕，使系统与大气相通，关掉电源，洗净玻璃仪器。

第五节 创新性实验

实验十八 葡萄糖酸锌的制备

【实验目的】

1. 了解制备葡萄糖酸锌的原理和方法。

2. 掌握搅拌、回流、减压过滤、旋转蒸发、真空干燥等基本操作技术。

3. 了解并掌握离子交换树脂工作原理与使用方法。

【实验原理】

锌是人体必需的微量元素之一，它具有多种生理作用，参与核酸和蛋白质的合成，能增进人体免疫力，促进儿童生长发育。过去常用硫酸锌作添加剂，但硫酸锌对人体肠胃有刺激作用，且吸收率低，而葡萄糖酸锌作补锌添加剂，则见效快，吸收率高，副作用小，使用方便，是目前首选的补锌药和营养强化剂。葡萄糖酸锌为白色晶体或颗粒状粉末，无臭，味微涩。它已被美国药典（21 版第二增本）收载，并被 FDA 认可为食品添加剂。本实验以葡萄糖酸钙、浓硫酸、氧化锌等为原料．使用 95％的乙醇作为结晶促进剂，合成葡萄糖酸锌。

$$Ca[CH_2OH(CHOH)_4COO]_2 + H_2SO_4 \longrightarrow 2CH_2OH(CHOH)_4COOH + CaSO_4$$

$$2CH_2OH(CHOH)_4COOH + ZnO \longrightarrow Zn[CH_2OH(CHOH)_4COO]_2 + H_2O$$

【仪器试剂】

机械搅拌器，恒温水浴锅，循环水式真空泵，旋转蒸发仪，真空干燥箱，电子天平，三口烧瓶（250mL），球形冷凝管，水银温度计，布氏漏斗，烧杯，量筒，玻璃棒。

葡萄糖酸钙，氧化锌，浓硫酸，95％乙醇，离子交换树脂（732H 型和 7170H 型）。

【实验步骤】

1. 葡萄糖酸的制备

在 250mL 三口烧瓶中加入 125mL 蒸馏水，再缓慢加入 6.7mL（0.125mol）浓硫酸，在搅拌下分批加入 56g（0.125mol）葡萄糖酸钙，在 90℃的恒温水浴中加热 1.5h，趁热减压过滤，滤去析出的硫酸钙沉淀，得到淡黄色的液体。滤饼用适量蒸馏水洗涤，洗涤液与滤液合并。滤液冷却后，依次过 732H 型阳离子交换树脂柱（20g）和 7170H 型阴离子交换树脂柱（20g），得无色、透明、高纯度的葡萄糖酸溶液。

2. 葡萄糖酸锌的制备

取 0.1mol 葡萄糖酸溶液，分批加入 4.1g（0.05mol）氧化锌，在 60℃水浴中搅拌反应约 2h，同时滴加葡萄糖酸溶液，调节 pH＝5.8，该溶液呈透明状态，减压过滤，滤液减压浓缩至原体积的 1/3，加入 10mL 95％乙醇，放置 5h，使其充分结晶，真空干燥得白色结晶状葡萄糖酸锌粉末。

【思考题】

1. 本实验如何使用搅拌装置和恒温水浴？

2. 葡萄糖酸锌制备过程为什么要控制温度？
3. 葡萄糖酸锌结晶时加乙醇的作用是什么？
4. 提高固液反应速率的方法是什么？

实验十九　新疆废弃棉秆制备生物质吸附剂及对 Cr^{6+} 的吸附研究

【实验目的】

1. 了解新疆农业废弃物的种类及特点。

2. 掌握纤维素提纯及改性的基本方法。

3. 学习紫外-可见分光光度计的使用方法。

【实验原理】

六价铬的毒性最大，有致癌性、致突变性，处理的常见方法有电解法、化学沉淀法、膜分离技术、吸附法等，其中吸附法是通过自身的高比表面积和特殊的内部结构对废水重金属离子进行吸附，吸附容量大，对重金属离子处理效率较高。新疆是棉花种植基地，废弃的棉秆资源丰富，主要成分为天然纤维素，天然纤维素使用化学、物理、生物等方法改性处理，能达到更强的吸附能力，还可以通过移植亲和基团来提高吸附的效率。在此基础上开展吸附剂研究，不仅能让废弃农产品变废为宝，而且为生物质开发利用提供参考价值。

【仪器试剂】

紫外-可见分光光度计，超声波信号发生器，扫描电子显微镜，机械搅拌器，恒温水浴锅，循环水式真空泵，旋转蒸发仪，真空干燥箱，电子天平，250mL 三口烧瓶，球形冷凝管，温度计，布氏漏斗，烧杯，量筒，玻璃棒。

氢氧化钠（分析纯），二硫化碳（分析纯），无水乙醇（分析纯），硫酸镁（分析纯），盐酸（分析纯），重铬酸钾（分析纯），丙酮（分析纯），二苯碳酰二肼（分析纯），废弃棉秆原料（选取新疆阿克苏附近，原料经清洗、切碎、烘干、加工、过筛制 20～40 目备用）。

【实验步骤】

1. 棉秆吸附剂的制备

取棉秆颗粒 15g，用 10% NaOH 溶液浸泡 24h 以上，加入 8mL 二硫化碳，在超声波作用下反应 1h，过滤，用 9% $MgSO_4$ 和乙醇洗涤，调节 pH 至中性，过滤，于 50℃烘箱中烘干，制得改性棉秆备用。

2. 吸附实验

取 Cr(Ⅵ) 质量浓度为 20μg/mL 的重铬酸钾水溶液 50mL，控制不同 pH、吸附时间、吸附剂量、温度条件，采用二苯碳酰二肼分光光度法测量吸附后溶液中残余 Cr(Ⅵ) 的浓度，计算吸附剂的单位吸附量和 Cr(Ⅵ) 的吸附效率，确定吸附的最优条件。

计算公式分别如下：

吸附效率 η：
$$\eta=\frac{(c_0-c_t)}{c_0}\times 100\% \tag{1}$$

单位吸附量 Q：
$$Q=\frac{(c_0-c_t)\times V}{m} \tag{2}$$

式中，t 为吸附时间，min；c_0 为重金属离子的初始浓度，mg/L；c_t 为 t 时刻溶液中铬离子的浓度，mg/L；V 为溶液的体积，L；m 为吸附剂的量，g。

3. 微观表征

利用扫描电镜观察改性前后棉秆 SEM 图像，通过对比结构的改变，从结构的松散、层状等角度说明吸附位点数量的变化，进而说明改性后益于吸附过程。

【思考题】

1. 二硫化碳起到什么作用？
2. 如何控制变量确定最优吸附条件？
3. 高效吸附与哪些因素有关？

实验二十　新疆植物用于染料敏化太阳能电池的可行性研究

【实验目的】

1. 了解染料色素的提取的基本方法。
2. 掌握电极制备和电池组装的方法。
3. 学习使用电化学工作站测试电池的 I-V 曲线。

【实验原理】

染料敏化太阳能电池（Dye-sensitised Solar Cell，DSSC）作为一种高效、环保型的清洁太阳能利用形式，它的研究开发和利用得到越来越广泛的关注。染料敏化剂是 DSSC 的关键组成部分之一，主要起着对光吸收的作用。在自然界中有色植物体分布非常丰富和广泛，植物体内存在着大量的可用于染色的天然有机染料物质，如类胡萝卜素（叶黄素）、黄酮类化合物（花青素）、叶绿素类等，这些天然色素类物质的光吸收范围几乎覆盖了整个可见光的波段，并且化合物中的羟基、羧基等官能团能够吸附到纳米 TiO_2 电极的表面，将吸收太阳光产生的光子传递到 TiO_2 的导带中。

天然染料色素提取方法简单、对环境友好、来源丰富，作为 DSSC 的敏化剂具有很好的潜在研究价值。实验中，可分别以新疆特色植物红花、海娜花、草莓和葡萄皮为原材料提取和纯化天然染料色素，通过对其进行红外光谱和紫外-可见分光光度测试，确定其主要成分，研究 pH 值、温度等因素对色素的稳定性的影响。

【仪器试剂】

电化学工作站，紫外-可见分光光度计，傅里叶变换红外光谱仪，精密鼓风干燥箱。

曲拉通，钛酸四丁酯，碘化钾，碘，正丁醇，无水乙醇，醋酸铅，盐酸，冰醋酸，丙酮。原材料红花、海娜花、草莓、紫葡萄购自本地药店。

【实验步骤】

1. 染料色素的提取

红花色素提取　将 1g 红花置于去离子水中超声清洗 20min，经鼓风干燥箱干燥，然后放于研钵中磨细，转入 200mL 的烧杯中，加入 100mL 无水乙醇进行红花染料的提取，室温下避光浸泡 3d，经过滤收集滤液既得红花天然染料。

海娜花瓣色素提取　将 1g 海娜花瓣置于去离子水中超声清洗 20min，经鼓风干燥箱干燥，然后放于研钵中磨细，转入 200mL 的烧杯中，加入适量乙醇和水静置 48h，滤去溶液中的固体残余物，对滤液浓缩干燥，将得到的粉末溶于 100mL 无水乙醇，即得海娜花染料。

草莓色素提取　取适量干净的草莓用研钵将其均匀研磨，配制并用稀盐酸调节使浓度为 50％的无水乙醇溶液 pH＝5，以研磨后的草莓体积∶乙醇溶液体积为 1∶2 进行混合，置于 60℃干燥箱中浸渍提取 30min，取出后将浸提液过滤，除去草莓色素中的固体杂质和沉淀果实，将得到的草莓色素乙醇溶液转入棕色玻璃瓶中并避光保存。

葡萄皮色素提取　收集 1g 洗净晾干的葡萄皮；用 0.1mol/L HCl-C_2H_5OH 为提取液，料液比 1∶10 浸提，超声 30min，40℃水浴 5h，避光静置 24h，抽滤，滤渣重复提取 1 次，两次滤液合并浓缩，得到紫红色膏状样品。将样品用少量 C_2H_5OH 溶解，加入 5%醋酸铅提纯，即得高纯度葡萄皮色素。

2. 电极制备

通过溶胶-凝胶法先制备出 TiO_2 浆液，再依次量取 20mL 钛酸四丁酯、100mL 无水乙醇和 8mL 冰醋酸加入烧杯中，并搅拌均匀，配制成 A 溶液；将 8mL 蒸馏水逐滴滴加到 A 溶液中，搅拌至溶胶后，然后加入黏稠剂（曲拉通）和表面活性剂（正丁醇），再将黏稠胶体溶液涂敷在导电玻璃表面，自然干燥后，在 450℃下烧结 30min 形成多孔薄膜电极。

石墨对电极的制备：取一片导电玻璃，固定后用乙醇清洗干净，再用 2B 铅笔将石墨均匀涂抹在粗糙一面。

将制备好的多孔薄膜光阳极浸入到色素提取液中，避光保持 24h 进行敏化处理。

3. 电池组装

将制备好的光阳极与铂对电极用平口夹夹住，从边缘的缝隙中注入摩尔比为 5%的 KI 电解质溶液，组装成“三明治”结构的染料敏化太阳能电池。DSSC 电极有效光照面积为 0.8cm^2。

【思考题】

1. 如何确定物质的最佳吸收波长？
2. 使用电化学工作站有什么注意事项？

实验二十一　Co_3O_4 纳米片/碳微球复合物的超级电容器性能

【实验目的】

1. 学习 Co_3O_4 纳米片/碳微球电极材料的制备方法。

2. 探索高存储量超级电容器的新材料的开发。

【实验原理】

电极材料是构成电容器的主要部件，碳材料、导电聚合物、过渡金属氧化物是电容器电极的主流材料，其中过渡金属氧化物在电容器充放电过程中主要发生氧化还原反应，产生较大的赝电容，Ru、Mn、Ni、Co、Sn 和 V 等金属的氧化物常用于电容器电极材料的研究，但过渡金属氧化物电子传导能力差、氧化还原反应动力学过程相对慢，影响电容器能量密度和循环稳定性的提高。碳材料具有大的比表面积和良好的电子传导性，研究表明将碳基材料和过渡金属氧化物相复合能够有效提高电容器比电容、能量密度和功率密度。

【仪器试剂】

低真空扫描电子显微镜，X 射线衍射仪（铜靶 Kα 辐射），电化学工作站。

棉花纤维酸性水解碳微球为自制物质，六水合硝酸钴（分析纯），尿素（分析纯），无水乙醇（分析纯），乙炔黑，导电石墨，聚四氟乙烯。

【实验步骤】

1. 活性材料的制备

准确称取 0.2g 棉花纤维酸性水解制备的碳微球，在研钵中研磨细，将其加入 50mL 溶解有 2mmol 六水合硝酸钴的溶液中，磁力搅拌 30min 后加入 15mmol 尿素，继续搅拌 30min，停止搅拌将溶液转入 50mL 水热合成反应釜中于 100℃水热反应 10h，待冷却至室温后过滤，用无水乙醇和二次蒸馏水反复洗涤 3 次，然后放置到鼓风干燥箱中 60℃干燥 12h，将所得物质置于马弗炉内 300℃煅烧 4h，冷却到室温后即得 Co_3O_4 纳米片/碳微球复合物。

2. 电极材料的制备及电化学性能测试

将制备的样品、乙炔黑、导电石墨、聚四氟乙烯按质量比 75：10：10：5 混合，滴数滴无水乙醇调制成浆，再经挥发增稠后将浆料压制在泡沫镍网上，室温下干燥 12h。将所得电极作为工作电极、铂网为对电极、汞-氧化汞电极为参比电极，电解质溶液为 1mol/L KOH，组成三电极体系，利用电化学工作站对其进行电化学性能测试。

【思考题】

1. 循环伏安曲线面积的大小说明什么？

2. 交流阻抗图大致是什么形状？

第六节 物理化学仿真软件实训操作

物理化学仿真软件是基础化学学科教育信息化建设项目，旨在为本科院校化学化工相关专业的学生提供一个三维的、高仿真度的、高交互操作的、全程参与式的、可提供实时信息反馈与操作指导的、虚拟的基础化学模拟操作平台，使学生通过在本平台上的操作练习，进一步熟悉专业基础知识、了解物理化学实验室实际实验环境、锻炼基本动手能力，为进行实际实验奠定良好基础。

本书以北京欧倍尔软件技术开发有限公司开发的物理化学仿真软件为例，平台采用虚拟现实技术，依据实验室实际布局搭建模型，按实际实验过程完成交互，完整再现了基础化学实验室的实验操作过程及实验中反应现象发生的实际效果。每个实验操作配有实验简介、操作手册等。3D操作画面具有很强的环境真实感、操作灵活性和独立自主性，为学生提供了一个自主发挥的实验舞台，特别有利于调动学生动脑思考，培养学生的动手能力，同时也增强了学习的趣味性。

该平台为学生提供了一个自主发挥的平台，也为实验“互动式”预习、“翻转课堂”等新型教育方式转化到基础化学实验中来提供了一条新思路、新方法及新手段，将对促进本科化学实验教育教学的改革与发展起到积极的促进作用。

本软件的特色主要有以下几个方面。

(1) 虚拟现实技术

利用电脑模拟产生一个三维空间的虚拟世界，构建高度仿真的虚拟实验环境和实验对象，提供使用者关于视觉、听觉、触觉等感官的模拟，让使用者如同身历其境一般，可以及时、没有限制地360°旋转观察三维空间内的事物，界面友好，互动操作，形式活泼。

(2) 两种学习模式

分为演示模式和操作模式，演示模式下可以正确模拟实验每一步的操作，学员只需点击步骤进行每一步实验；操作模式下，给出具体实验步骤，学员点击相应试剂或仪器进行操作。

(3) 自主学习内容丰富

知识点讲解，包含实验目的、实验原理、实验操作过程中的注意事项。

(4) 智能操作指导

具体的操作流程，系统能够模拟实验操作中的每个步骤，并加以文字或语言说明。

(5) 评分系统

系统给出操作提示，操作模式下评分机制采用扣分制，操作错误时扣分。

(6) 实用性强，具有较大的可推广应用价值和应用前景

本套软件由计算机程序设计人员、虚拟现实技术人员、具有实际经验的一线工程技术人员、专业教师合作完成，贴近实际，过程规范，特别适合基础化学实验教育使用，具有较大的可推广应用价值和应用前景。

实验二十二　燃烧热的测定虚拟仿真软件使用说明

1. 软件启动

双击桌面快捷方式，启动软件后，出现仿真软件加载页面，进入基础化学仿真实验室界面（图1），选择“演示模式”或者“操作模式”，点击开始实验。

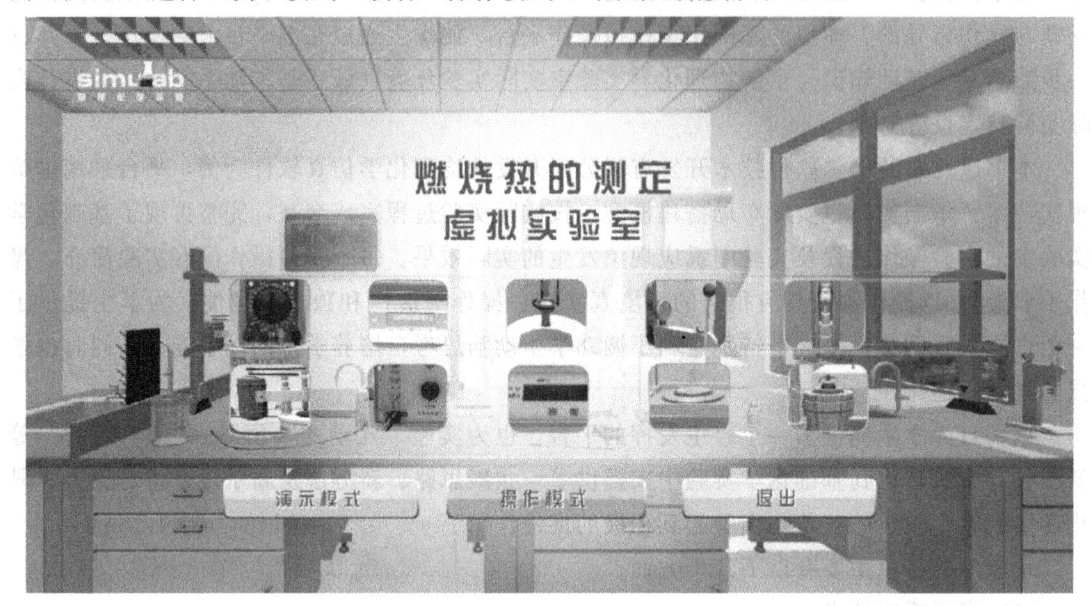

图1

2. 功能介绍

(1) 演示模式

左侧图标：依次为实验目的、实验原理、材料用品、实验报告、注意事项、返回。其中材料用品主要以小图标形式呈现实验所需主要试剂、仪器；实验报告为外部配置文件，学员点击该图标即可打开，可对实验报告进行更改并将其保存在任一位置；返回可重新选择“演示模式”或“操作模式”。

进度条：点击后可进行上一步或下一步操作，拉动进度条可以选择任一步骤操作。

(2) 操作模式

角度控制：W——前，S——后，A——左，D——右、鼠标右键——视角旋转。

速度控制：Ctrl+Pgup 加快动画速度，Ctrl+PgDn 减慢动画速度。

鼠标中键滑动可拉近、拉远镜头。

鼠标中键单击特定实验物品，右键可360°观看。

左侧图标：依次为实验目的、实验原理、材料用品、实验报告、注意事项、返回。其中材料用品主要以小图标形式呈现实验所需主要试剂、仪器；实验报告为外部配置文件，学员点击该图标即可打开，可对实验报告进行更改并将其保存在任一位置；返回可重新选择“演示模式”或“操作模式”。

3. 实验操作（演示模式）

打开软件，进入演示模式。

根据界面下方的步骤提示，点击上一步或者下一步图标，自动进行实验。另外，拉动进度条到任一步，可演示任一步的实验操作。

4. 实验操作（操作模式）

打开软件，进入操作模式。根据界面下方的步骤提示，首先鼠标右键点击分析天平电源开关，打开分析天平（图2）。

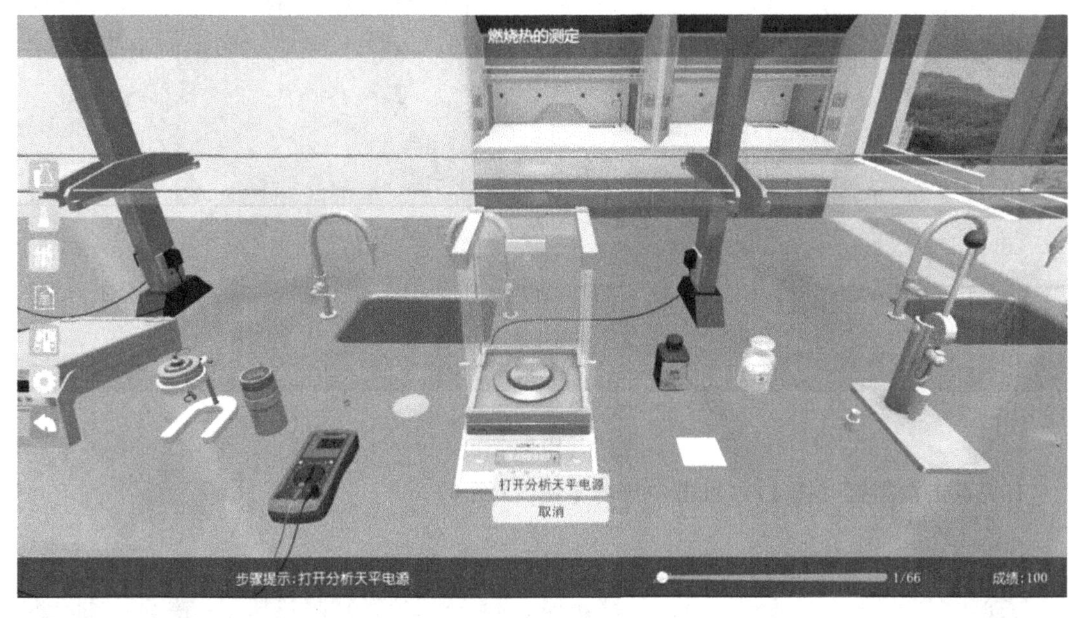

图 2

右键点击分析天平右侧玻璃门（图3），“打开右侧玻璃门”，并在分析天平上放置称量纸。

图 3

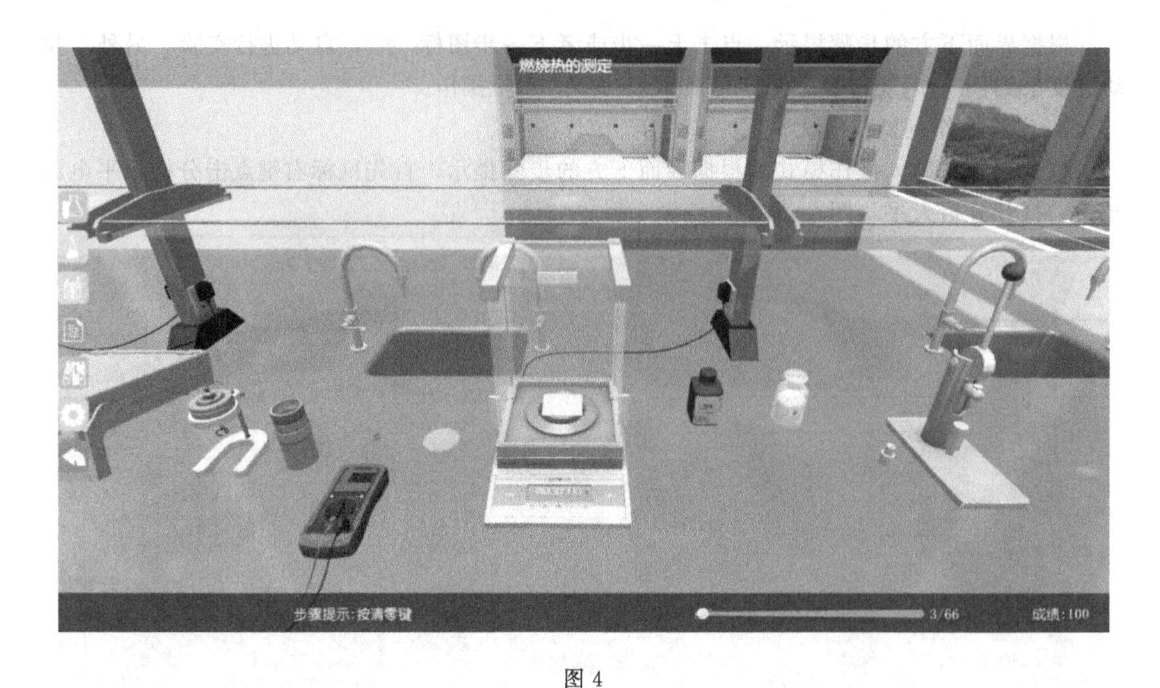

图 4

右键点击清零键（图 4），点击“按清零键”（图 5）。

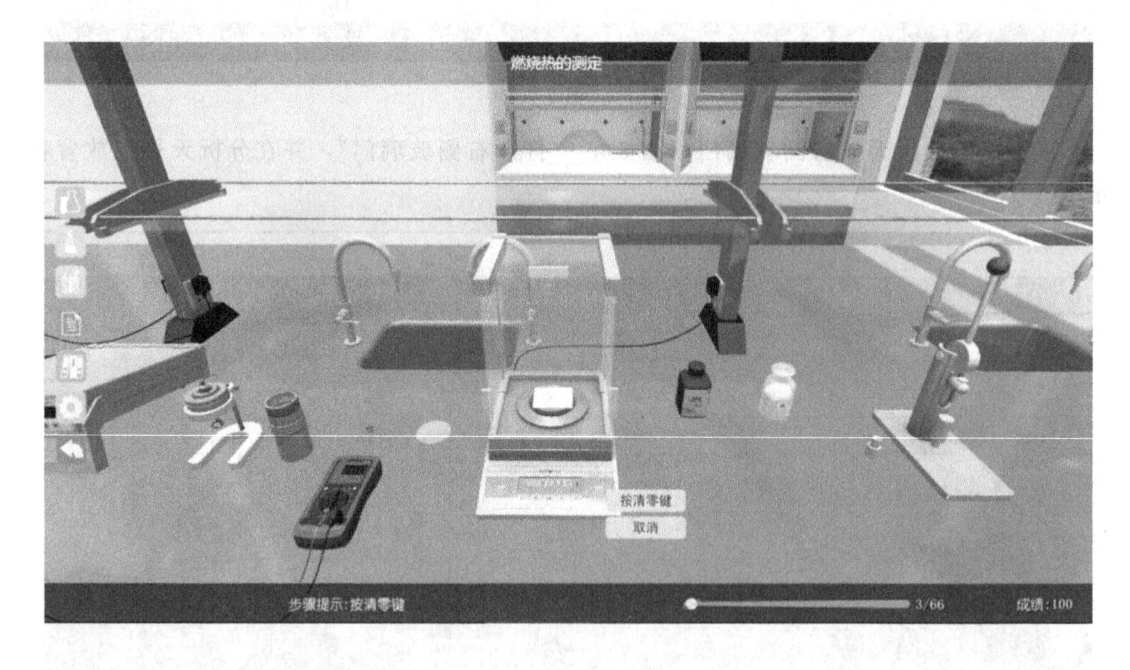

图 5

右键点击苯甲酸试剂，点击“取苯甲酸试剂”，称量 0.7～0.8g 之间的苯甲酸（图 6，图 7）。

右键点击分析天平电源开关，点击“取出药品关闭电源”，将所称量的药品取出放置在桌面上并关闭分析天平电源（图 8，图 9）。

右键点击称量纸，点击“将苯甲酸倒入样品槽”，称取的苯甲酸倒入样品槽内（图 10）。

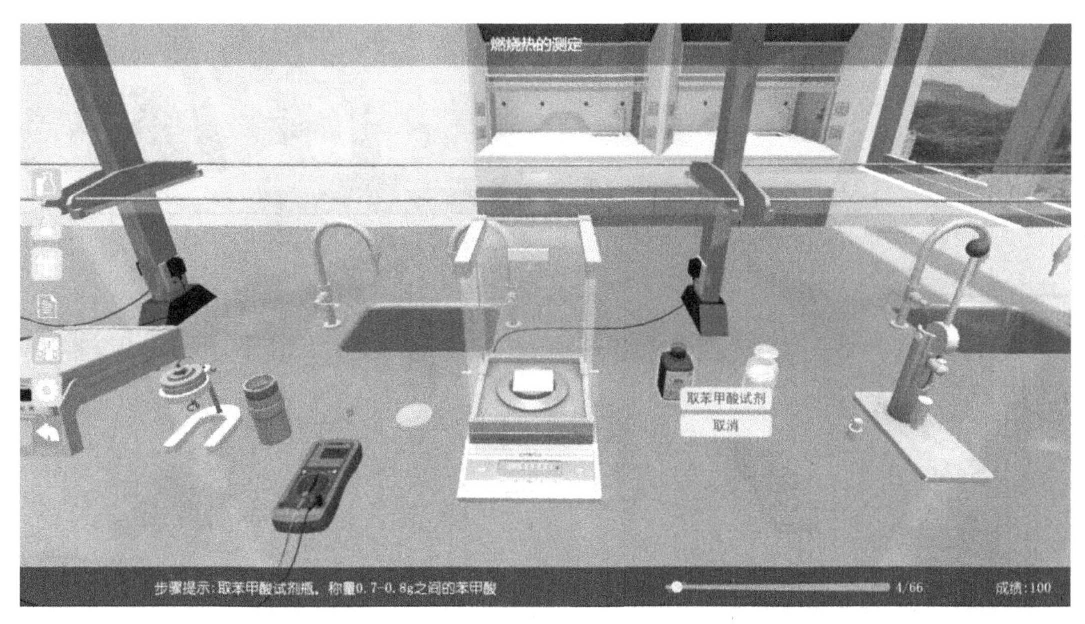
燃烧热的测定
取苯甲酸试剂
取消
步骤提示:取苯甲酸试剂瓶,称量0.7-0.8g之间的苯甲酸
4/66
成绩:100

图 6

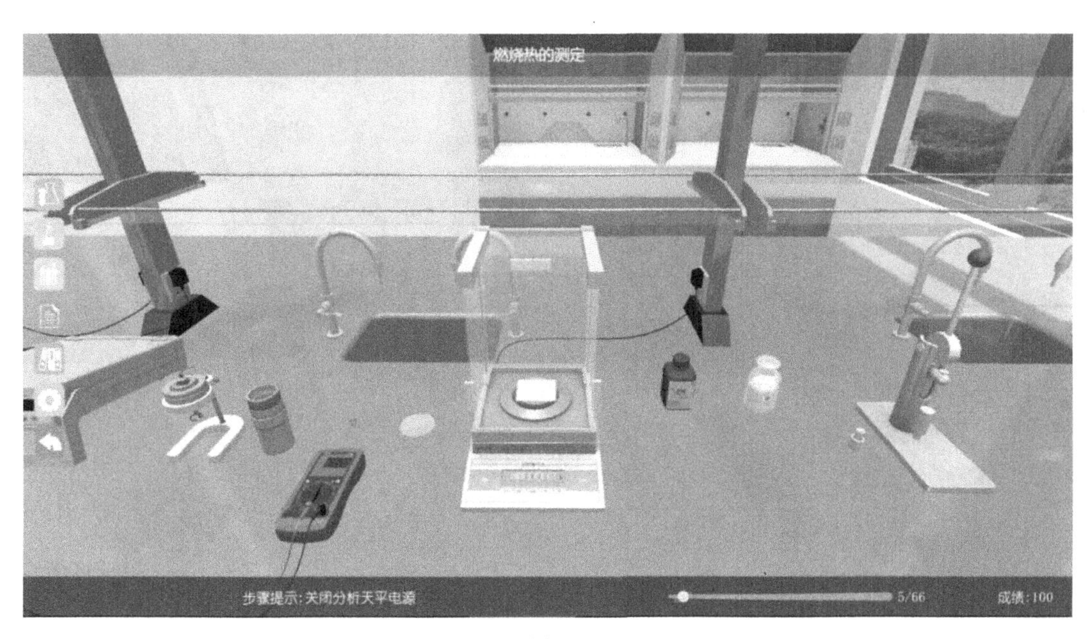
燃烧热的测定
步骤提示:关闭分析天平电源
5/66
成绩:100

图 7

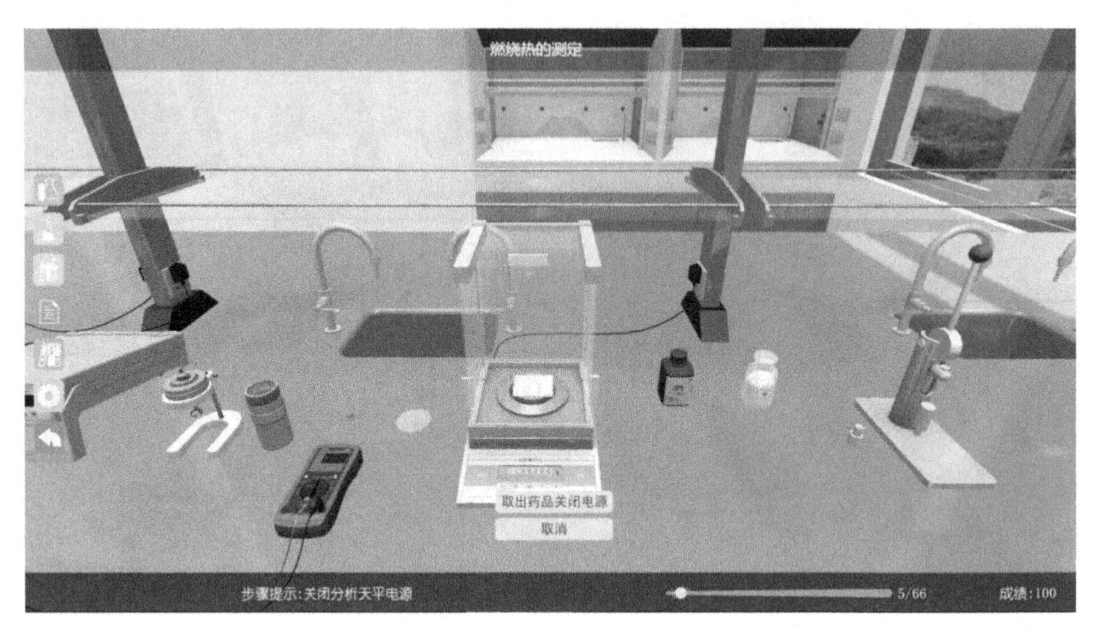
燃烧热的测定
取出药品关闭电源
取消
步骤提示:关闭分析天平电源
5/66
成绩:100

图 8

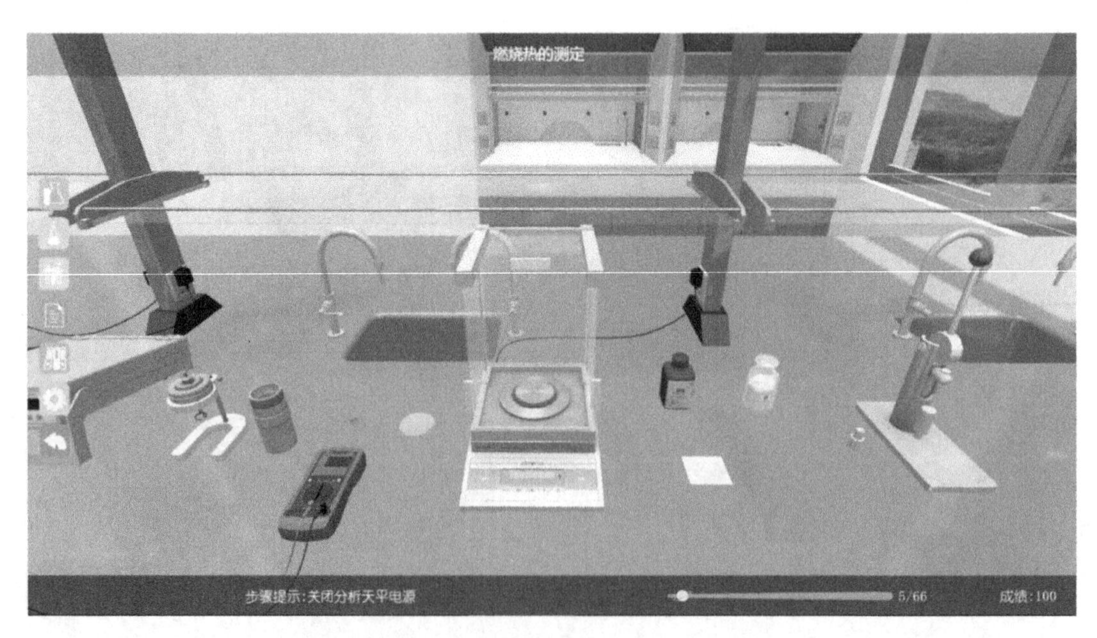
燃烧热的测定
步骤提示:关闭分析天平电源
5/66
成绩:100

图 9

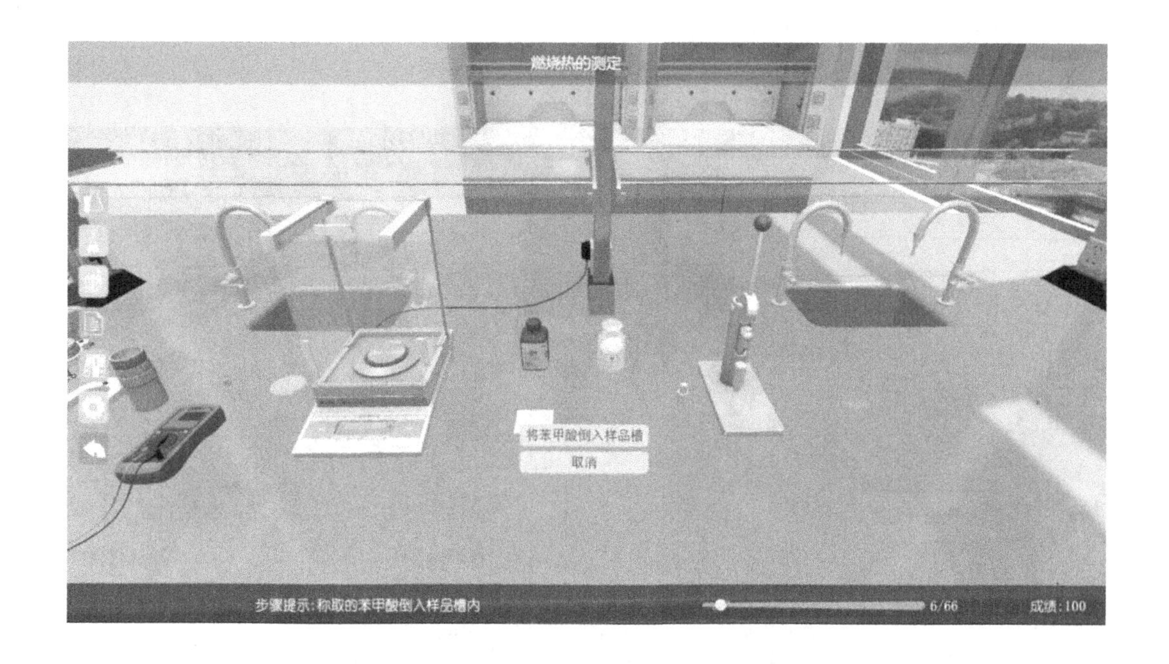

图 10

右键点击压杆，点击“下压压杆”，下压压片机压杆两次（图 11）。

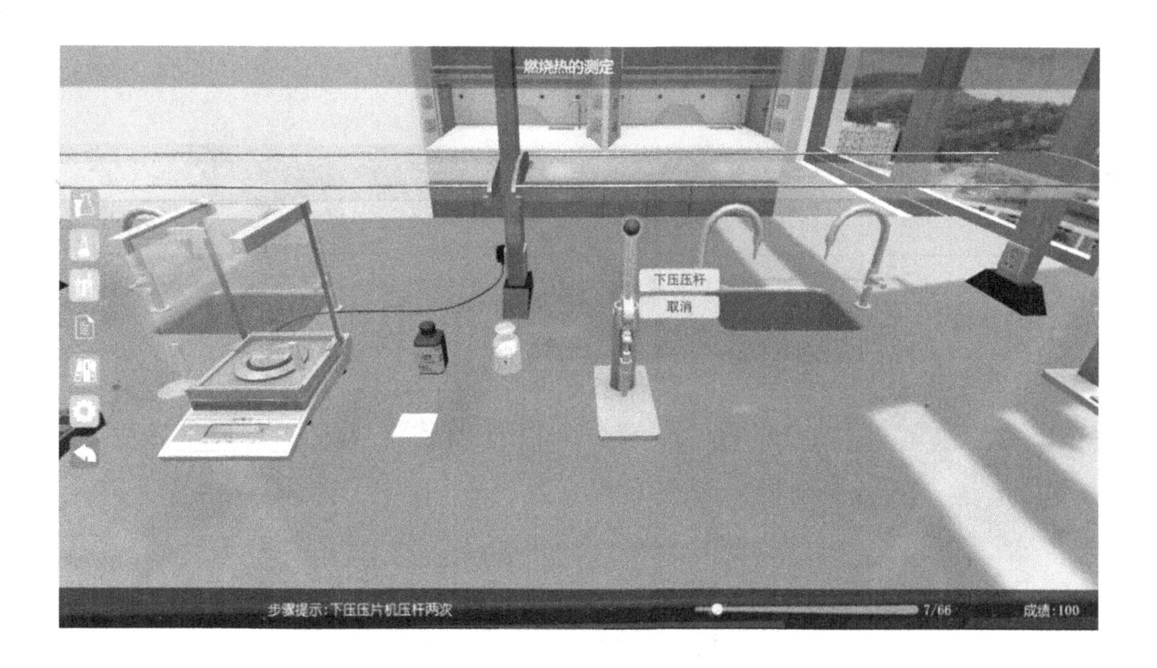

图 11

右键点击柱形槽，点击“倒扣柱形槽”，将样品槽下面的柱形槽倒扣，再次下压压杆将药片压实（图 12）。

右键点击柱形槽，点击“取出样品片称量”，将压好的样品片取出再次用分析天平称量（图 13，图 14）。

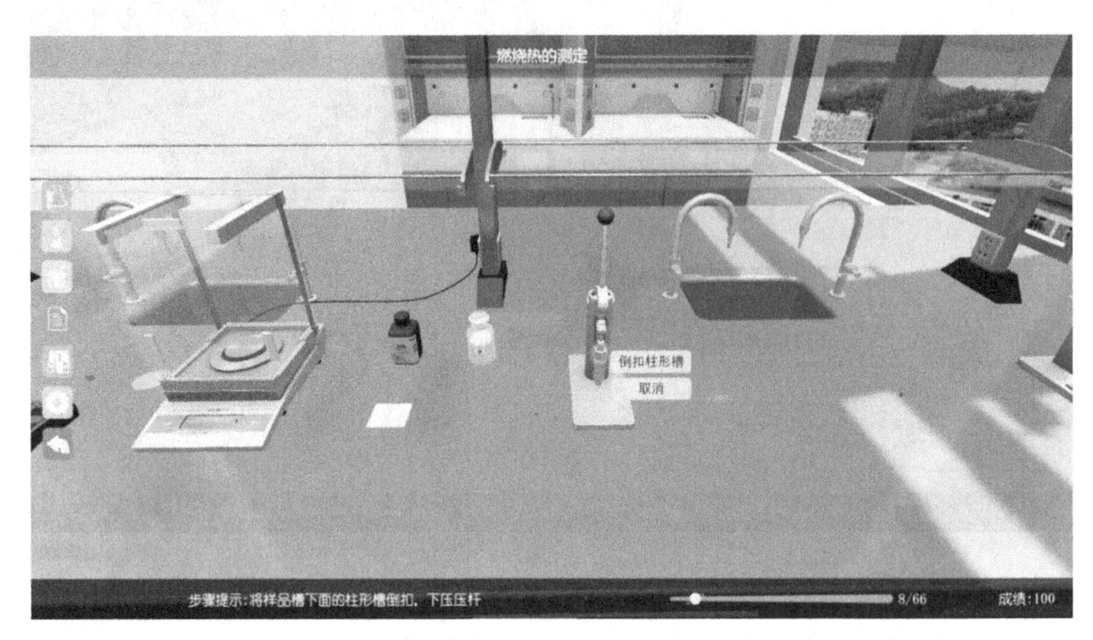
燃烧热的测定
倒扣柱形槽
取消
步骤提示：将样品槽下面的柱形槽倒扣，下压压杆
8/66
成绩：100

图 12

燃烧热的测定
取出样品片称量
取消
步骤提示：压好的样品片再次用天平称量
9/66
成绩：100

图 13

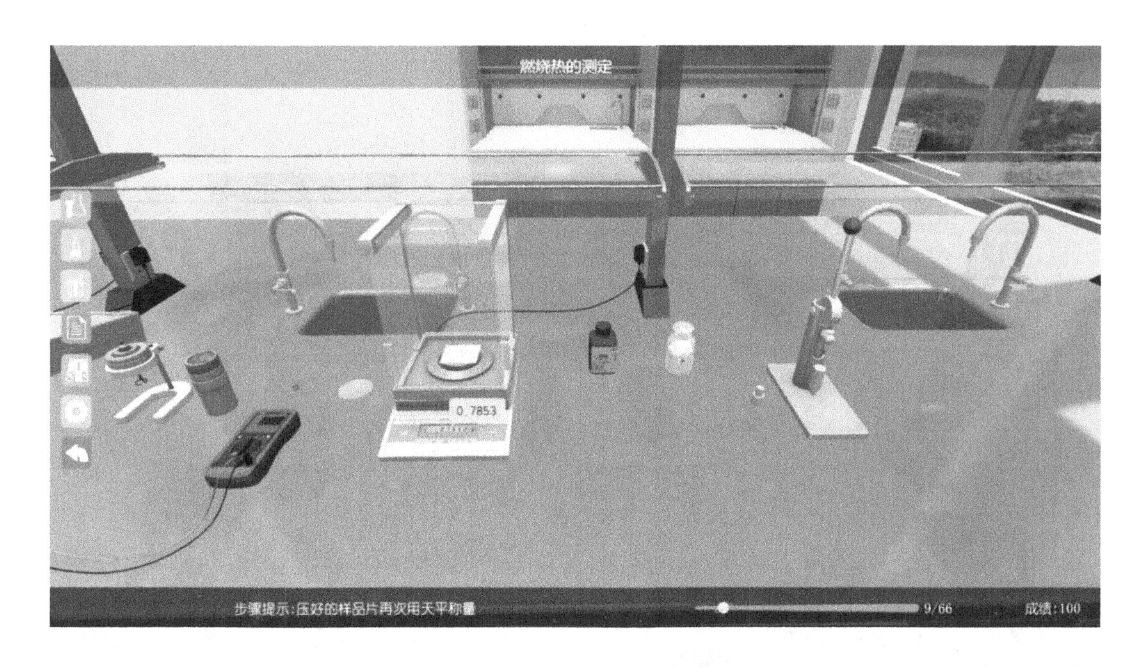

图 14

右键点击分析天平玻璃门，点击“将样品片放入燃烧皿”，将压好的样品放入燃烧皿中（图 15）。

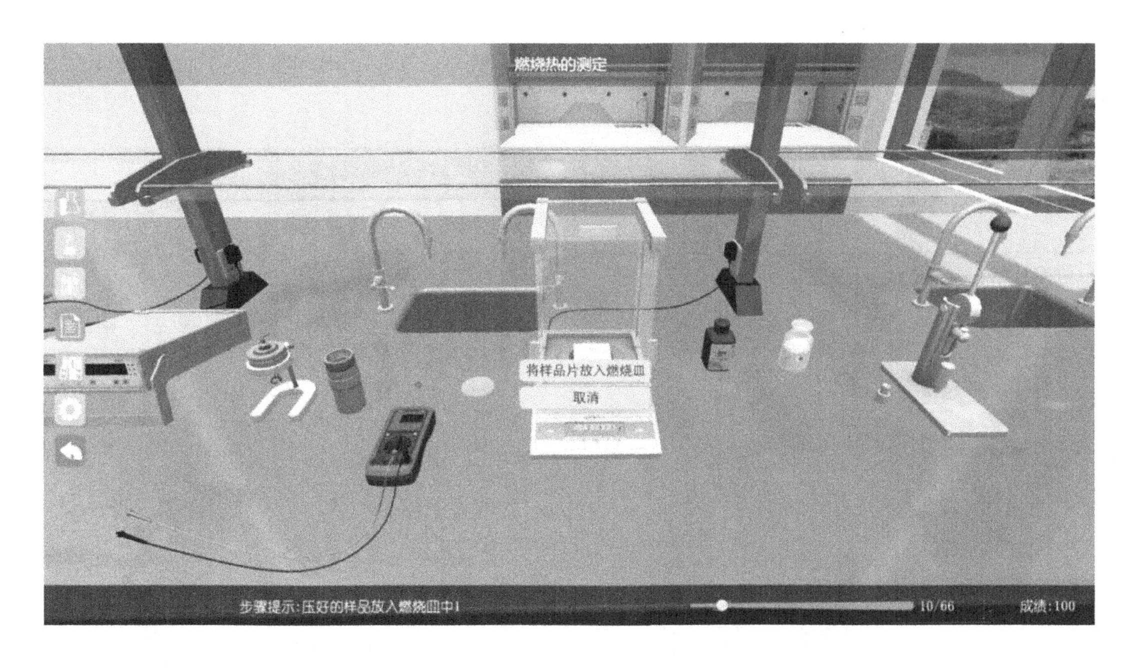

图 15

右键点击燃烧丝，点击“称量燃烧丝”，用分析天平称量燃烧丝的质量（图 16，图 17）。

右键点击氧弹头，点击“缠绕燃烧丝”，将燃烧丝自动绕在氧弹头的两个电极上（图 18，图 19）。

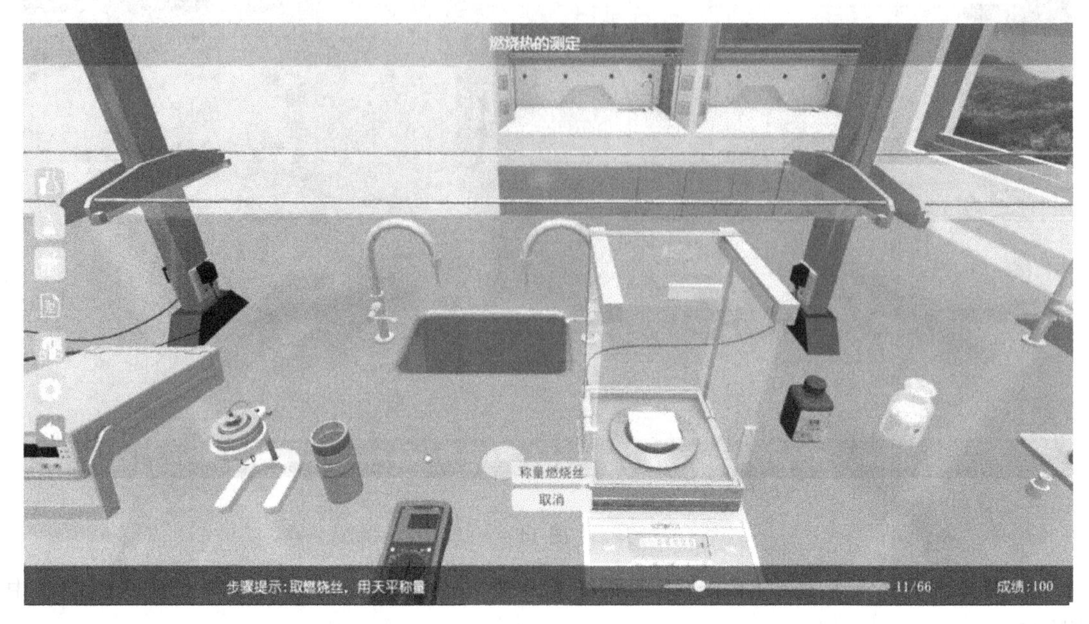
燃烧热的测定
称量燃烧丝
取消
步骤提示：取燃烧丝，用天平称量
11/66
成绩：100

图 16

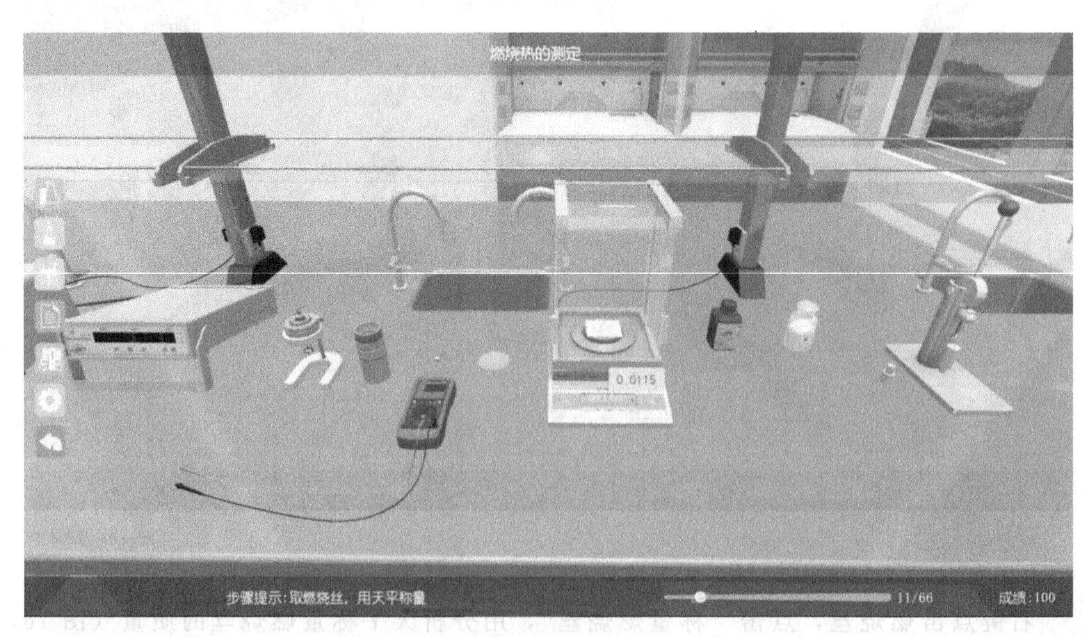
燃烧热的测定
0.0115
步骤提示：取燃烧丝，用天平称量
11/66
成绩：100

图 17

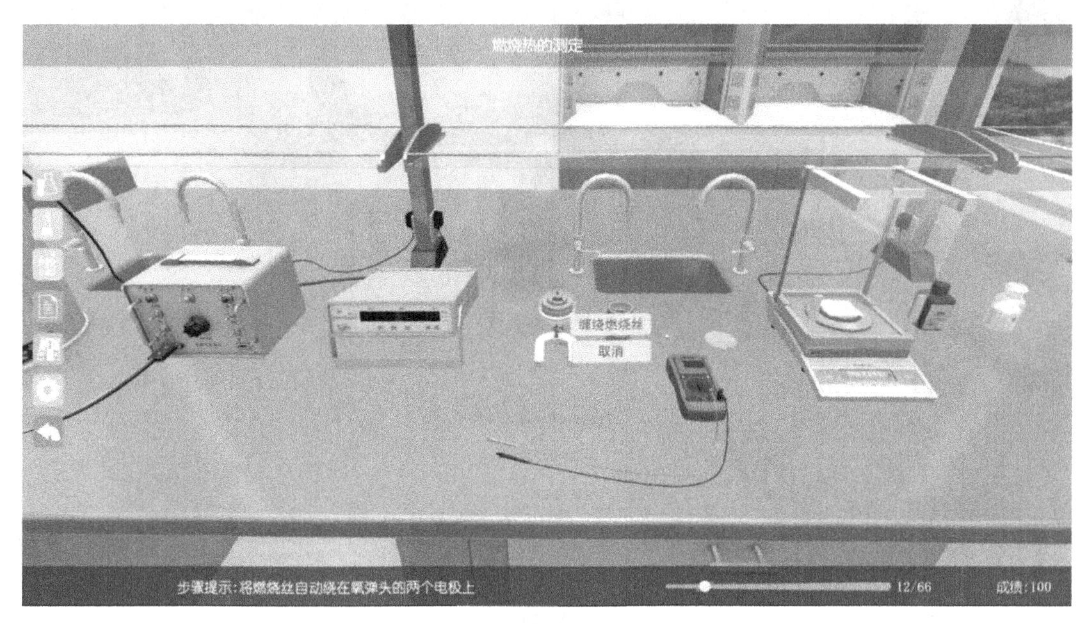
燃烧热的测定
缠绕燃烧丝
取消
步骤提示：将燃烧丝自动绕在氧弹头的两个电极上
12/66
成绩：100

图 18

燃烧热的测定
步骤提示：关闭分析天平电源
13/66
成绩：100

图 19

右键点击天平电源，点击“关闭天平”，将分析天平关闭（图 20）。

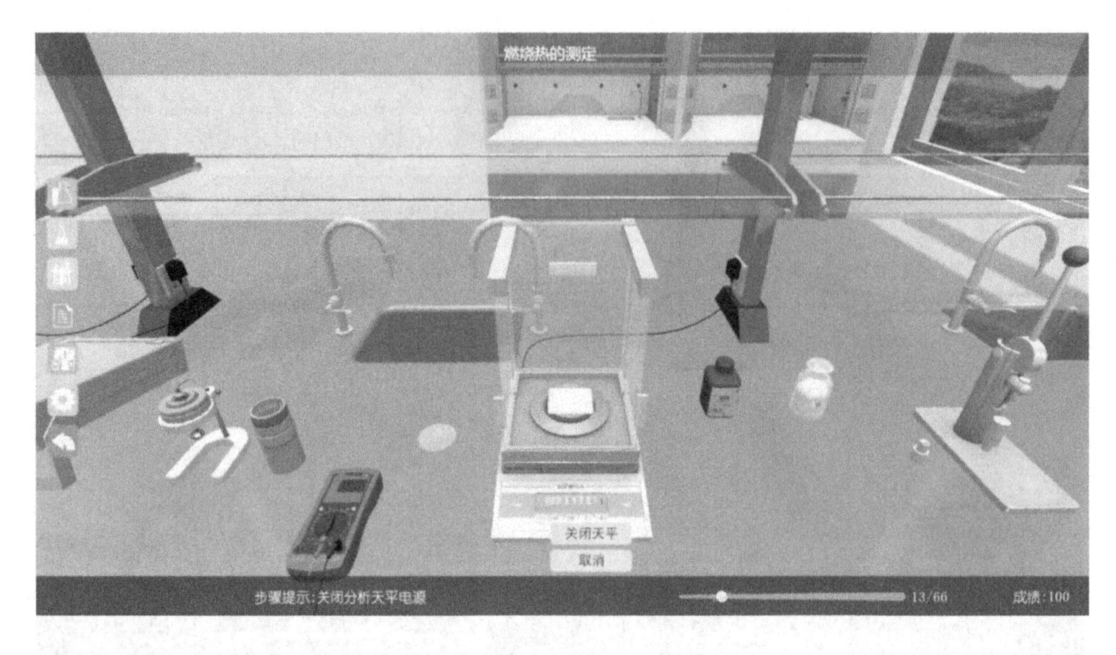

图 20

右键点击万用表，点击“连接万用表”，将万用表的两电笔分别与氧弹头的两电极相连，读取电阻值（图 21）。

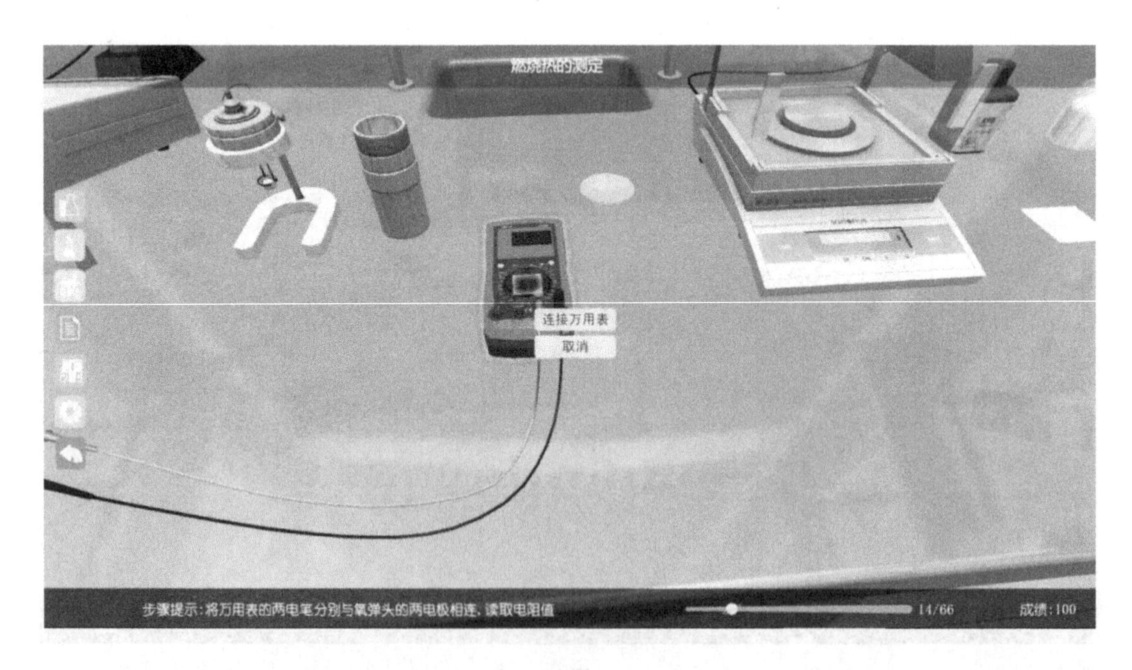

图 21

右键点击氧弹头，点击“组装氧弹”，将氧弹头组装到氧弹体中，拧紧，并再次用万用表测电阻值（图 22，图 23）。

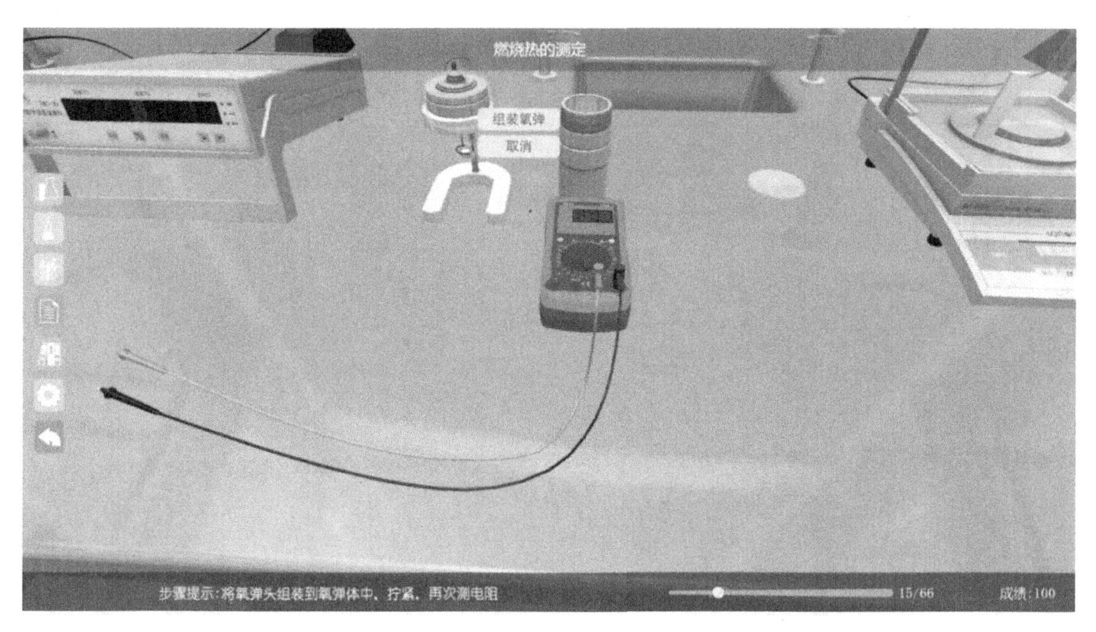
燃烧热的测定
组装氧弹
取消
步骤提示:将氧弹头组装到氧弹体中，拧紧，再次测电阻
15/66
成绩:100

图 22

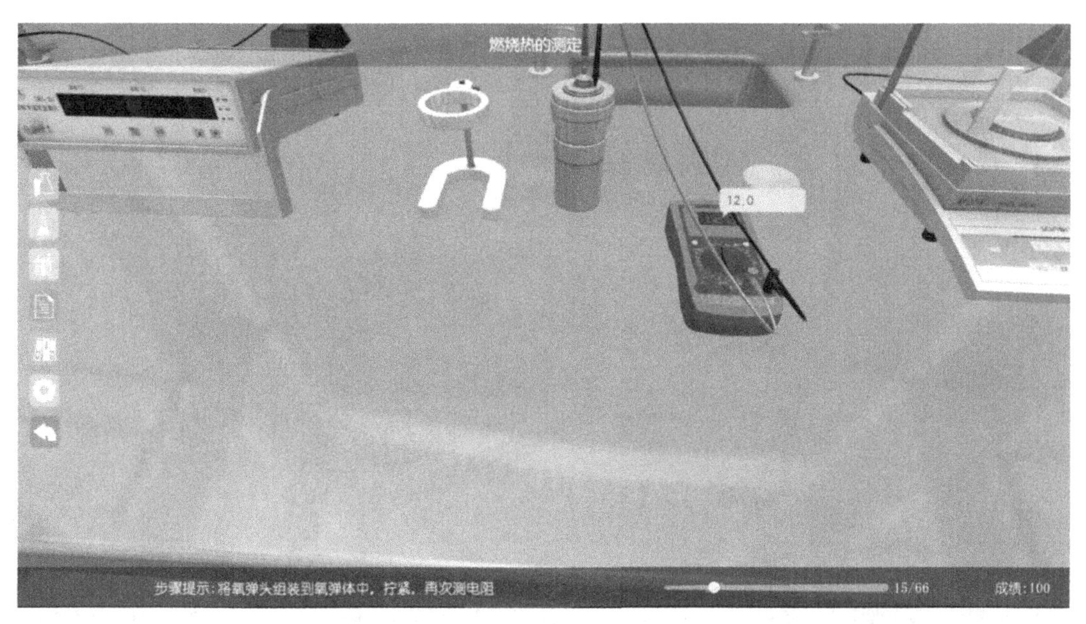
燃烧热的测定
12.0
步骤提示:将氧弹头组装到氧弹体中，拧紧，再次测电阻
15/66
成绩:100

图 23

右键点击氧弹，点击“将氧弹置于充氧装置上”（图 24）。

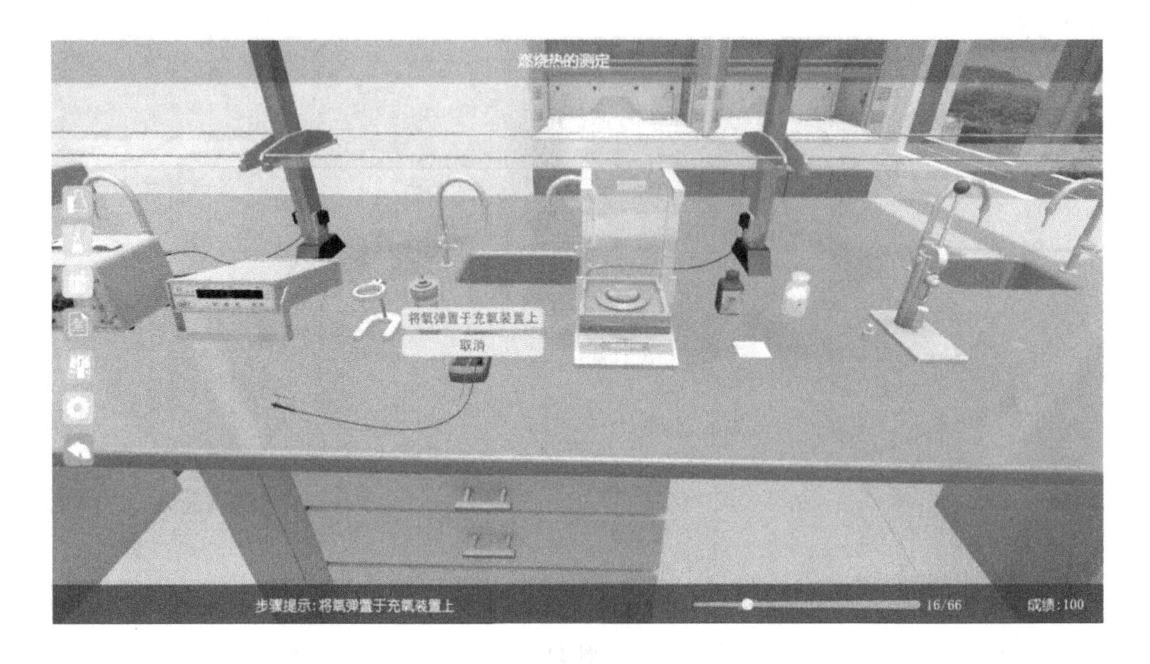

图 24

右键点击氧气瓶总阀门，点击“打开氧气钢瓶阀门”（图 25）。

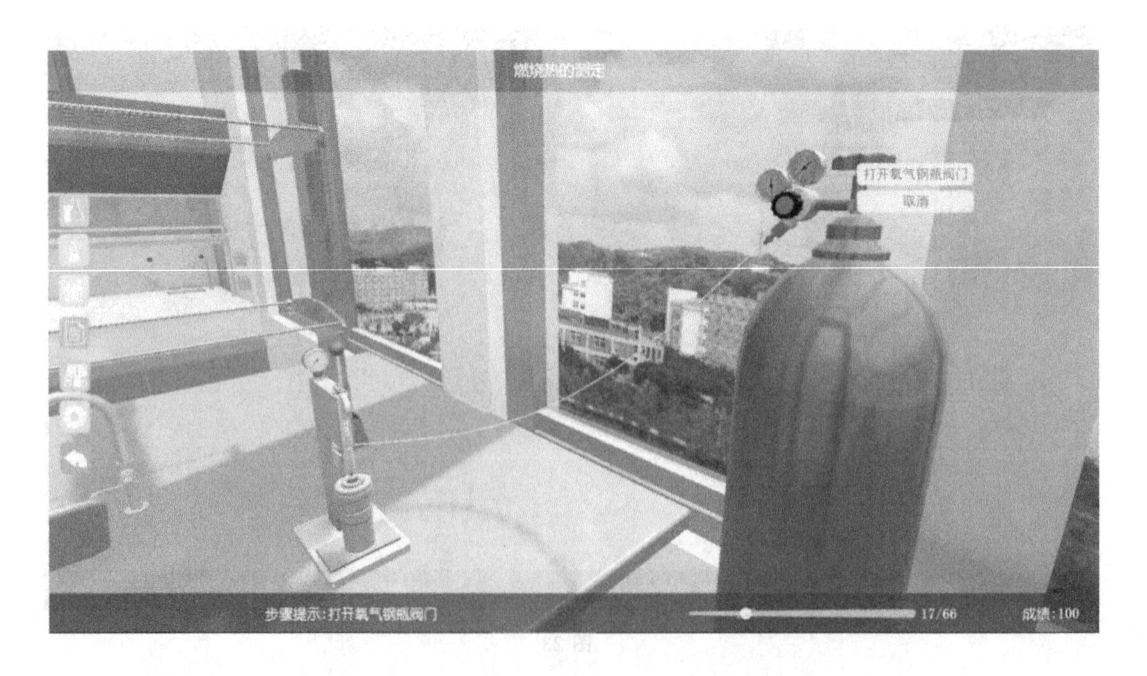

图 25

右键点击压杆，点击“下压压杆”，下压充氧装置上的拉杆（图 26）。

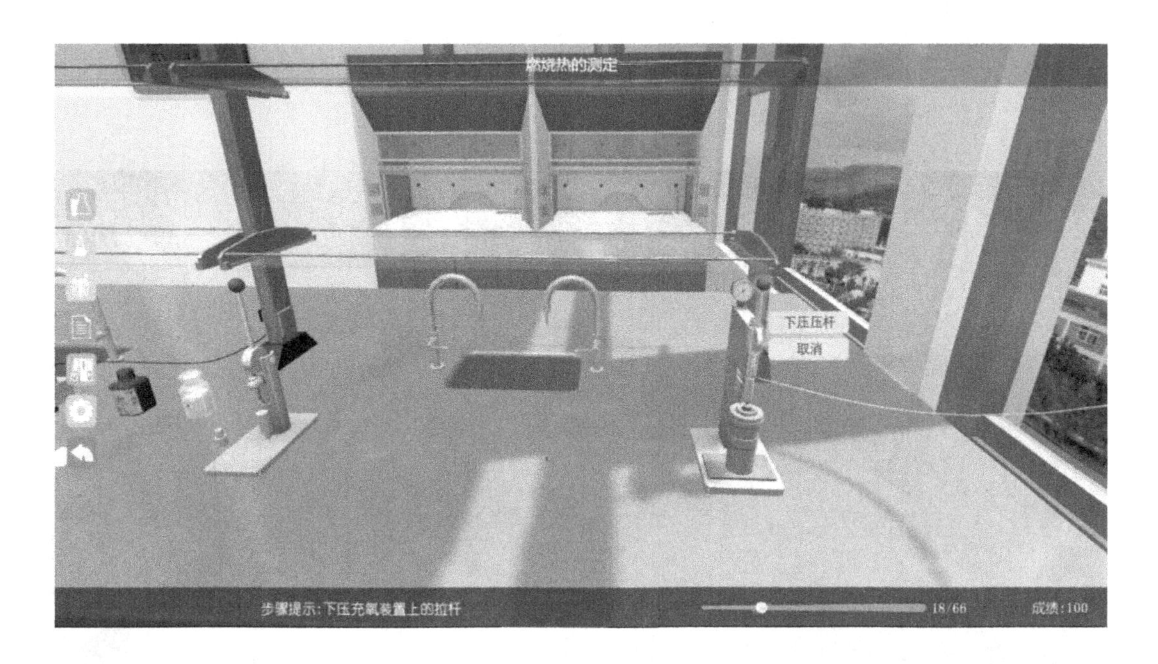

图 26

右键点击氧弹，点击“移走氧弹并放气”，移走氧弹并使用放气阀放出氧弹内的氧气（图 27，图 28）。

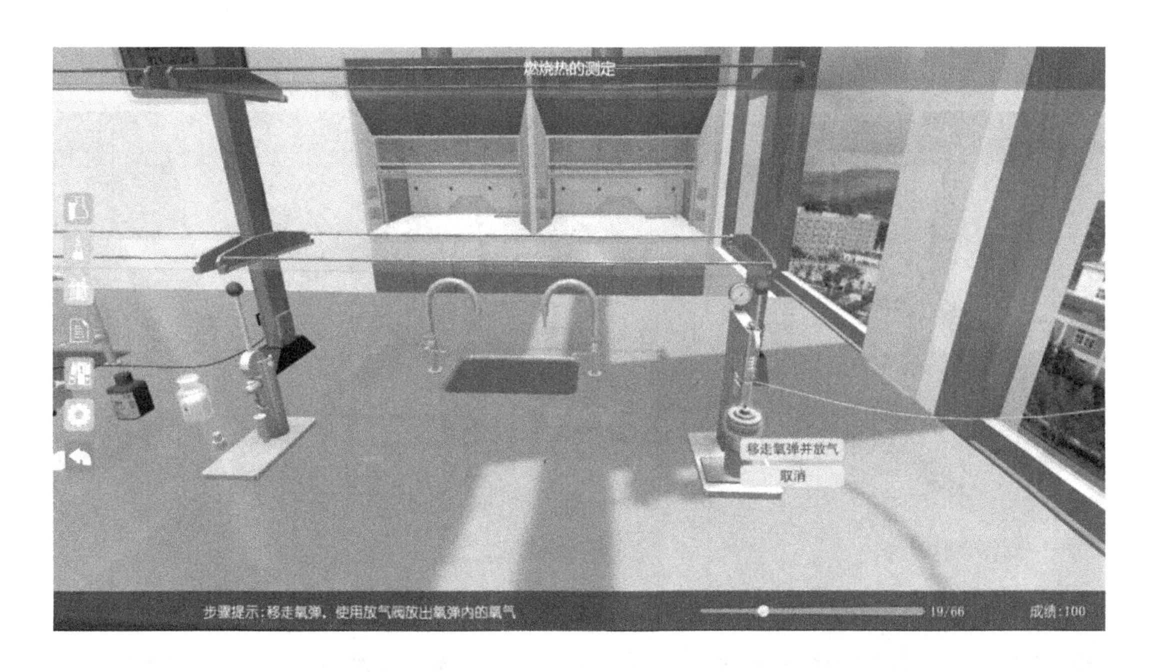

图 27

右键点击压杆，点击“下压压杆”，将氧弹置于充氧装置上，下压充氧装置上的拉杆，直至表盘指示 1.5MPa（图 29）。

右键点击氧气瓶阀门，点击“关闭氧气瓶阀门”（图 30）。

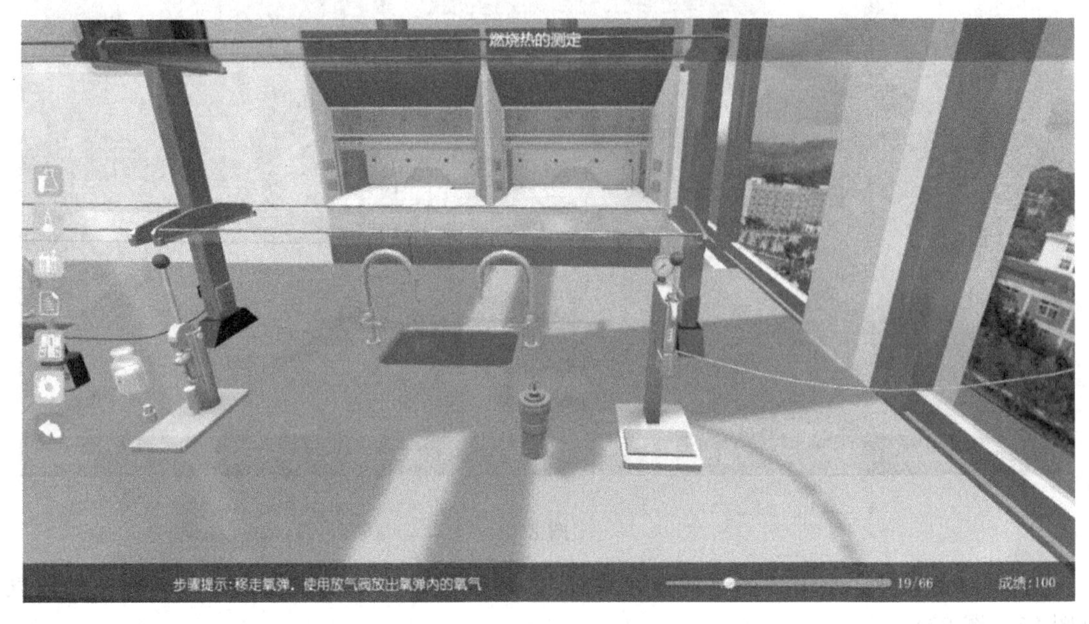
燃烧热的测定
步骤提示:移走氧弹，使用放气阀放出氧弹内的氧气
19/66
成绩:100

图 28

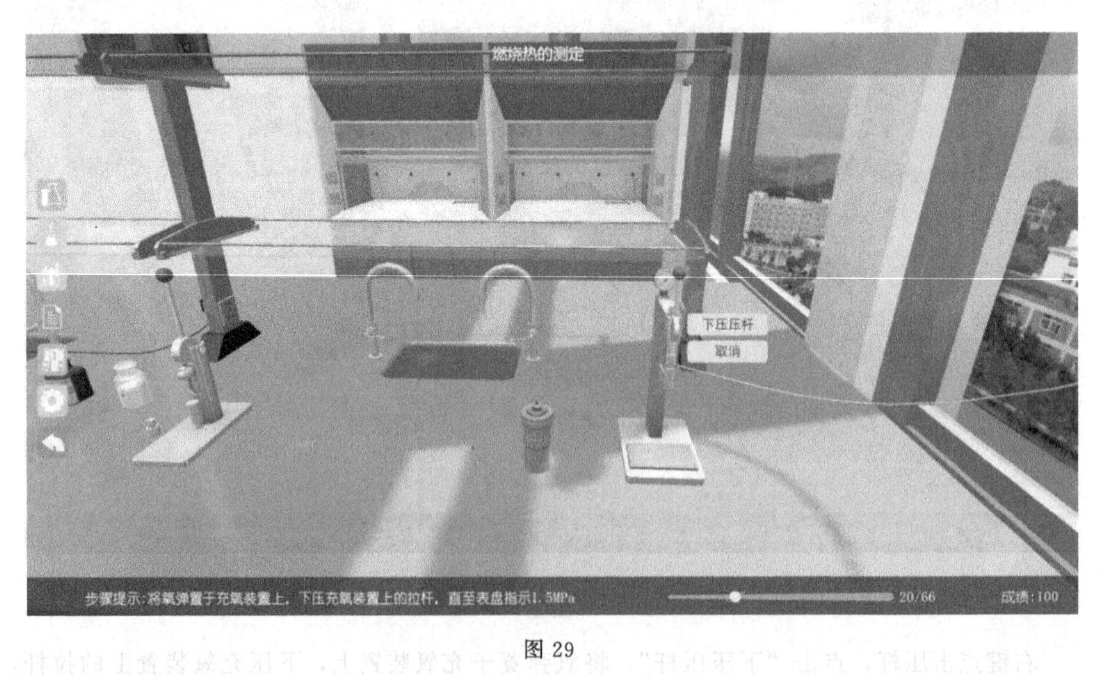
燃烧热的测定
下压压杆
取消
步骤提示:将氧弹置于充氧装置上，下压充氧装置上的拉杆，直至表盘指示1.5MPa
20/66
成绩:100

图 29

图 30

右键点击万用表，点击“测电阻”，对充好氧气的氧弹，再次用万用表测电阻值（图 31）。

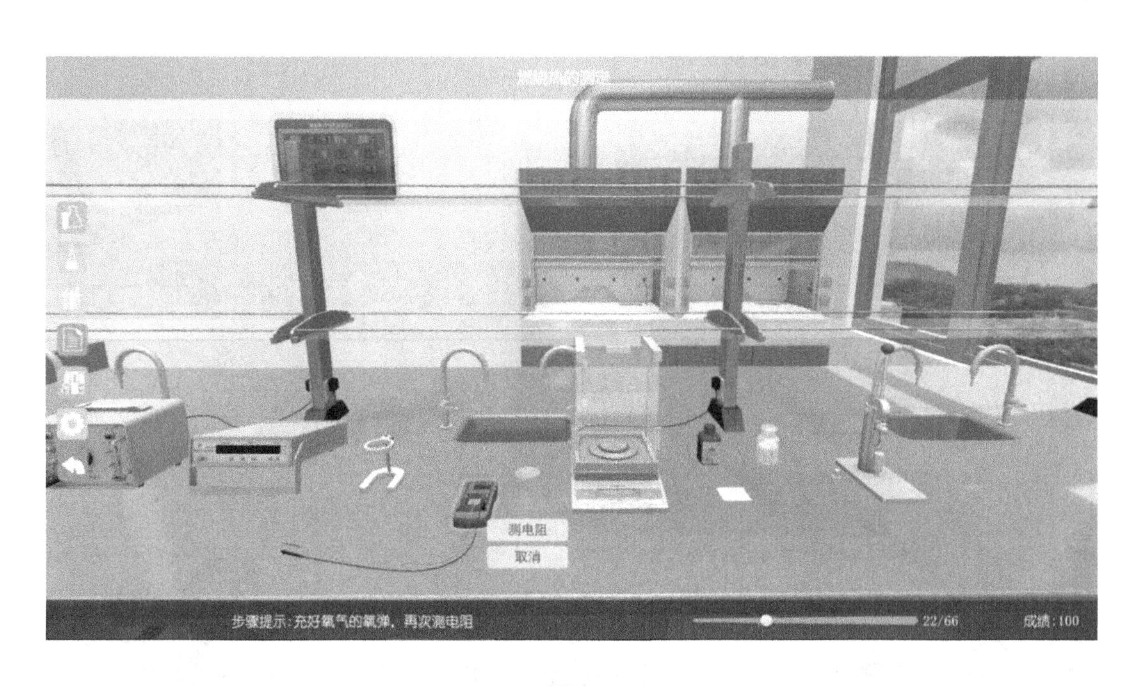

图 31

右键点击温差仪电源，点击“打开温差仪电源”（图 32）。

右键点击采零键，点击“按采零键”（图 33）。

右键点击氧弹装置盖子，点击“将氧弹移到内筒中”（图 34）。

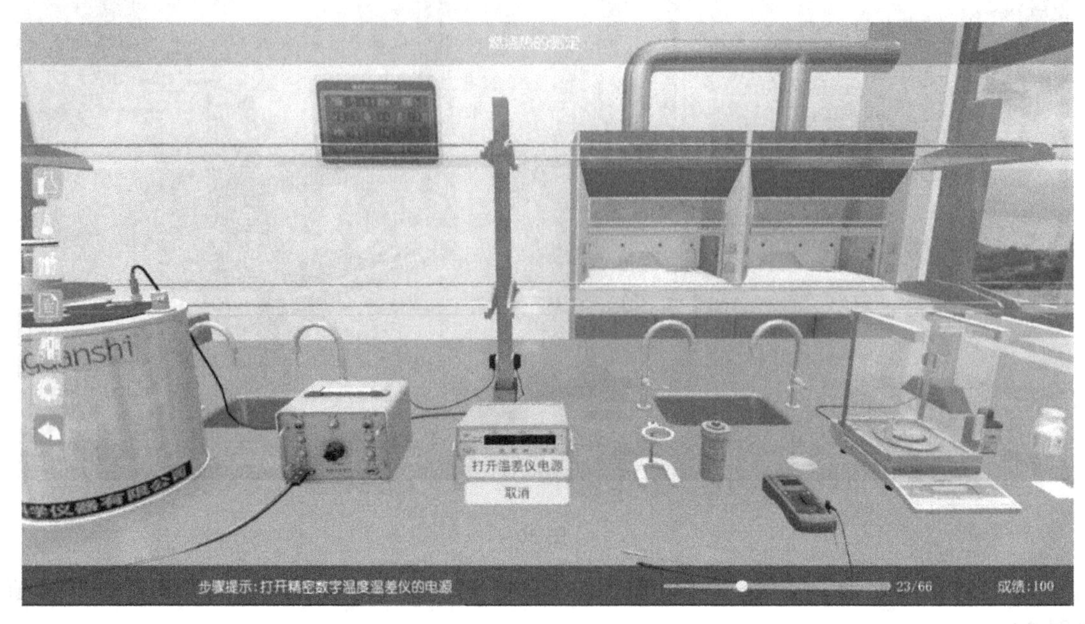
燃烧热的测定
打开温差仪电源
取消
步骤提示：打开精密数字温度温差仪的电源
23/66
成绩：100

图 32

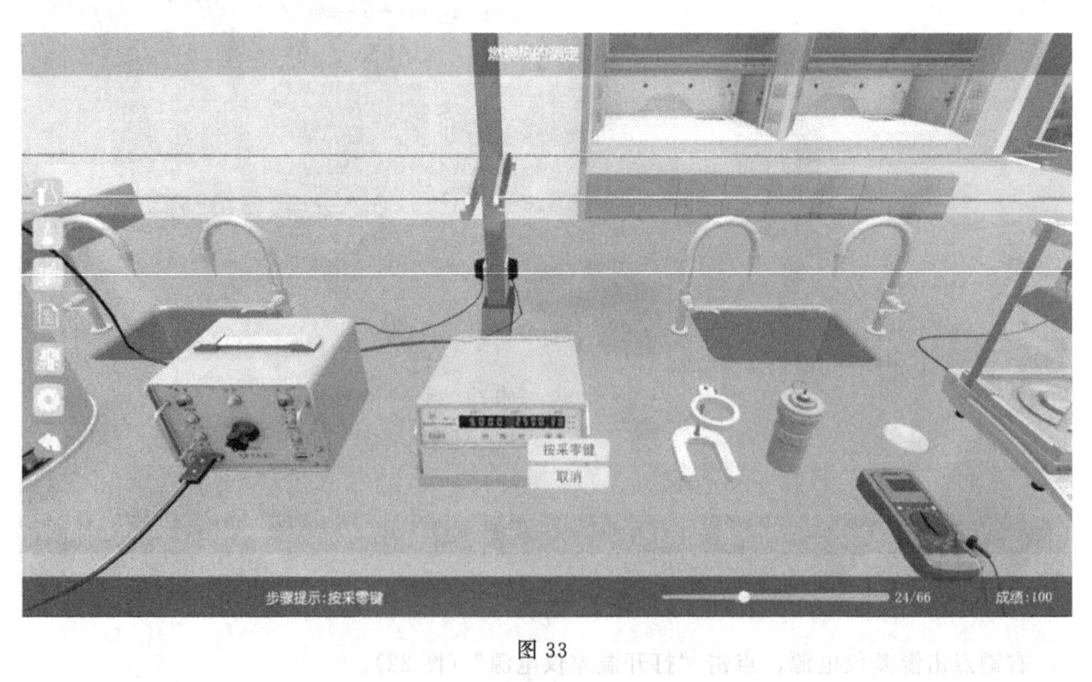
燃烧热的测定
按采零键
取消
步骤提示：按采零键
24/66
成绩：100

图 33

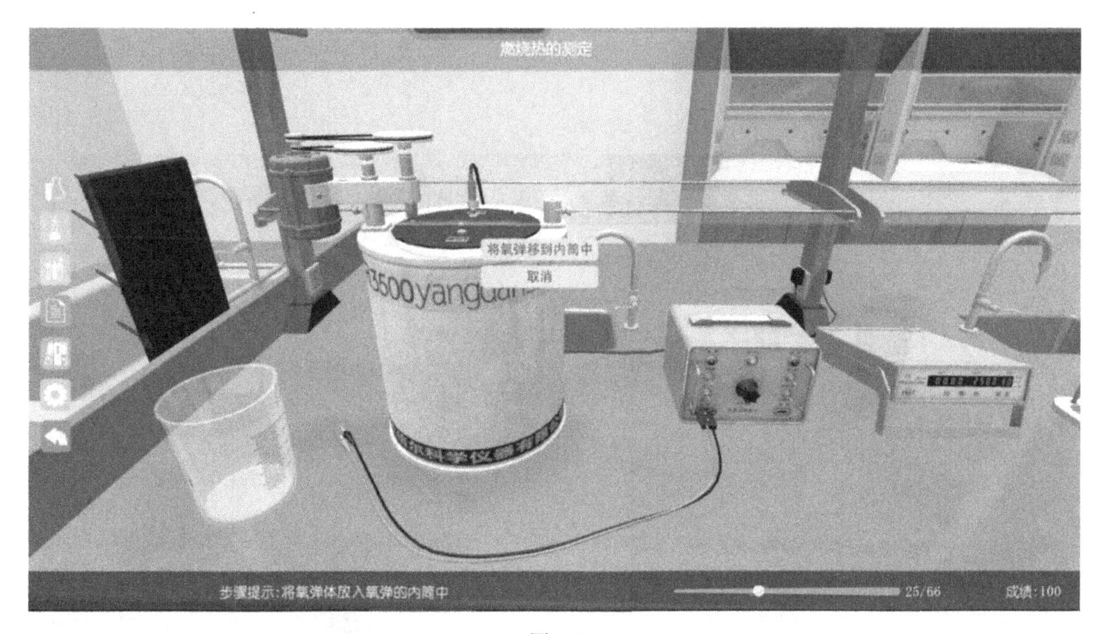

图 34

右键点击烧杯，点击“注入 3000mL 水”，取 3000mL 已调温的水注入氧弹装置内筒中（图 35，图 36）。

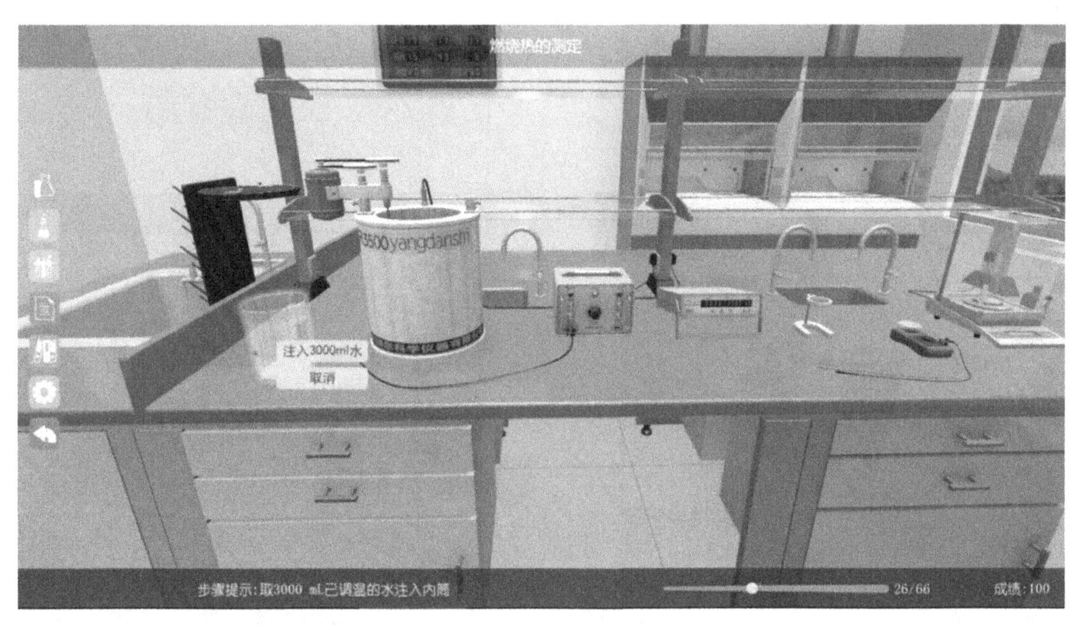

图 35

右键点击控制箱左下方的连线，点击“连线”，将控制箱左下方的线连接在氧弹电极孔上，并关闭外筒的盖子（图 37）。

右键点击热电偶，点击“将热电偶插入到内筒中”，将温差测量仪的测温电偶插入内筒中（图 38）。

右键点击控制面板总电源开关，点击“打开电源”，打开控制面板总电源开关并开启搅拌开关（图 39）。

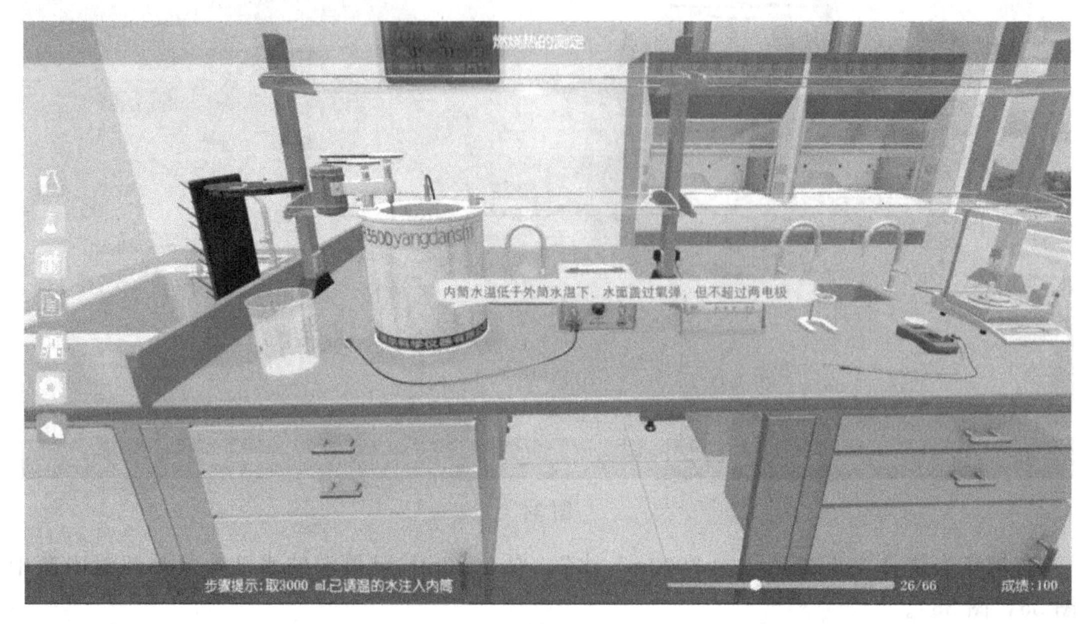
燃烧热的测定
内筒水温低于外筒水温下，水面盖过氧弹，但不超过两电极
步骤提示:取3000 ml已调温的水注入内筒
26/66
成绩:100

图 36

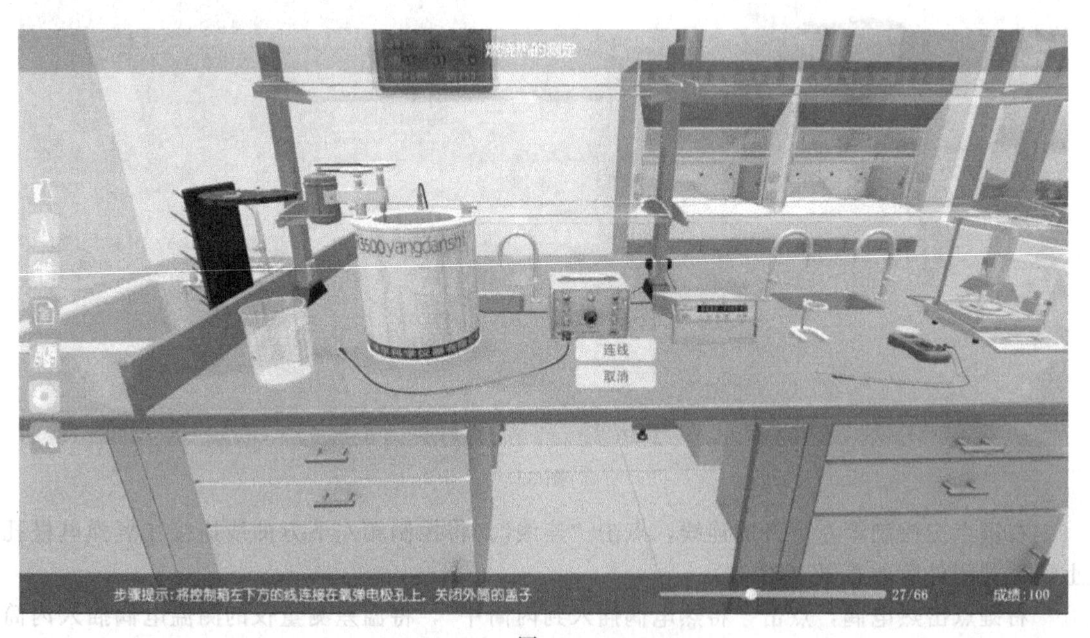
燃烧热的测定
连线
取消
步骤提示:将控制箱左下方的线连接在氧弹电极孔上，关闭外筒的盖子
27/66
成绩:100

图 37

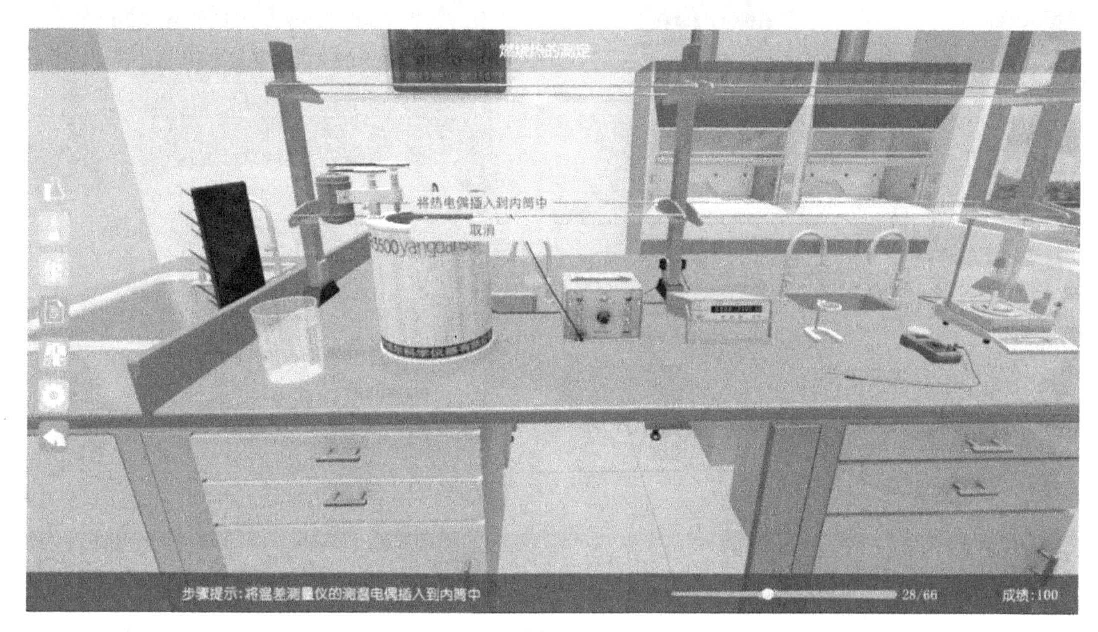
燃烧热的测定
将热电偶插入到内筒中
取消
步骤提示：将温差测量仪的测温电偶插入到内筒中
28/66
成绩:100

图 38

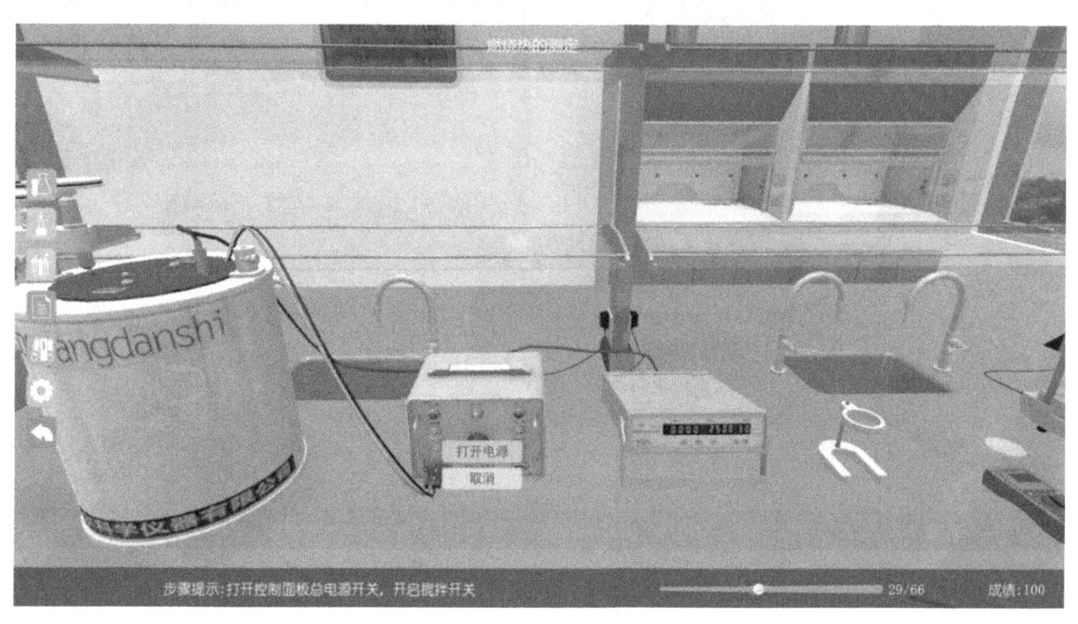
燃烧热的测定
打开电源
取消
步骤提示：打开控制面板总电源开关，开启搅拌开关
29/66
成绩:100

图 39

右键点击点火开关，点击“打开点火开关”，点击控制面板上的点火开关，旋转点火电流至合适位置（图 40）。

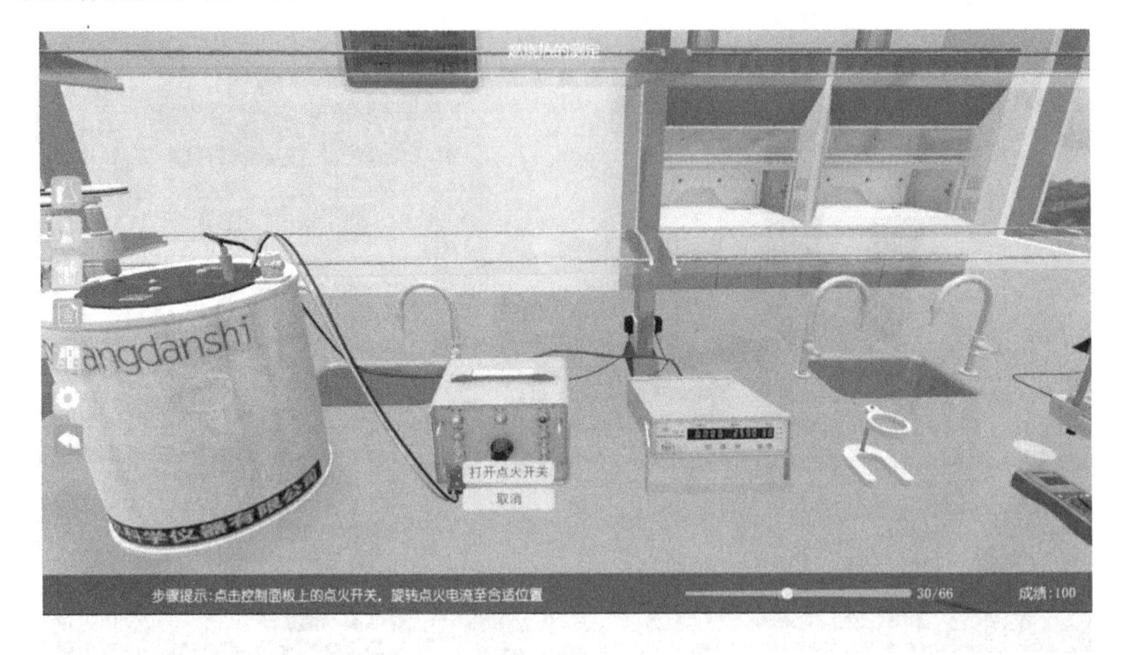

图 40

右键点击数据面板，点击“记录数据”，每隔 30s 记录一次温度，当温度升至最高点后，再记录 10 次数据（图 41，图 42）。

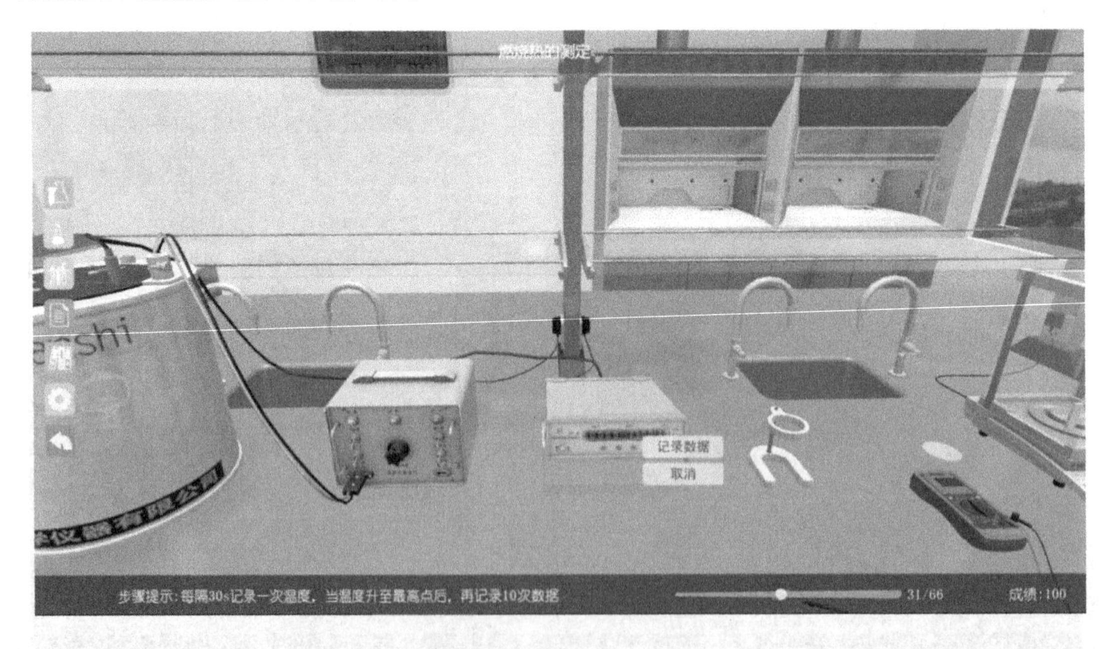

图 41

右键点击温差仪电源开关，点击“关闭电源”，关闭温差测量仪电源，关闭控制面板上的点火开关、搅拌开关和电源（图 43）。

右键点击氧弹装置，点击“取出氧弹”，整理实验仪器（图 44）。

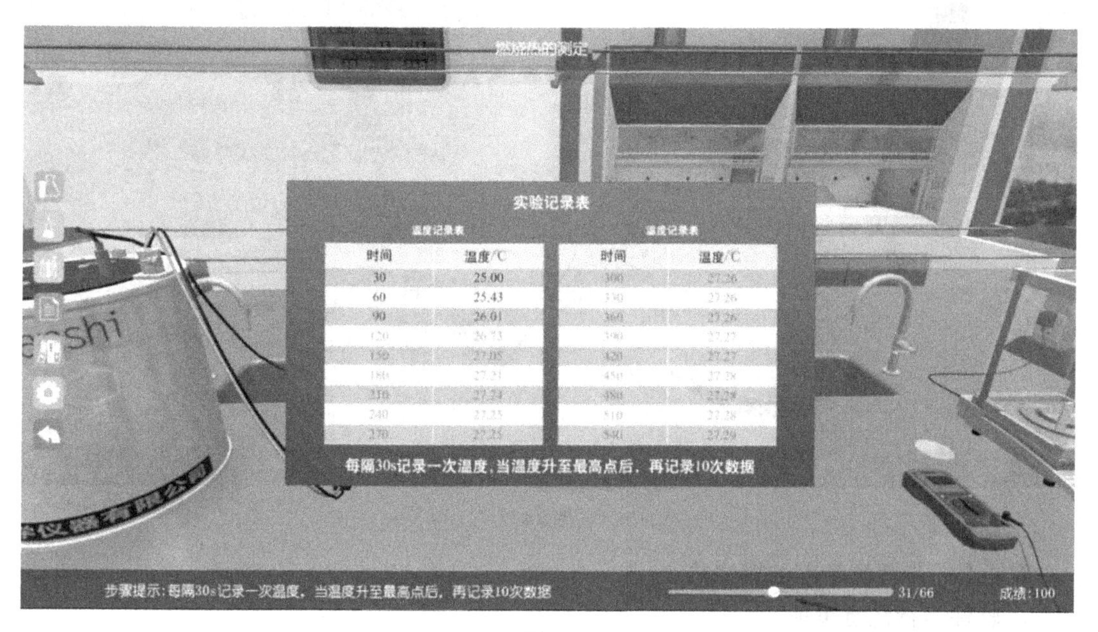
燃烧热的测定
实验记录表
温度记录表
温度记录表
时间
温度/℃
30
25.00
60
25.43
90
26.01
时间
温度/℃
每隔30s记录一次温度，当温度升至最高点后，再记录10次数据
步骤提示：每隔30s记录一次温度，当温度升至最高点后，再记录10次数据
31/66
成绩:100

图 42

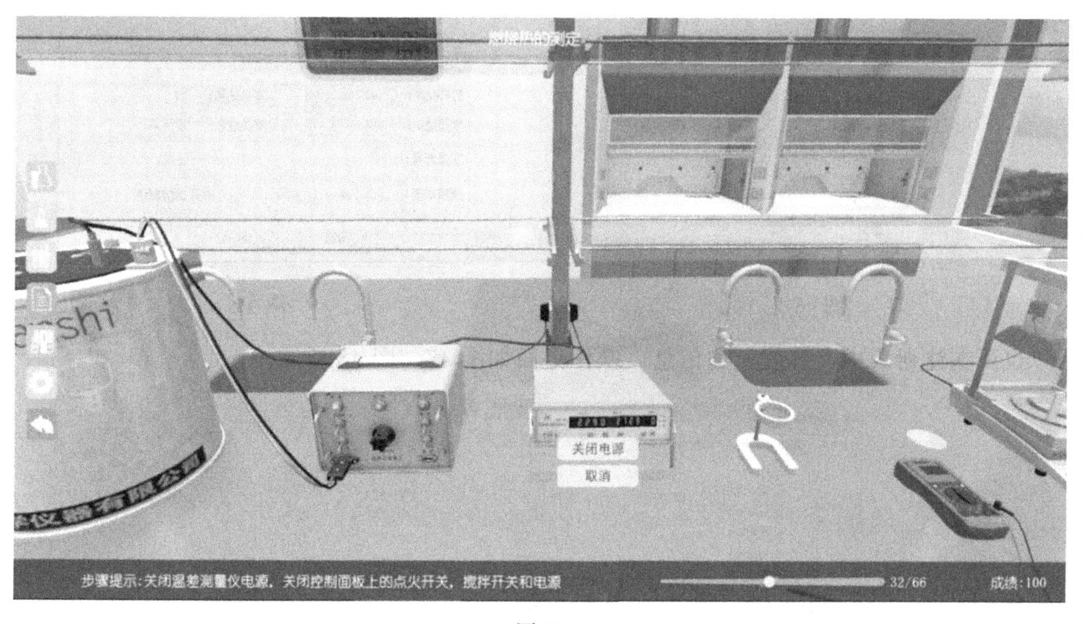
燃烧热的测定
关闭电源
取消
步骤提示：关闭温差测量仪电源，关闭控制面板上的点火开关，搅拌开关和电源
32/66
成绩:100

图 43

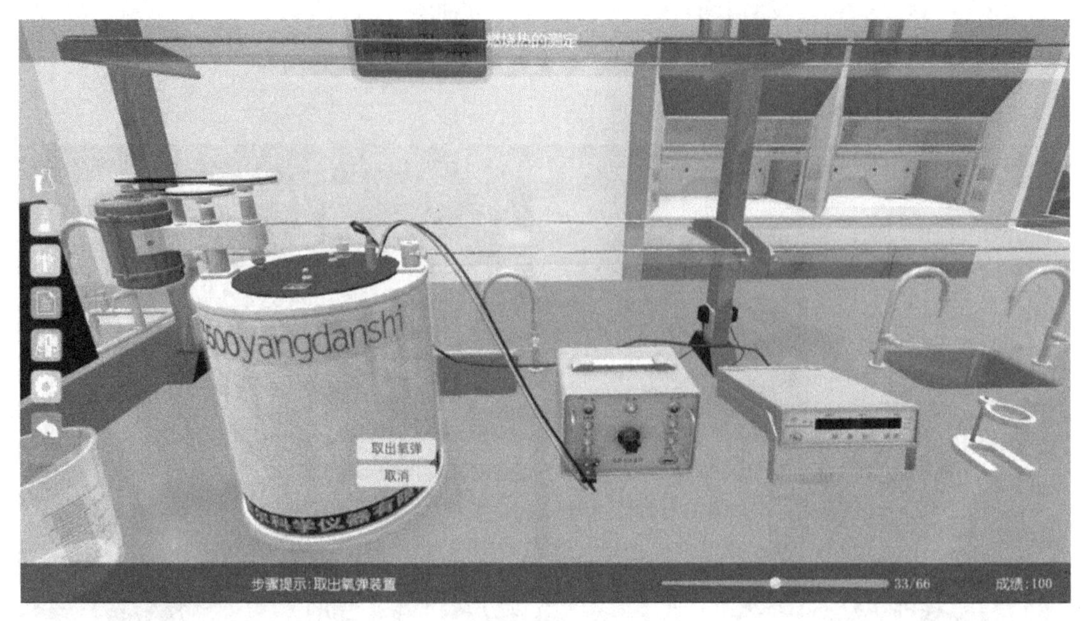

图 44

重复上述步骤测量萘的燃烧热。

5. 软件运行注意事项

修改学生机的站号、教师站 IP 地址等信息（图 45）。

鼠标右键点击屏幕右下角托盘区图标，在弹出菜单中选择“显示主界面”，如图 45 所示。

在该界面中可修改教师站 IP 和本机站号（图 46）。

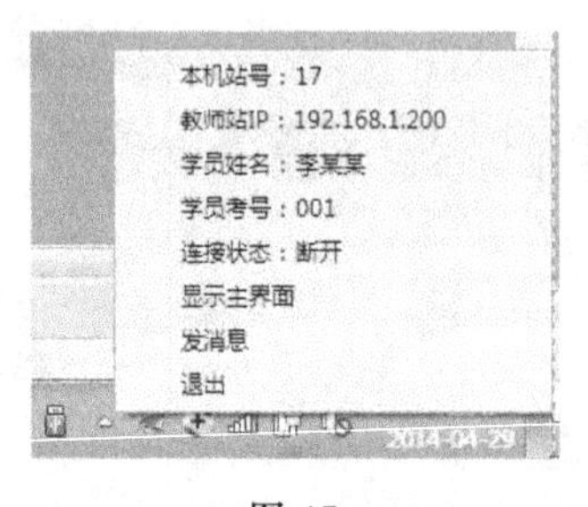

图 45

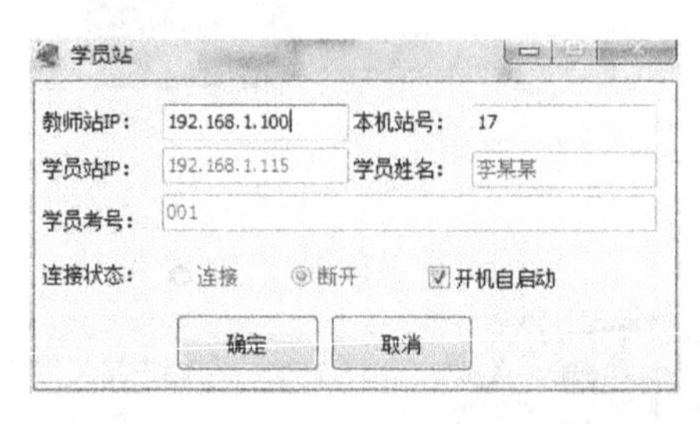

图 46

也可在注册表中，修改上列信息，操作界面如图 47、图 48 所示。

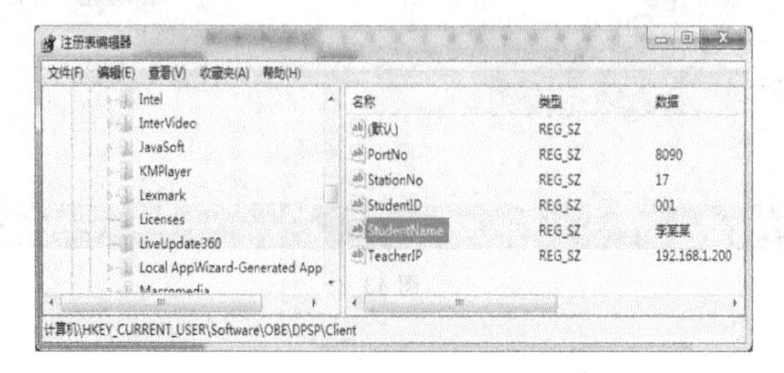

图 47

图 48

注册表中各项信息意义如下。

StationNo：本机站号。

StudentID：学号。

StudentName：学员姓名。

TeacherIP：教师站 IP。

实验二十三　凝固点降低法测定摩尔质量虚拟仿真软件使用说明

1. 软件启动

完成安装后就可以运行虚拟仿真软件了，双击桌面快捷方式，在弹出的启动窗口（图1）中选择想要启动的仿真软件，点击“启动”按钮即启动对应的虚拟仿真软件。

图 1

2. 软件操作

启动软件后，出现仿真软件加载页面（图 2），软件加载完成后进入仿真实验操作界面（图 3），在该界面可实现虚拟仿真软件的所有操作。

图 2

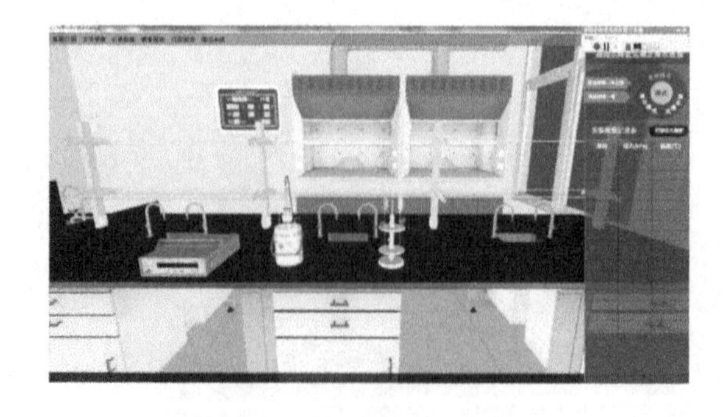

图 3

3. 功能介绍

角度控制：W——前，S——后，A——左，D——右、鼠标右键——视角旋转（图 4）。

拉近镜头：点击鼠标中间滚轮，然后滚动鼠标滚轮进行放大、缩小、旋转操作。

当鼠标放在某位置会高亮时，表示该部分可进行操作（图 5 中框内部分）。

图 4

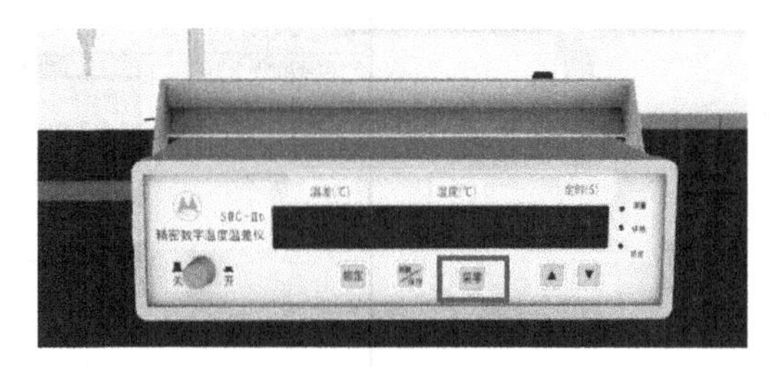

图 5

鼠标左键功能：左键点击仪器的开关或旋钮，可使其启动。

鼠标滚轮功能：鼠标移到仪器某处可操作部分（此处变高亮时），点击鼠标中间滚轮，该物品会自动移到视野正中间，滚动鼠标滚轮可进行放大缩小操作，鼠标右键可进行上下左右视野观察；再次在屏幕任意处点击鼠标滚轮，视野即恢复原先状态。

4. 界面介绍

进入界面后，界面上方为菜单功能条（图 6），左下方为显示框（图 7），右上方为工具条（图 8），工具条图标说明见表 1。

实验介绍　文件管理　记录数据　查看图表　打印报告　退出系统

图 6

（1）实验介绍

介绍实验的基本情况，如实验目的及内容、实验原理、仪器及试剂、实验方法及步骤等。

（2）文件管理

可建立数据的存储文件名，并设置为当前记录文件。

（3）记录数据

实现数据记录功能，并能对记录数据进行处理。记录数据后，勾选想要进行数据处理的记录数据，然后单击数据处理即可生成对应的数据。

操作方法：①点击【数据记录】工具框，弹出“数据记录”窗口，在数据记录窗口中选择下方“记录数据”按钮，弹出记录数据框，在此将测得的数据填入。

② 数据记录后，若实验数据需要处理，则勾选要进行计算处理的数据，选中数据后，点击“处理”按钮，就会将记录的数据计算出结果。

③ 若数据记录错误，将该组数据勾选，点击“删除选中”，即可删除选中的错误数据。

④ 数据处理后，若想保存，点击“保存”按钮，然后关闭窗口。

（4）查看图表

根据记录的实验表格可以生成目标表格，并可插入到实验报告中。

（5）打印报告

仿真软件可生成打印报告作为预习报告提交给实验老师。

(6) 退出系统

点击退出实验。

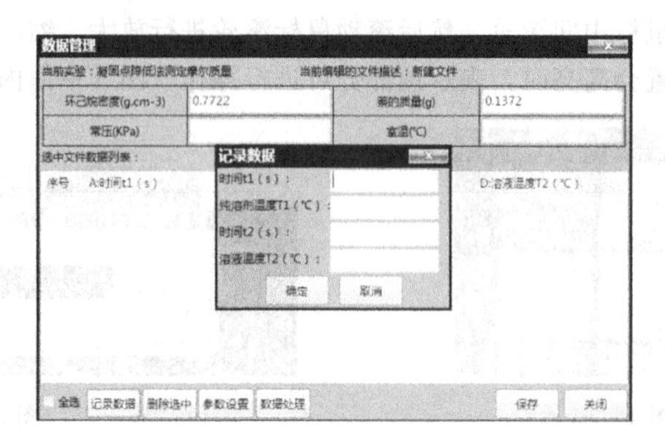

图 7

图 8

表 1　工具条图标说明

图标	说明	图标	说明	图标	说明	图标	说明
	运行选中项目		暂停当前运行项目		状态说明		保存快门
	停止当前运行项目		恢复暂停项目		参数监控		模型速率

5. 实验操作

(1) 实验准备

① 在实验界面右侧，单击鼠标选择考核模式或者练习模式（图 9。默认状态为考核模式，无实验步骤提示；练习模式下有实验步骤提示）。

② 选择模式后，打开精密数字温度温差仪的电源按钮（图 10）。

图 9

图 10

③ 按温差仪“采零”键，然后按下“锁定键”，锁定温差采零。可选择▲ ▼键对定时的

数值进行修改（图 11。默认定时为 15s，一般不用修改）。

（2）纯溶剂凝固点的测定

① 选择“添加溶剂——环己烷”，进行纯溶液凝固点的测定（图 12）。

图 11

图 12

② 点击“记录压力温度”，记录当前实验室的压力和温度数值（图 13。实验数据记录表中会自动记录）。

图 13

③ 当定时栏的数据为 00 时，点击温差仪上方的“记录”，记录当前的温差（图 14）。实验数据记录表中会自动记录数据（图 15）。

图 14

图 15

④ 每隔 15s 点击一次“记录”（即定时栏为 00 时点击“记录”），直至数据稳定后再测 10 个数据，即可完成纯溶剂凝固点的测定实验。

⑤ 若想存储当前实验数据记录表中的数据，可在菜单栏“文件管理”中新建一个文件，将其设置为当前记录文件，点击保存（图 16）。

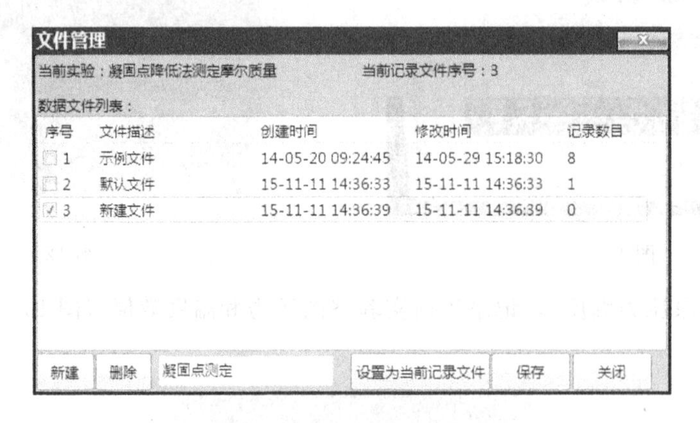

图 16

选择菜单栏“记录数据”，弹出的对话框中首先进行压力和温度的数据记录（图 17）。

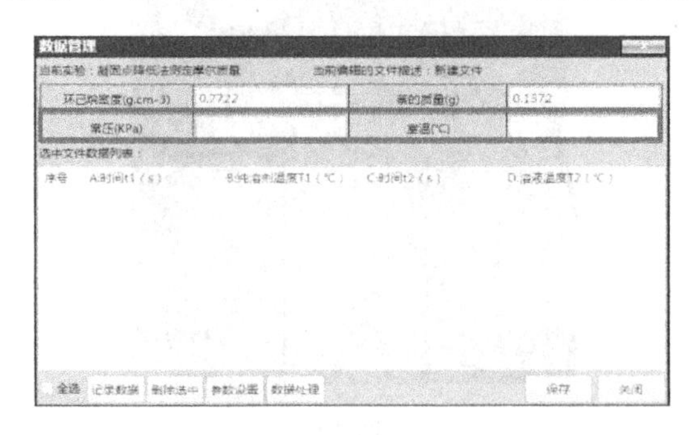

图 17

然后点击对话框下方的“记录数据”，弹出的对话框中填写“时间 t1（s）”和“纯溶剂温度 T1（℃）”，点击确定将一组数据进行存储（图 18）。然后再次打开下方的“记录数据”，将第二组数据进行存储（关于时间的记录，由于是每隔 15s 测一次，第一组可记录为 15，第二组为 30，以此类推）。

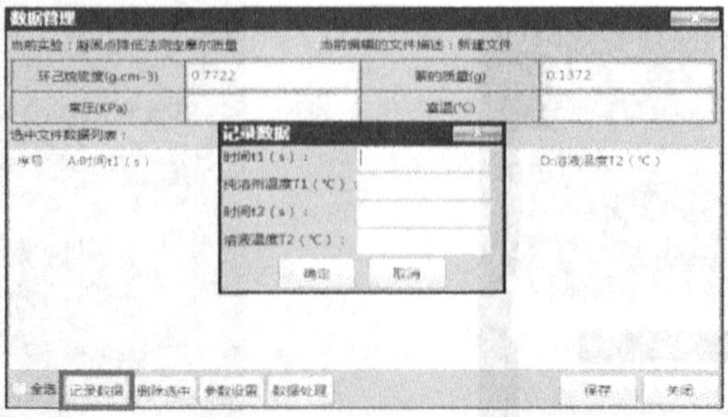

图 18

(3) 溶液凝固点的测定

① 选择“添加溶质——萘”，进行溶液凝固点的测定。

② 当定时栏的数据为 00 时，点击温差仪上方的“记录”，记录当前的温差。实验数据记录表中会自动记录数据。

注：存储数据的方式和“纯溶剂凝固点的测定”步骤③相同。其中第一次记录“时间 t2（s）”可记录为 15，“溶液温度 T2（℃）”可记录实验数据记录表上的温度。

③ 每隔 15s 点击一次“记录”（即定时栏为 00 时点击“记录”），直至数据稳定后再测 10 个数据，即可完成溶质凝固点的测定实验。

注：存储数据时只需打开“数据记录”进行数据的存储，需要记录的是记录“时间 t2（s）”和“溶液温度 T2（℃）”。

④ 完成所有实验后，关闭温差仪电源。

注：若想打印实验报告，需要点击菜单栏“查看图表”，选择记录数据的文件夹，将其插入到报告中（图 19），关闭该对话框。打开“打印报告”，选择数据文件、存储路径，填写文件名，然后选择“打印”，将其以 Word 形式输出到电脑上。

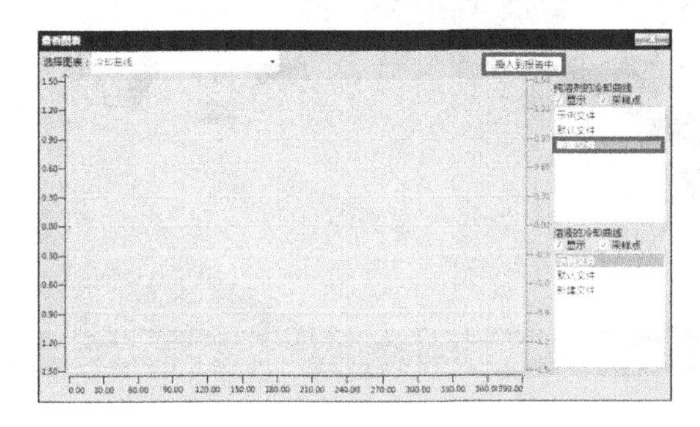

图 19

实验二十四　表面张力的测定虚拟仿真软件说明

打开软件，进入操作模式。根据界面下方的步骤提示，首先鼠标右键点击恒温槽电源开关，打开恒温槽电源，恒温指示灯亮（图 1，图 2）。

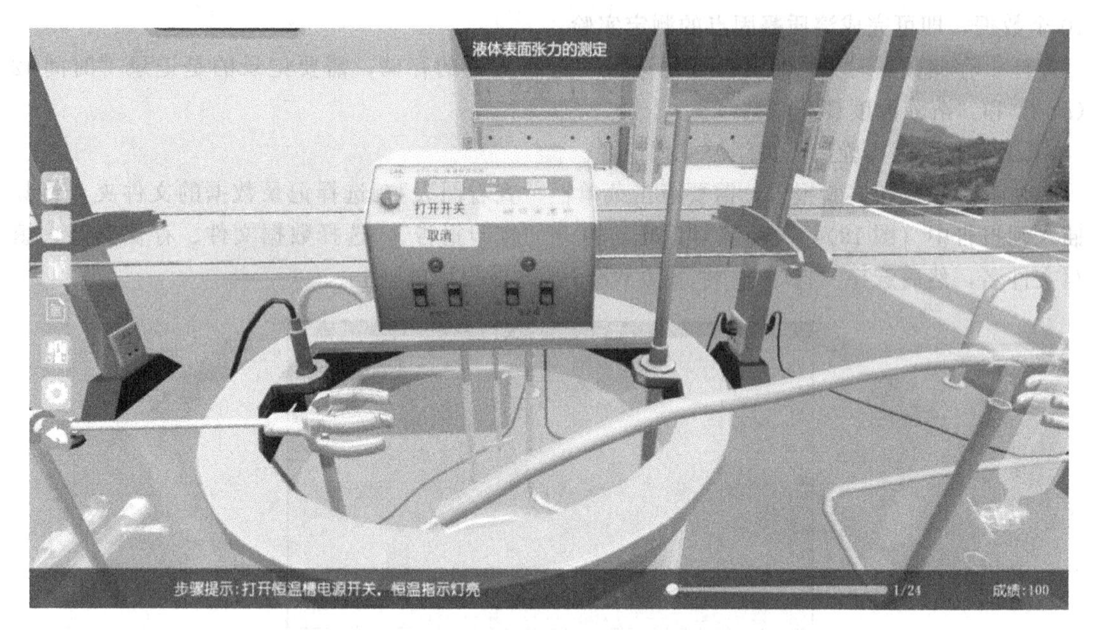

图 1

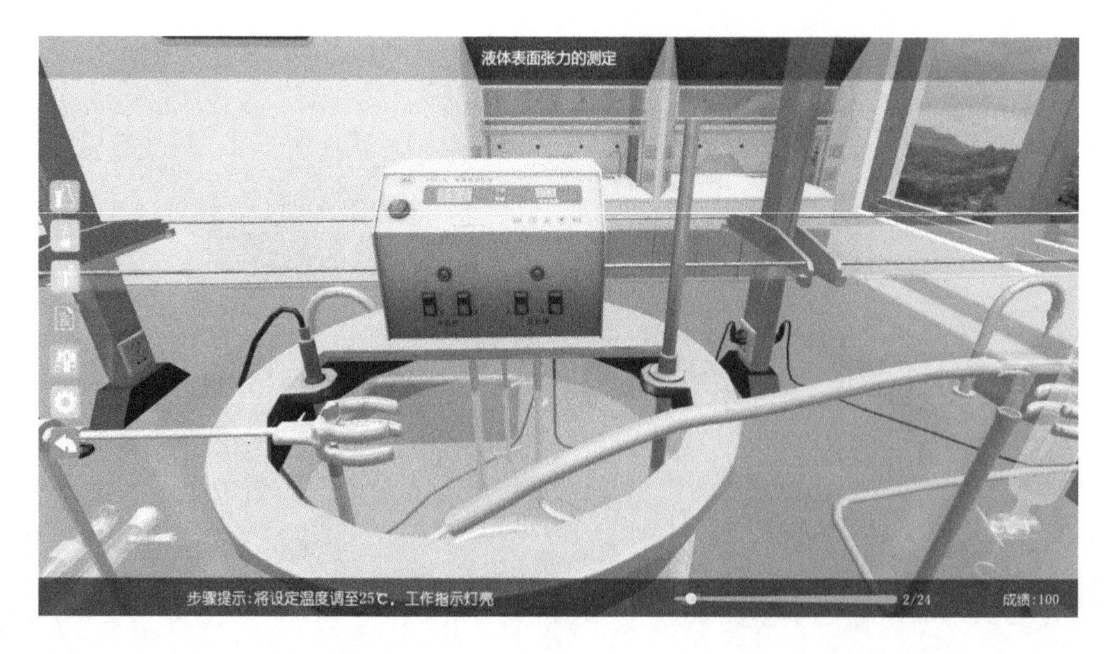

图 2

右键点击设定温度面板，点击“设置温度”，将设定温度调至 25℃，工作指示灯亮（图 3）。

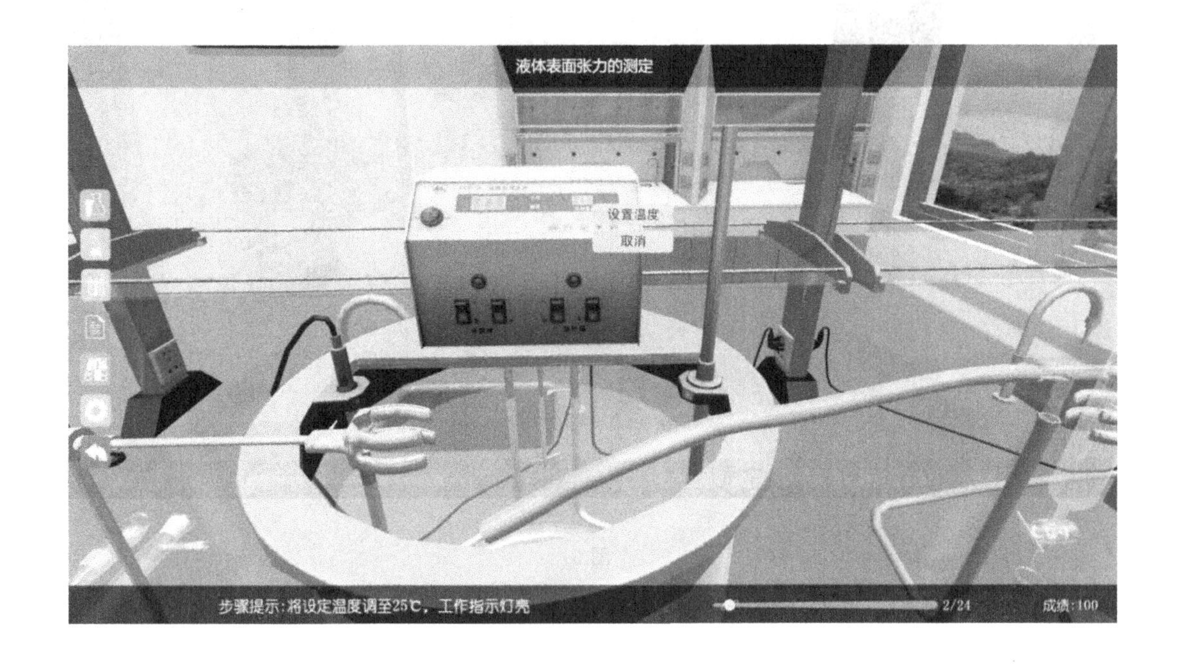

图 3

右键点击水搅拌开关，点击“打开加热和搅拌开关”，恒温指示灯亮（图 4）。

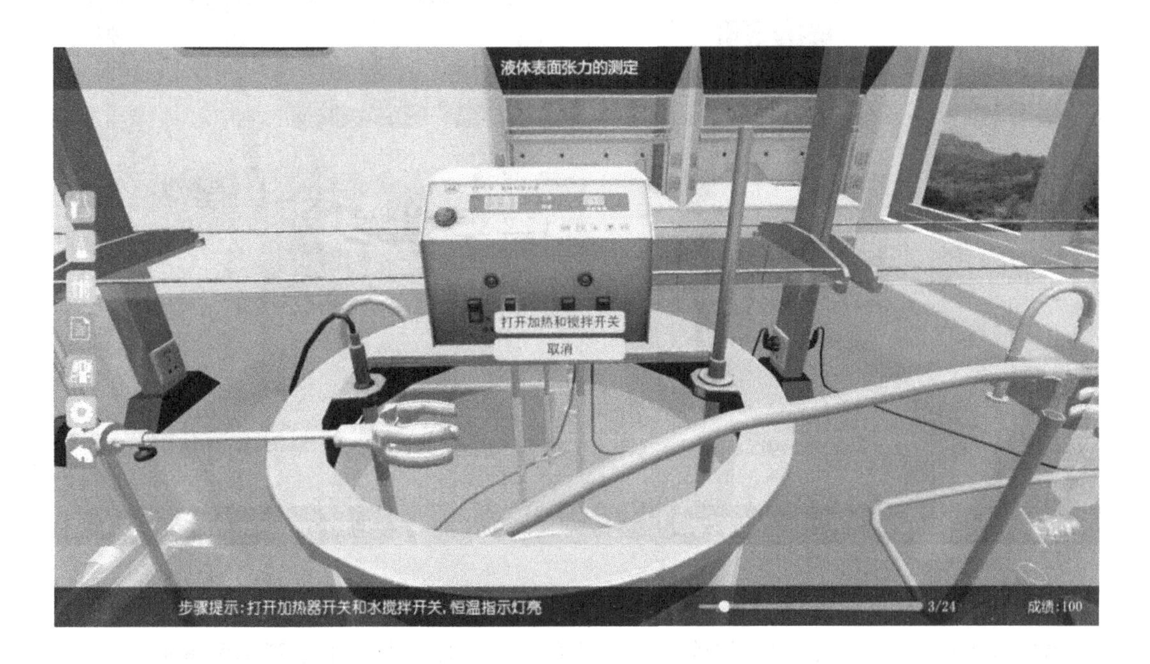

图 4

右键点击微差仪开关，点击“打开微差仪开关”预热 20min，仪器 kPa 前面的指示灯变红（图 5）。

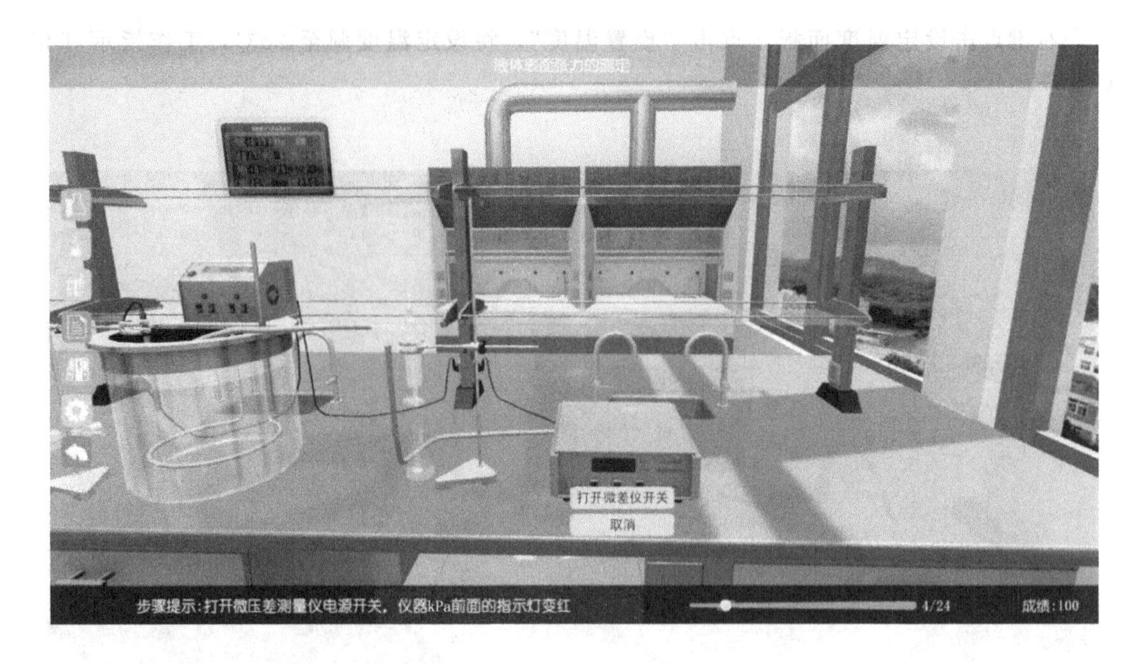

图 5

右键点击样品管，点击“加入蒸馏水”在样品管中加入适量蒸馏水（图 6）。

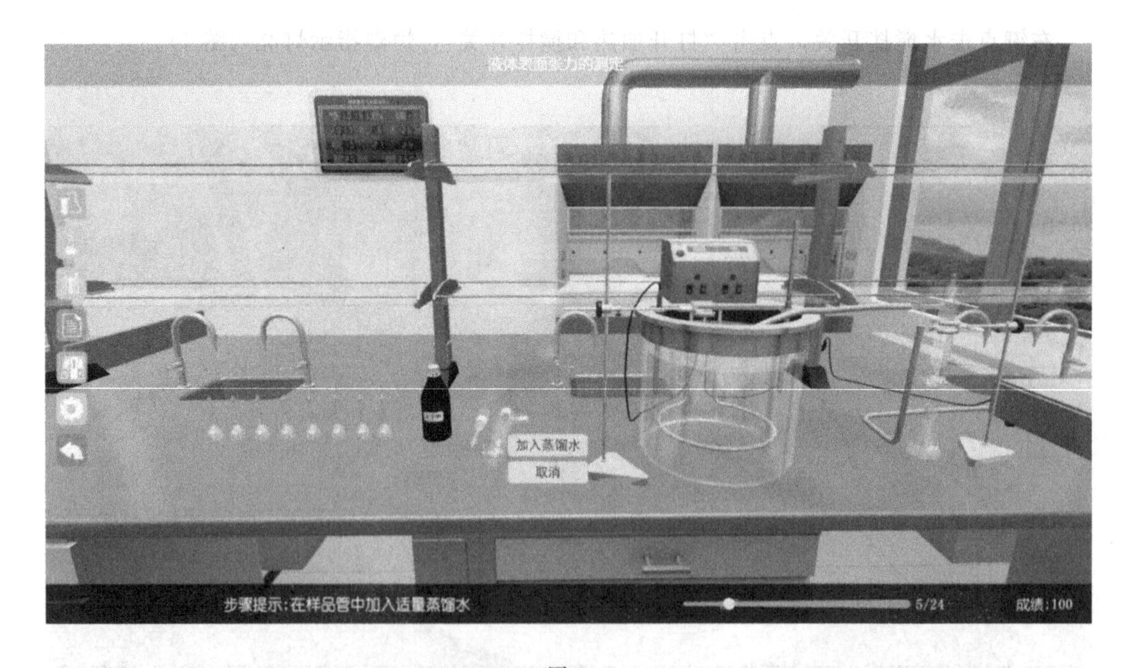

图 6

右键点击毛细管，点击“毛细管插入样品管中”缓慢调节使毛细管端和液面垂直相切（图 7，图 8）。

右键点击样品管，点击将“样品管安装在恒温槽中”将样品管安装在恒温槽中（图 9）。

右键点击乳胶管，点击“连接管子”，将样品管与抽气装置进行连接（图 10）。

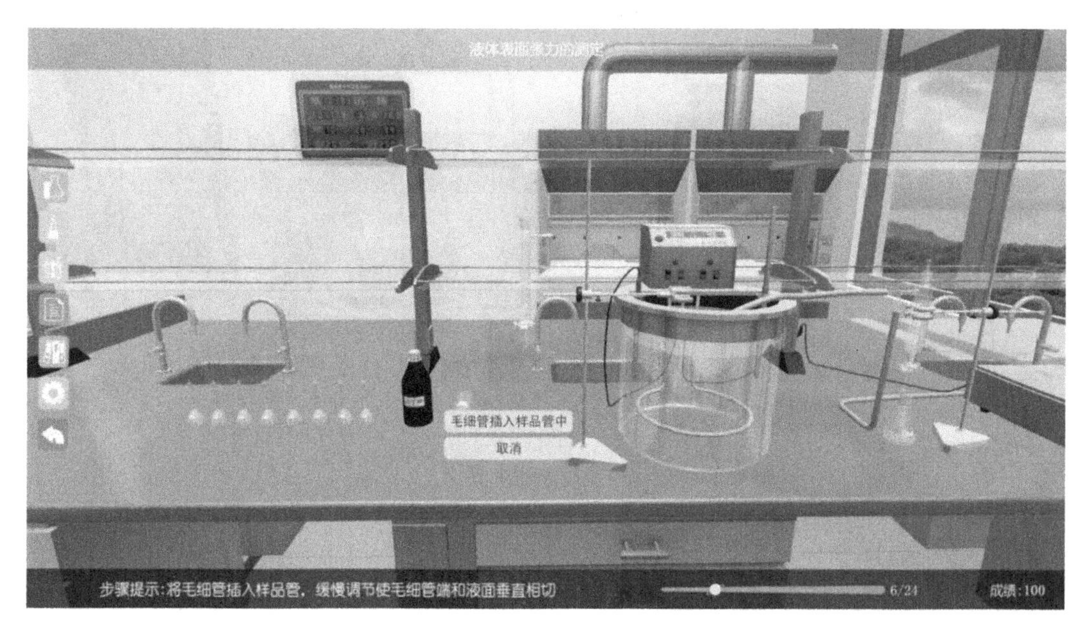
液体表面张力的测定
毛细管插入样品管中
取消
步骤提示:将毛细管插入样品管，缓慢调节使毛细管端和液面垂直相切
6/24
成绩:100

图 7

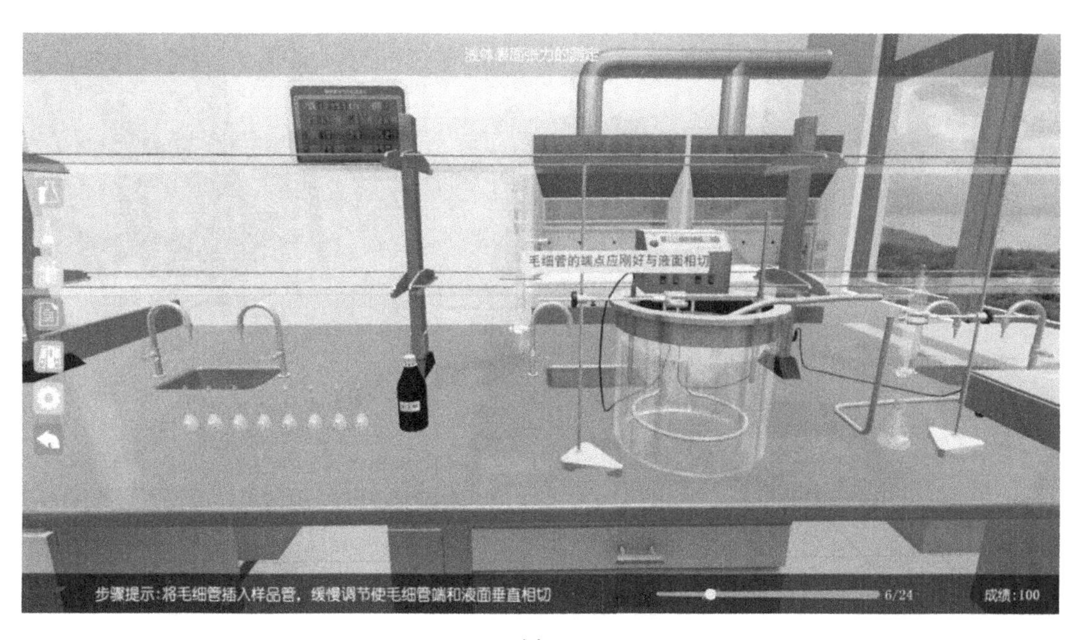
液体表面张力的测定
毛细管的端点应刚好与液面相切
步骤提示:将毛细管插入样品管，缓慢调节使毛细管端和液面垂直相切
6/24
成绩:100

图 8

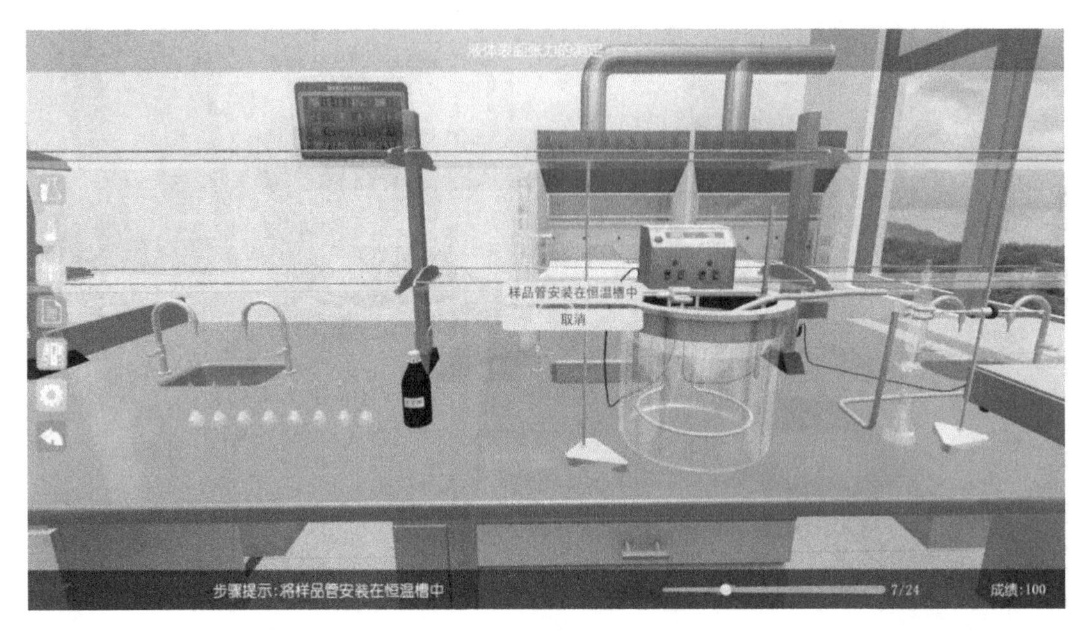
液体表面张力的测定
样品管安装在恒温槽中
取消
步骤提示:将样品管安装在恒温槽中
7/24
成绩:100

图 9

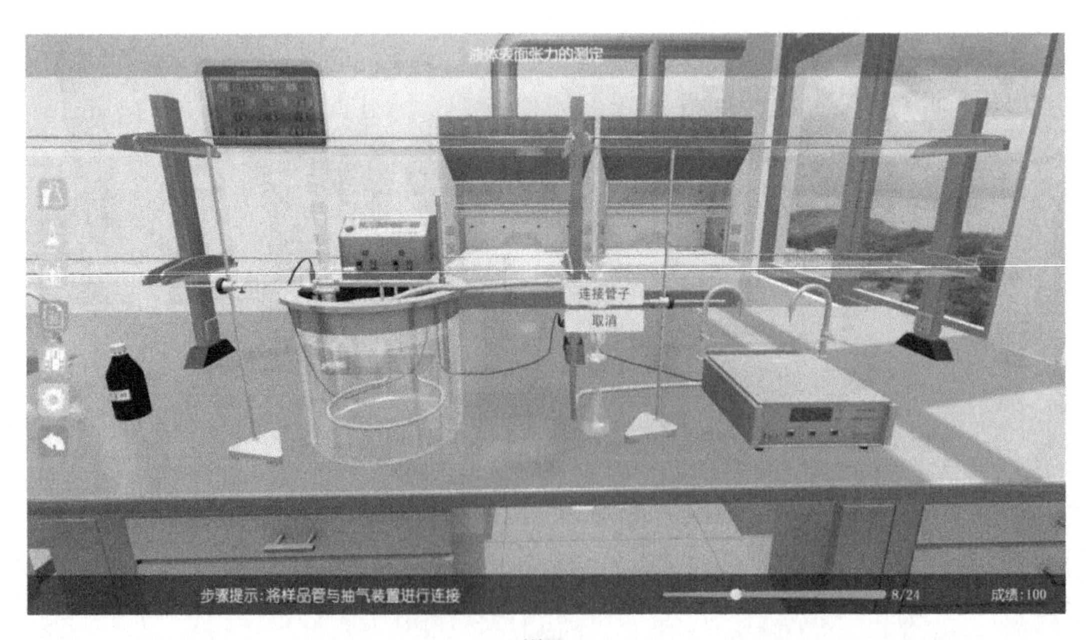
液体表面张力的测定
连接管子
取消
步骤提示:将样品管与抽气装置进行连接
8/24
成绩:100

图 10

右键点击滴液漏斗塞子，点击“打开滴液漏斗塞子”，打开滴液漏斗上部的塞子，按微压差测量仪校零按钮（图 11）。

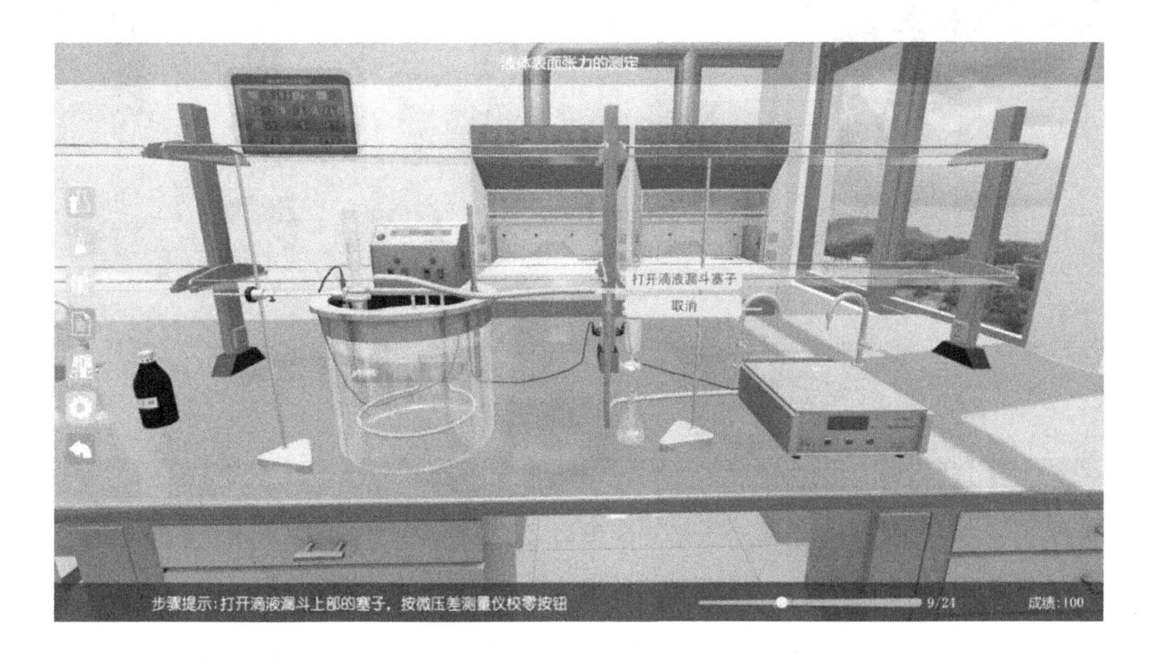

图 11

右键点击滴液漏斗塞子，点击“盖上塞子”，盖上滴液漏斗上部的塞子（图 12）。

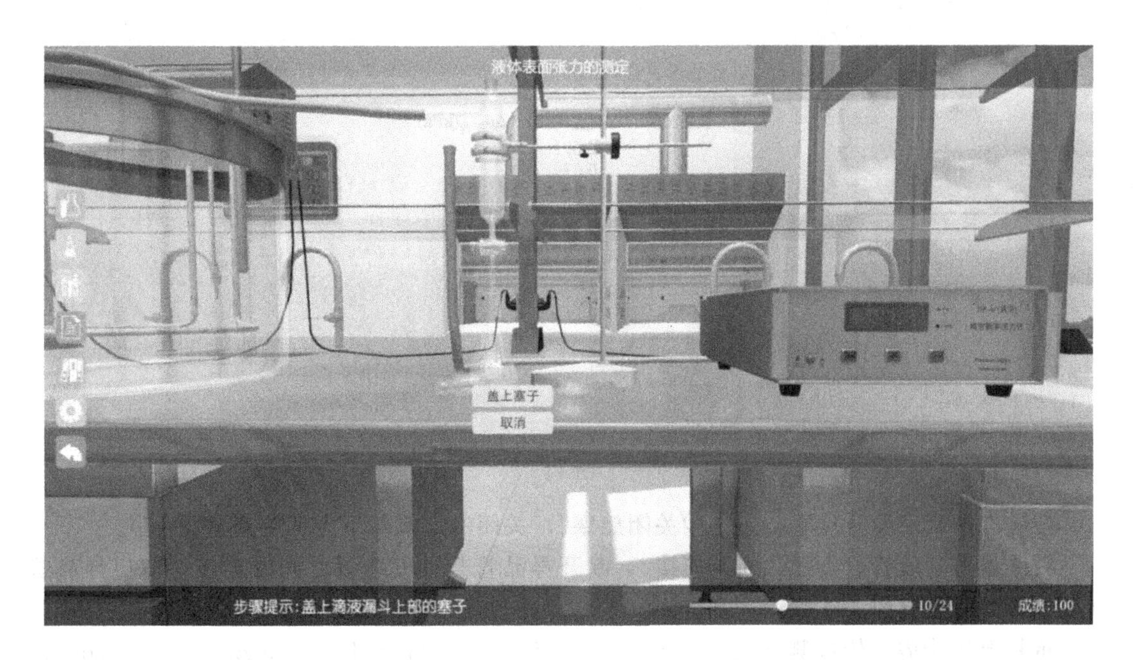

图 12

右键点击滴液漏斗旋塞，点击“打开旋塞”，打开滴液漏斗下方的旋塞，漏斗内水缓慢滴出，毛细管下端逸出气泡（图 13）。

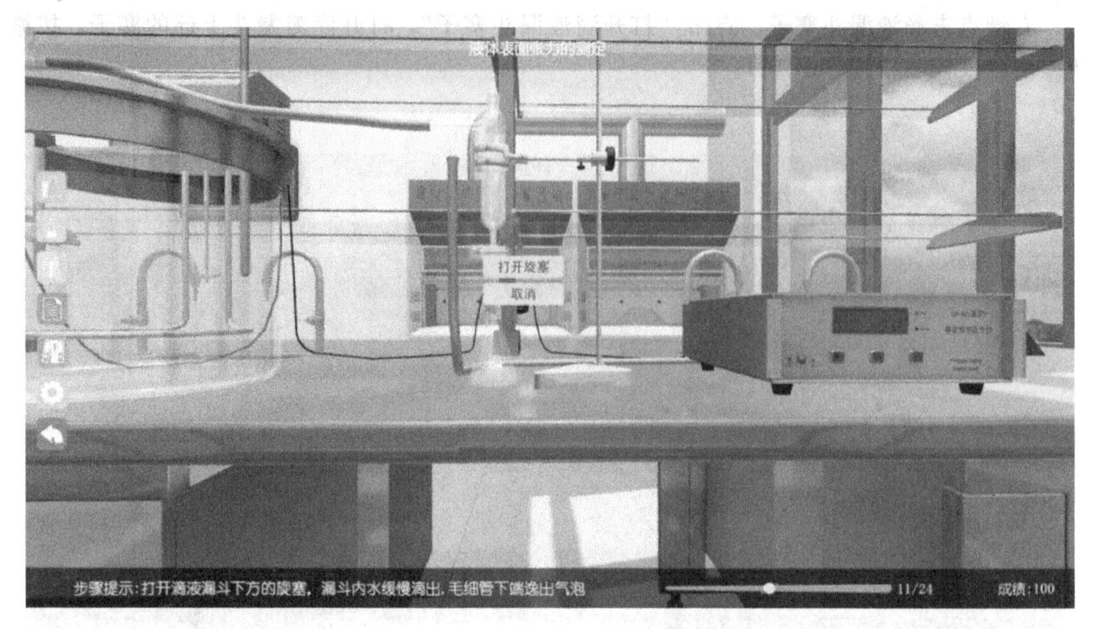

图 13

待气泡形成速度稳定后，自动播放实验记录表，记录三次的实验数据（图 14）。

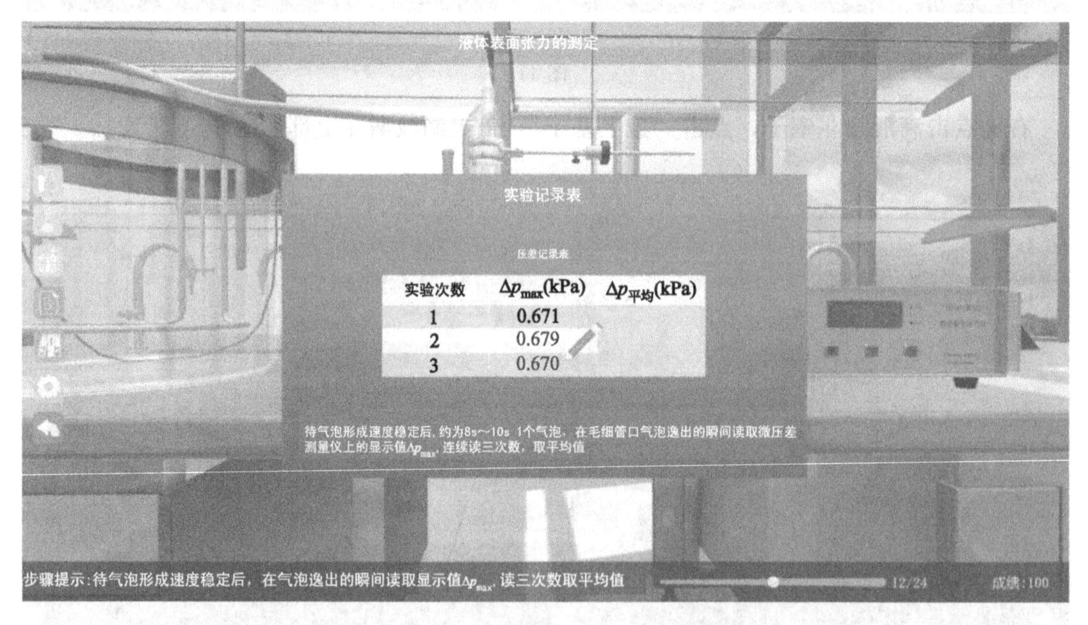

图 14

右键点击滴液漏斗旋塞，点击“关闭旋塞”，关闭滴液漏斗下方的旋塞（图 15）。

右键点击乳胶管，点击“断开连接”，断开样品管与抽气装置之间的连接，取出样品管和毛细管并清空（图 16）。

重复上述步骤，依次测 0.02moL/L、0.05moL/L、0.10moL/L、0.15moL/L、0.20moL/L、0.25moL/L、0.30moL/L、0.35moL/L 的正丁醇溶液的压差（图 17）。

右键点击乳胶管末端，点击“断开连接”，断开样品管与抽气装置之间的连接，取出样品管和毛细管并清空（图 18）。

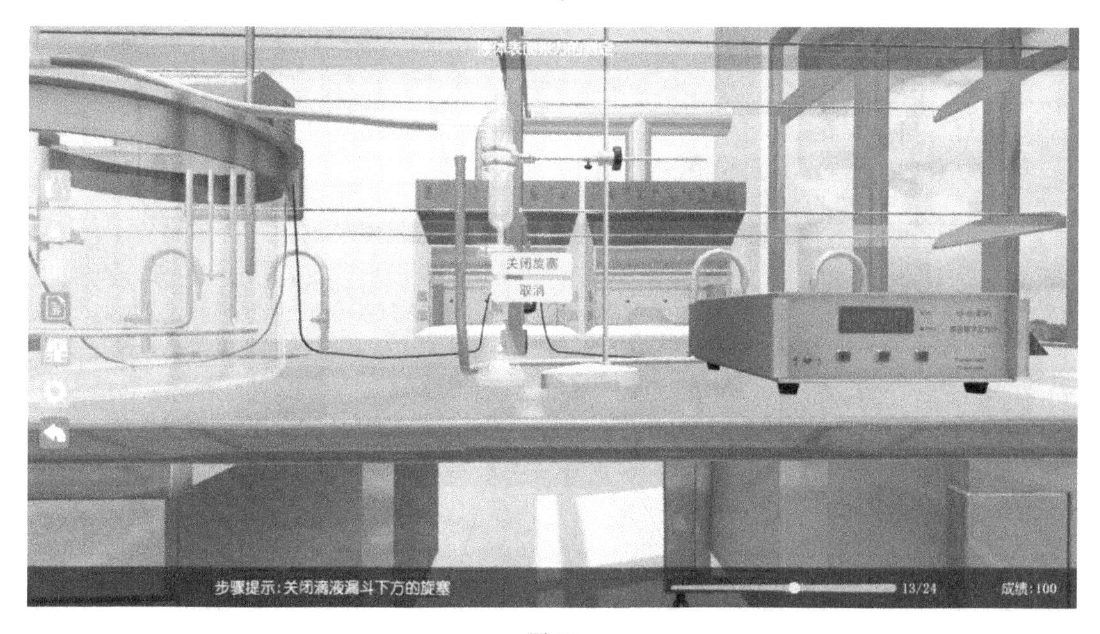
关闭旋塞
取消
步骤提示:关闭滴液漏斗下方的旋塞
13/24
成绩:100

图 15

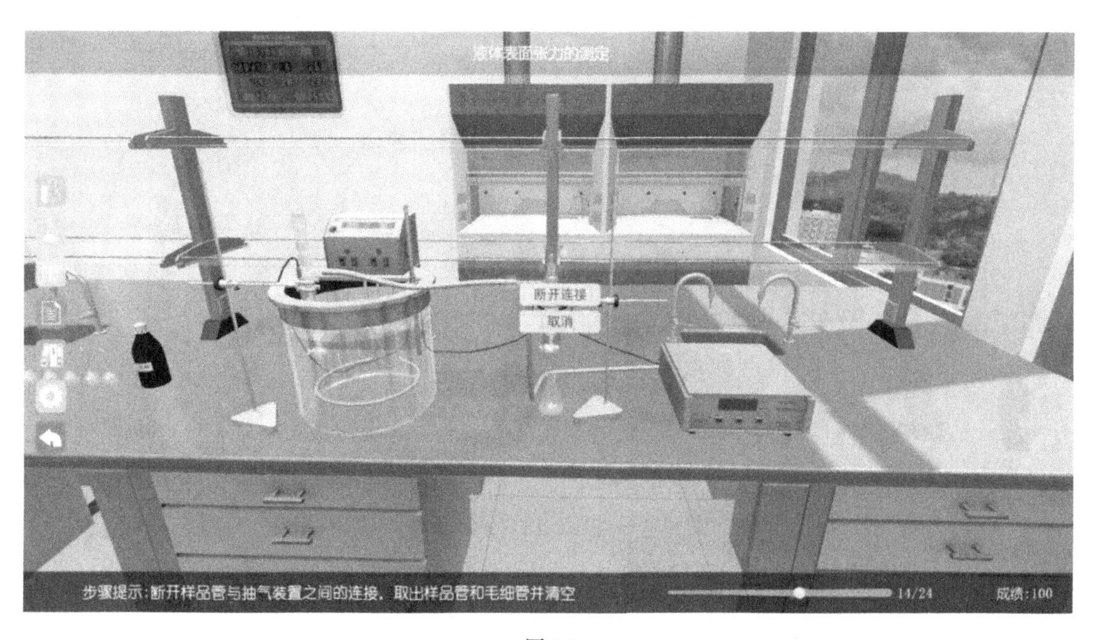
液体表面张力的测定
断开连接
取消
步骤提示:断开样品管与抽气装置之间的连接，取出样品管和毛细管并清空
14/24
成绩:100

图 16

液体表面张力的测定
实验记录表
重复16-24步，依次测定0.05 mol/L、0.10 mol/L、0.15 mol/L、0.20 mol/L、0.25 mol/L、0.30 mol/L、0.35 mol/L正丁醇溶液的压差
步骤提示：重复14-21步，依次测0.05，0.10，0.15，0.20，0.25，0.30，0.35的正丁醇溶液的压差
22/24
成绩：100

图 17

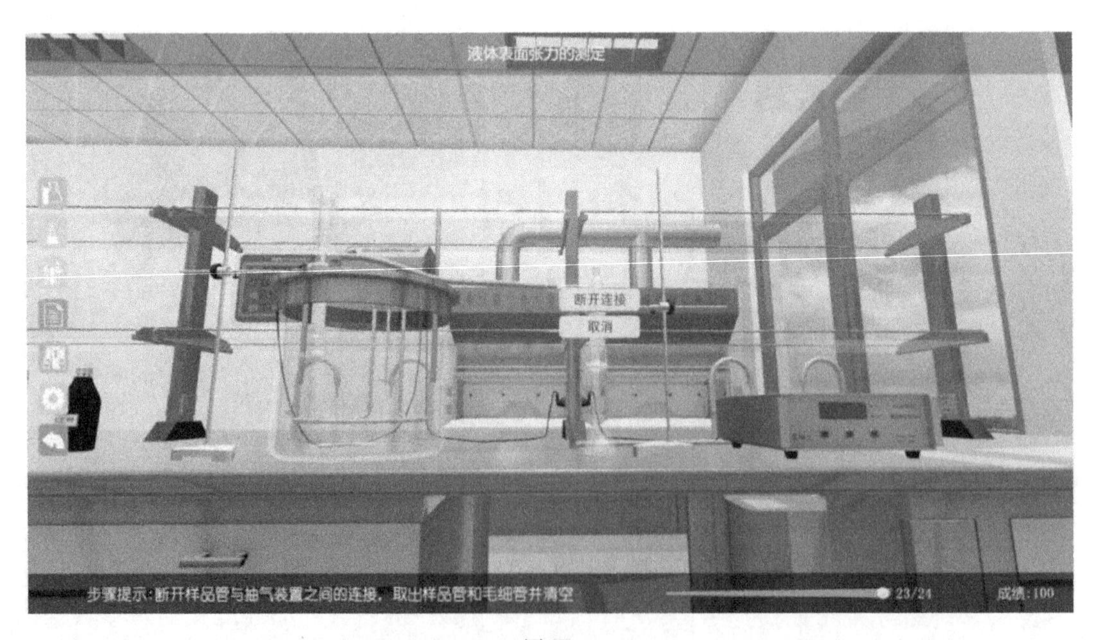
液体表面张力的测定
断开连接
取消
步骤提示：断开样品管与抽气装置之间的连接，取出样品管和毛细管并清空
23/24
成绩：100

图 18

右键点击微压差电源，点击“断开开关”，关闭恒温槽电源，关闭微压差测量仪电源开关（图 19）。

图 19

实验二十五　阴极极化曲线的测定虚拟仿真软件说明

打开软件，进入操作模式。根据界面下方的步骤提示，首先鼠标右键点击恒电流仪开关，打开恒电流仪（图1）。

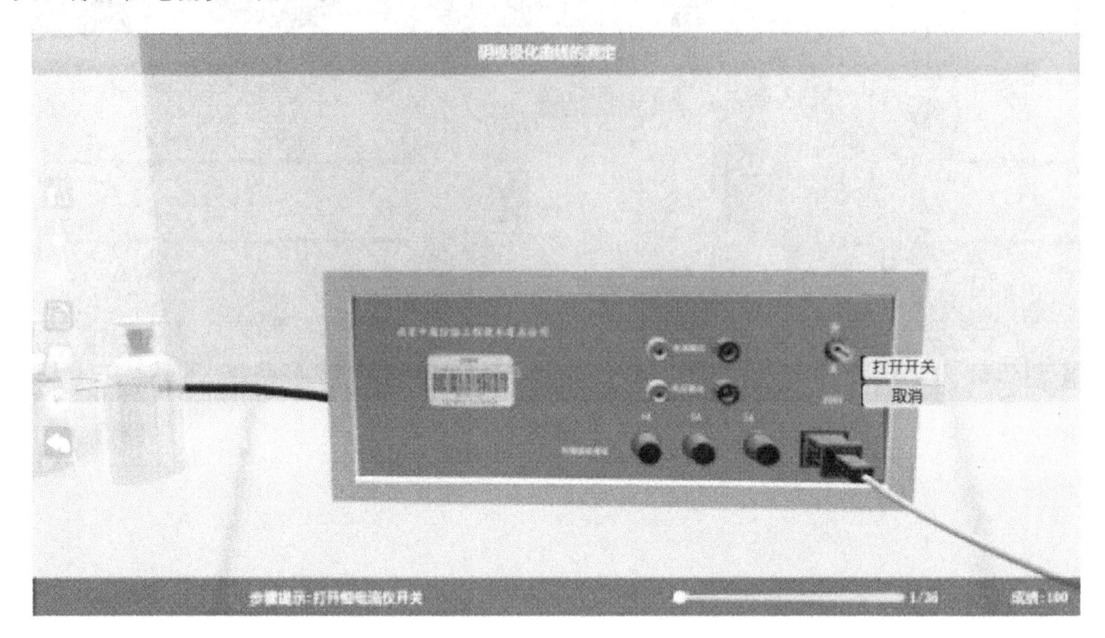

图 1

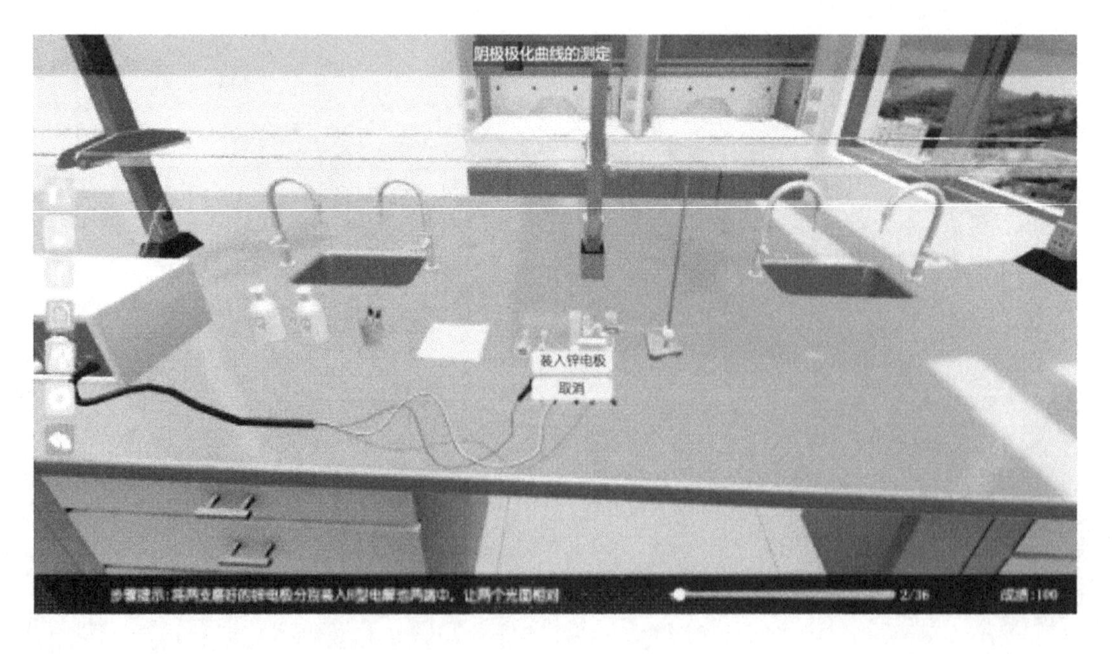

图 2

右键点击锌电极，点击“装入锌电极”，将两个磨好的锌电极分别装入 H 型电解池两端中，让电极两个光面相对（图 2）。

右键点击甘汞电极，点击“取甘汞电极”，另取一个甘汞电极装入 H 型电解池中间位置（图 3）。

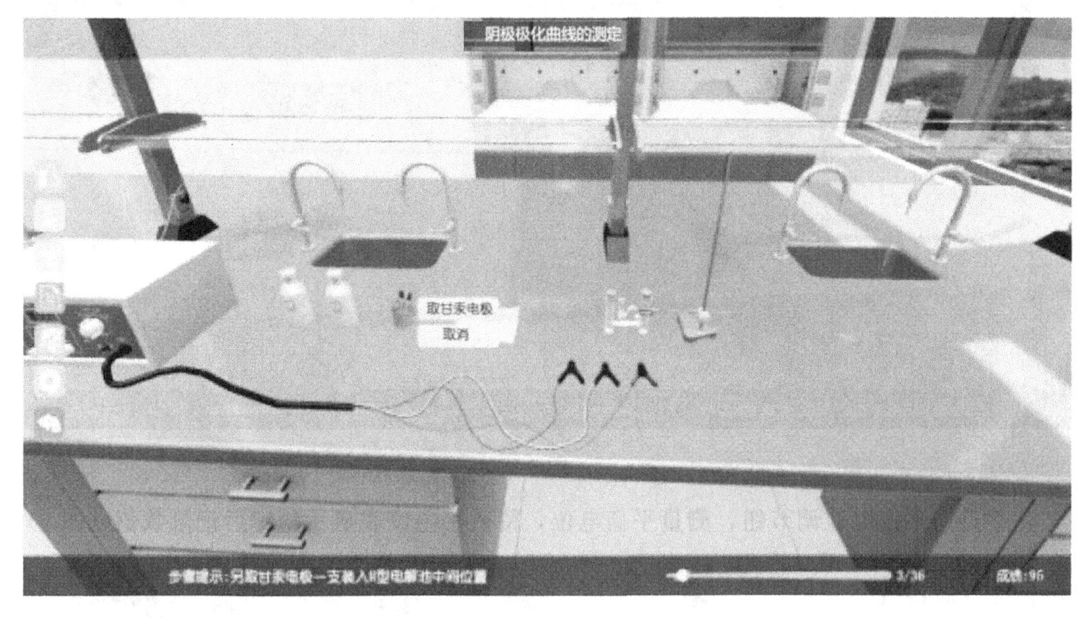

图 3

右键点击电解池，点击“添加一号镀液”，在 H 型电解池中倒入 I 号镀液，添加镀液至镀液和盐桥接上即可（图 4）。

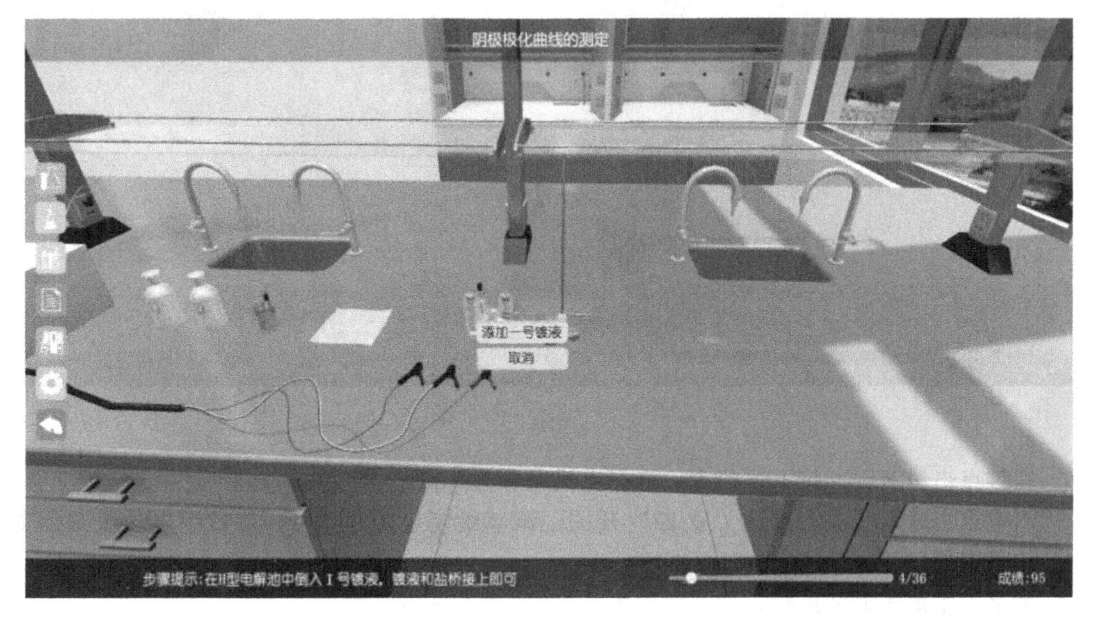

图 4

右键点击红线夹，点击“连接电极”，双线夹接研究电极，红线夹辅助电极，蓝线夹接参比电极（图 5）。

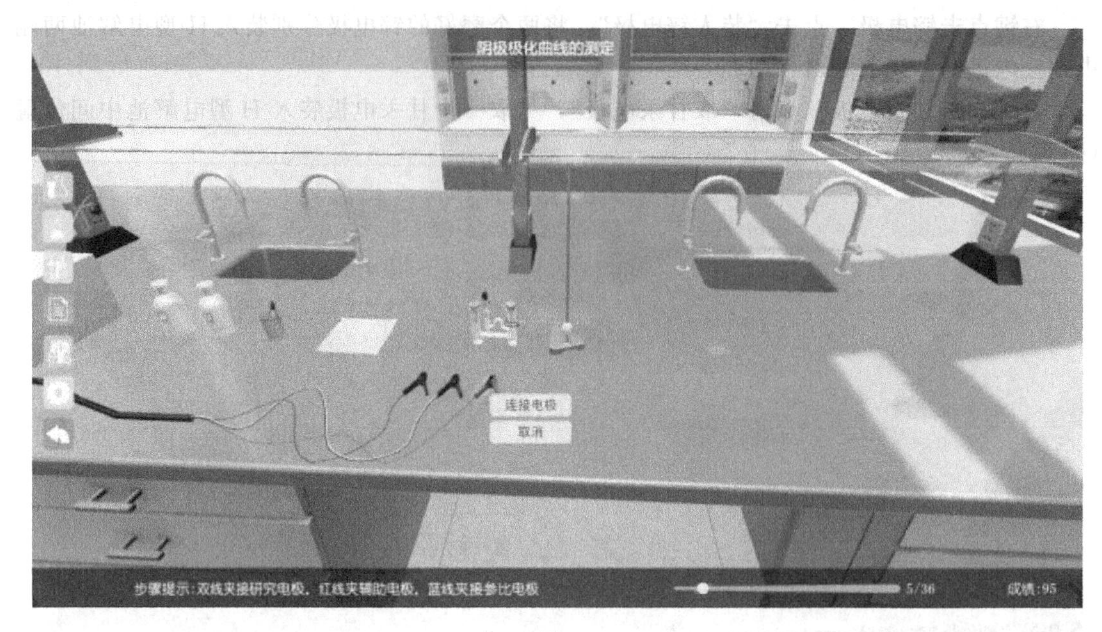

图 5

右键点击平衡电位调节钮，测量平衡电位，待数字电位表显示稳定后记录数值（图 6）。

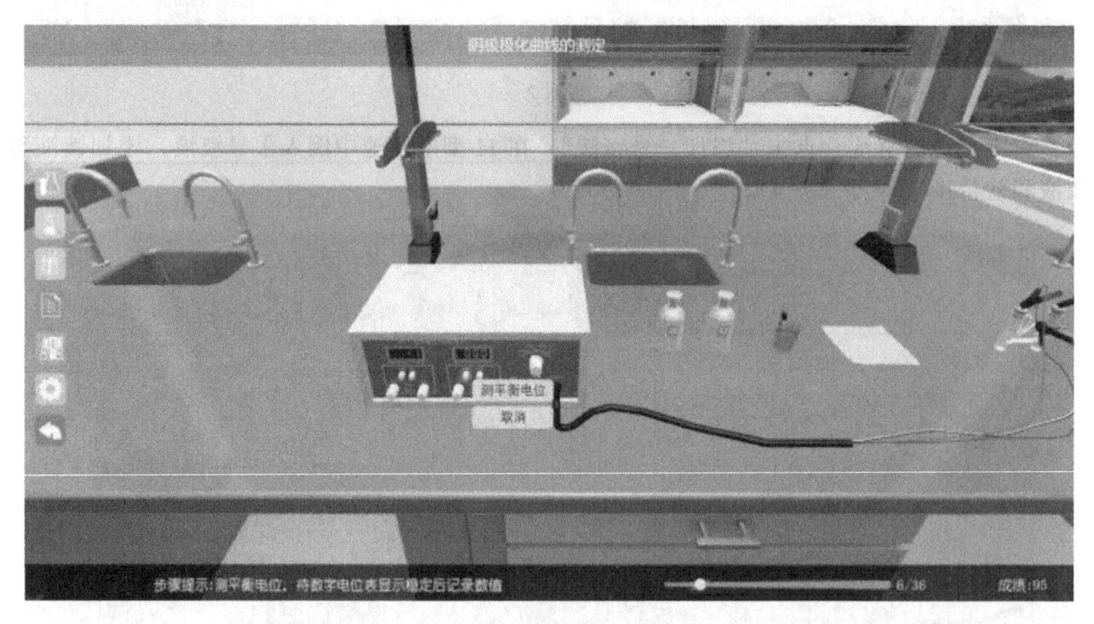

图 6

右键点击恒流键，按下恒流键，选择电流量程为 2mA（图 7）。

右键点击通断开关，接通“通-断”开关，调节给定电流值为-1，待数字电位表显示稳定后记录数值（图 8）。

右键点击电流调节旋钮，调节给定电流至－0.2～0mA（图 9）。

右键点击通断开关，断开“通-断”开关（图 10）。

右键点击量程调节旋钮，切换量程至 20mA 挡（图 11）。

右键点击通断开关，再次接通“通-断”开关（图 12）。

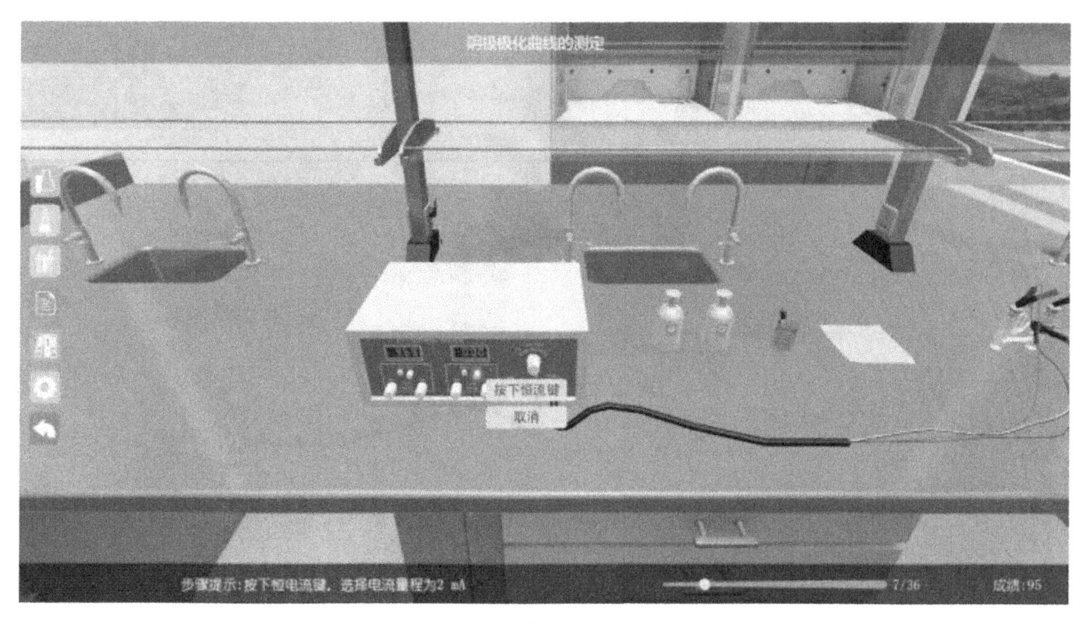
阴极极化曲线的测定
按下恒流键
取消
步骤提示：按下恒电流键，选择电流量程为2 mA
7/36
成绩:95

图 7

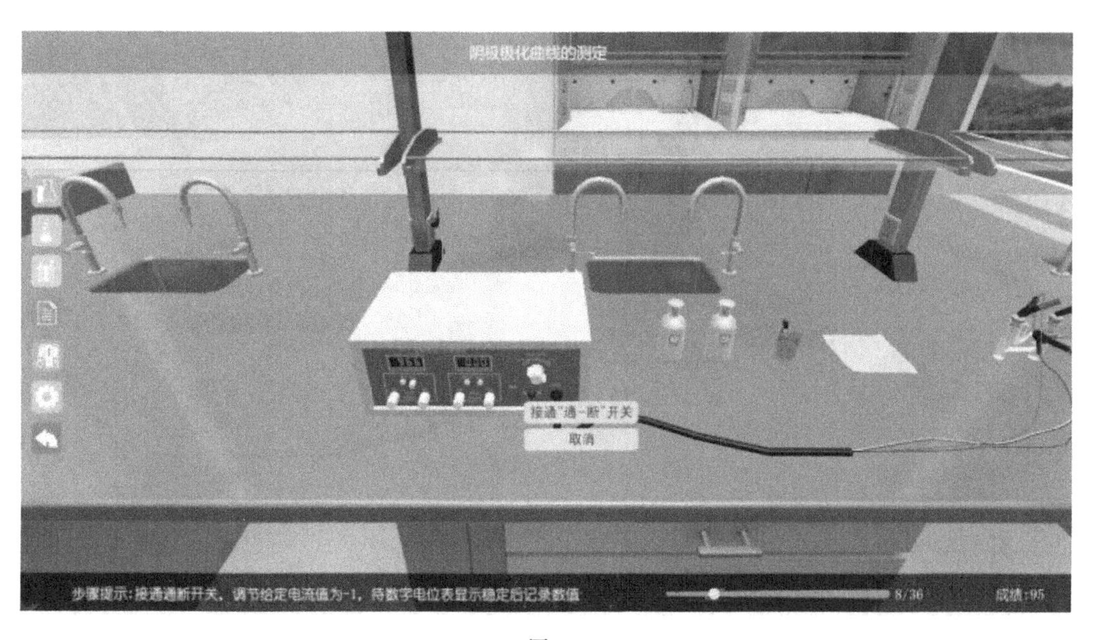
阴极极化曲线的测定
接通"通-断"开关
取消
步骤提示：接通通断开关，调节给定电流值为-1，待数字电位表显示稳定后记录数值
8/36
成绩:95

图 8

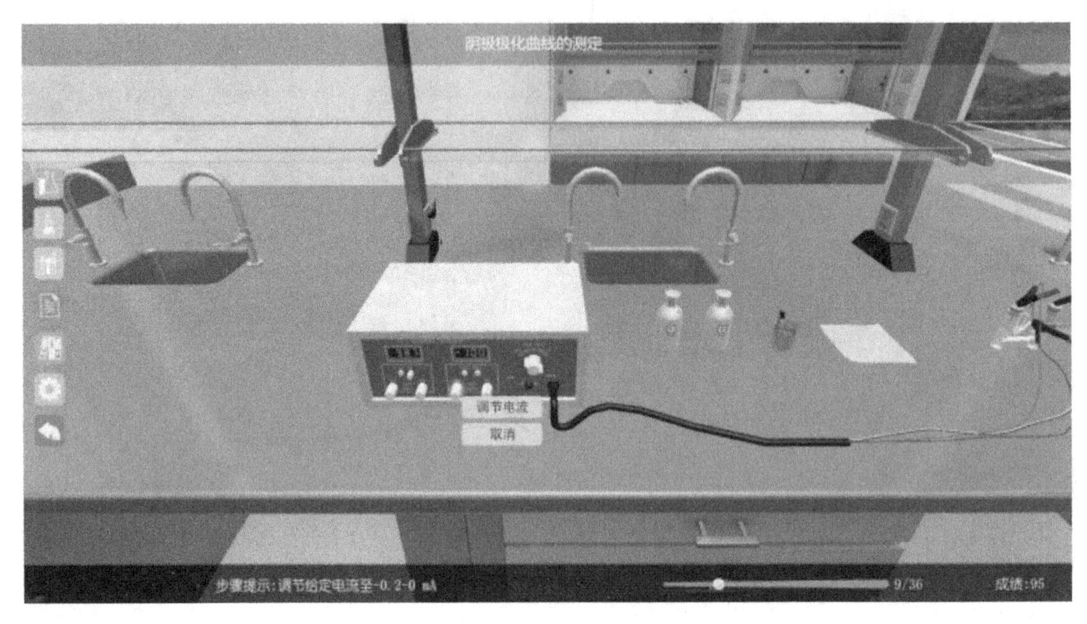
阴极极化曲线的测定
调节电流
取消
步骤提示:调节给定电流至-0.2-0 mA
9/36
成绩:95

图 9

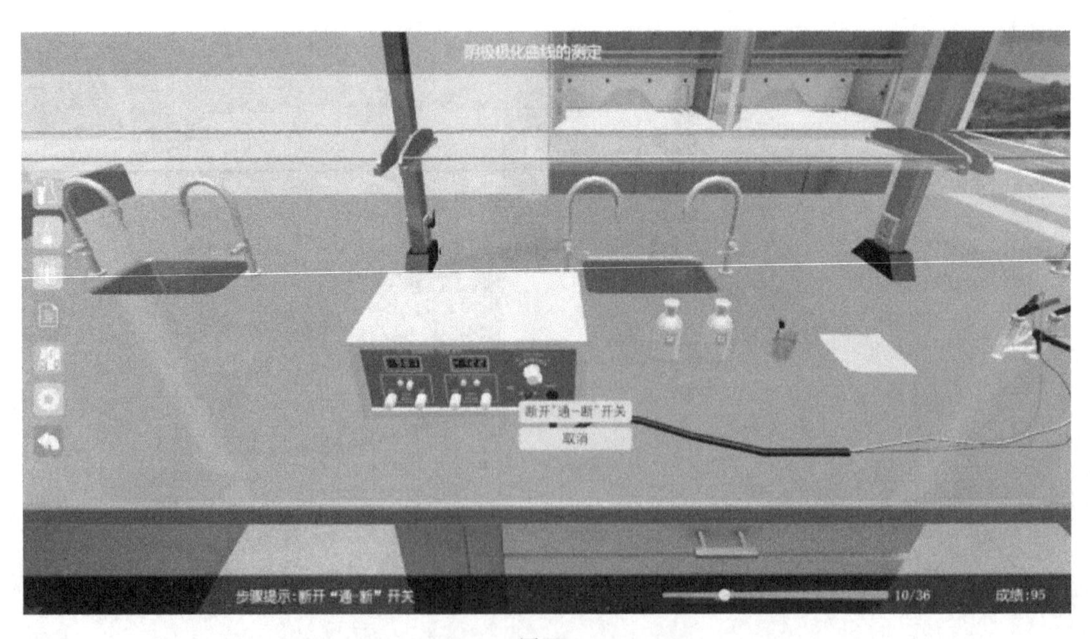
阴极极化曲线的测定
断开"通-断"开关
取消
步骤提示:断开"通-断"开关
10/36
成绩:95

图 10

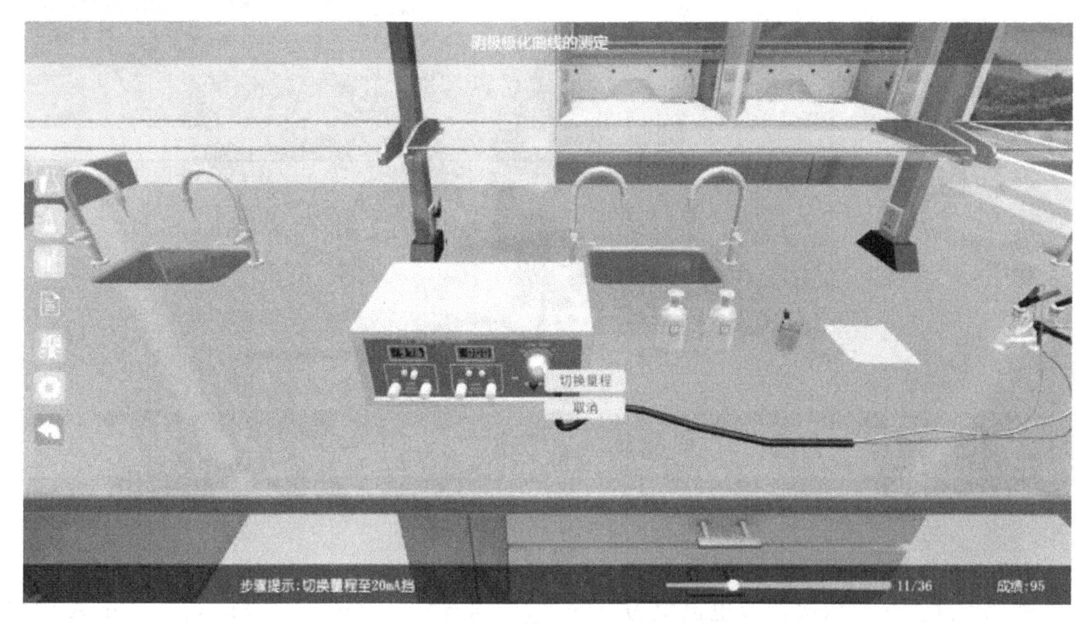
阴极极化曲线的测定
切换量程
取消
步骤提示:切换量程至20mA挡
11/36
成绩:95

图 11

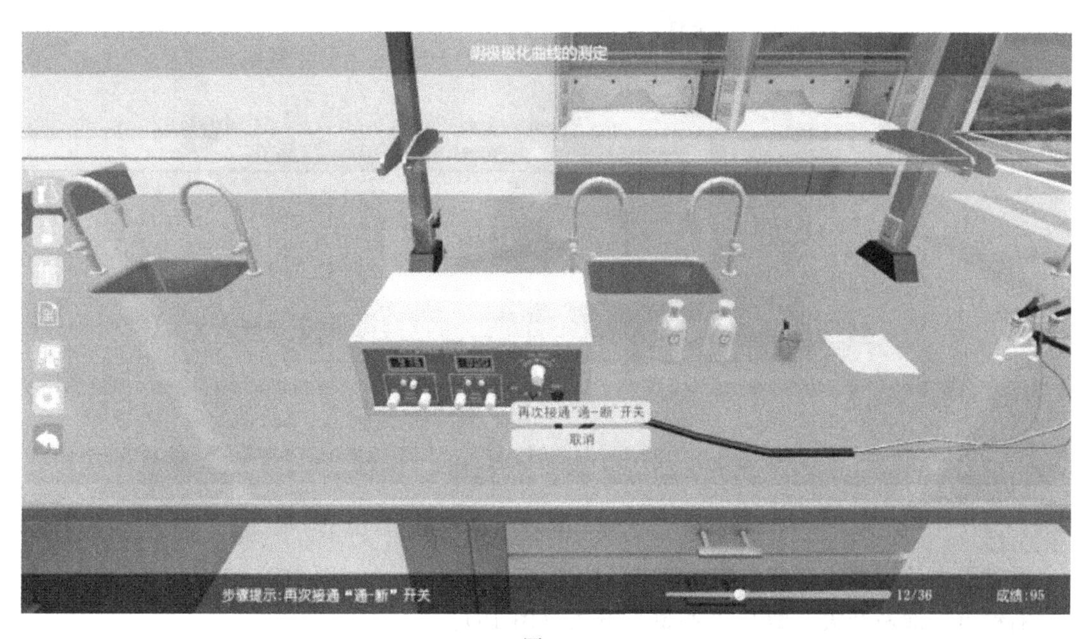
阴极极化曲线的测定
再次接通"通-断"开关
取消
步骤提示:再次接通"通-断"开关
12/36
成绩:95

图 12

右键点击给定电流调节旋钮，调节给定电流为－2mA（图 13）。

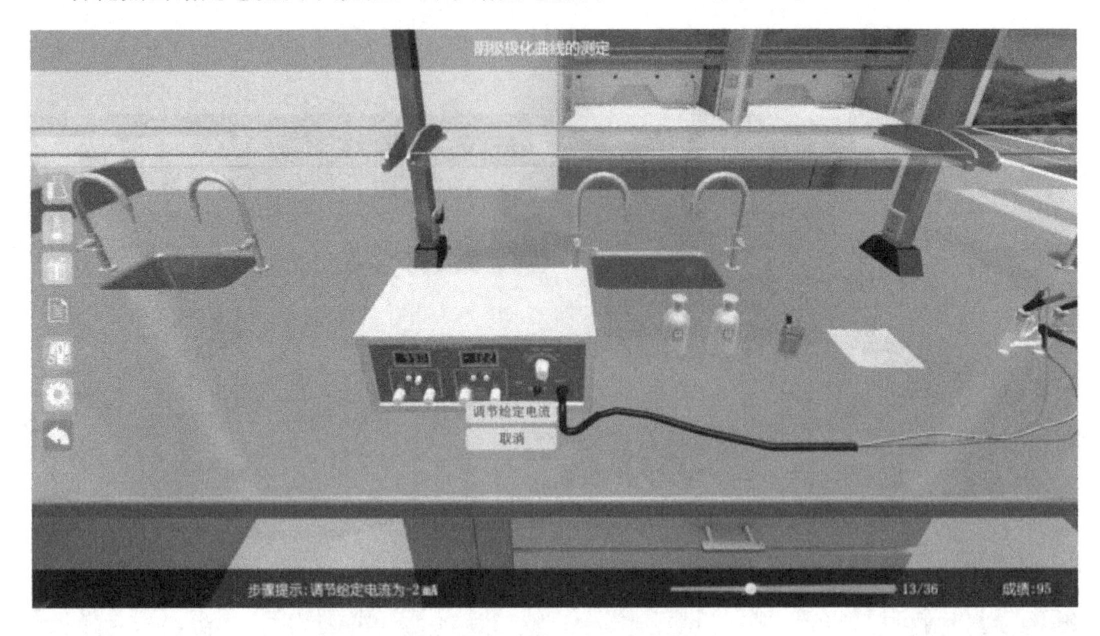

图 13

按照上述方法，依次调节电流值为－3mA、－4mA、－6mA、－8mA、－10mA 读取相应的极化电位值（图 14）。

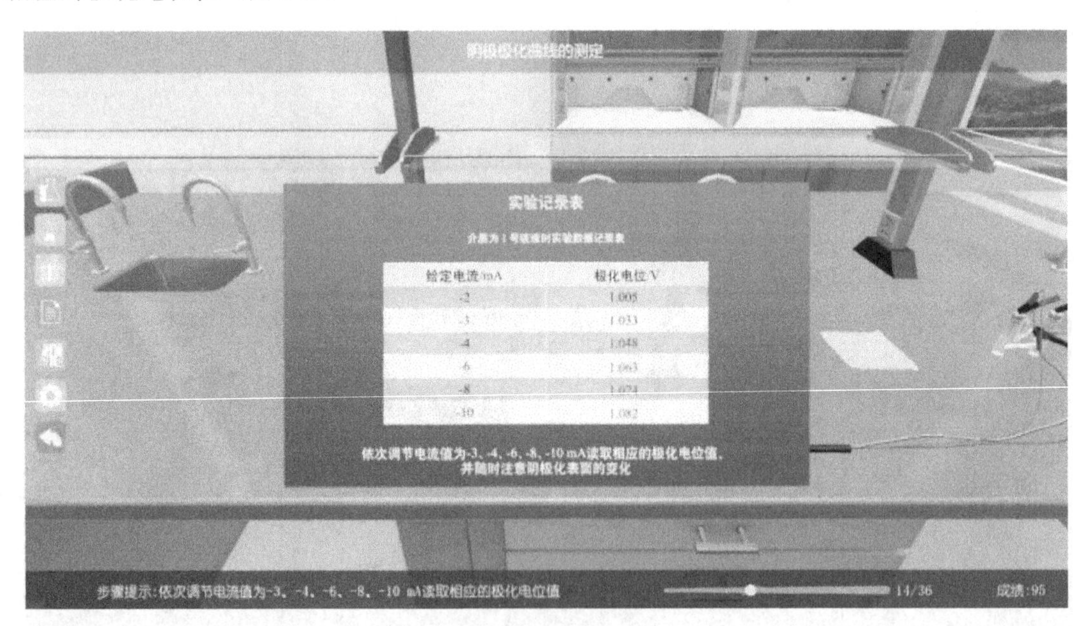

图 14

右键点击给定电流调节旋钮，调节给定电流至－1～0mA（图 15）。

右键点击通断开关，断开“通-断”开关（图 16）。

右键点击恒电流键，弹出恒电流键（图 17）。

右键点击参比键，弹出参比键（图 18）。

右键点击红线夹，点击“断开电极”，断开电极连线，并重新打磨两个锌电极（图 19）。

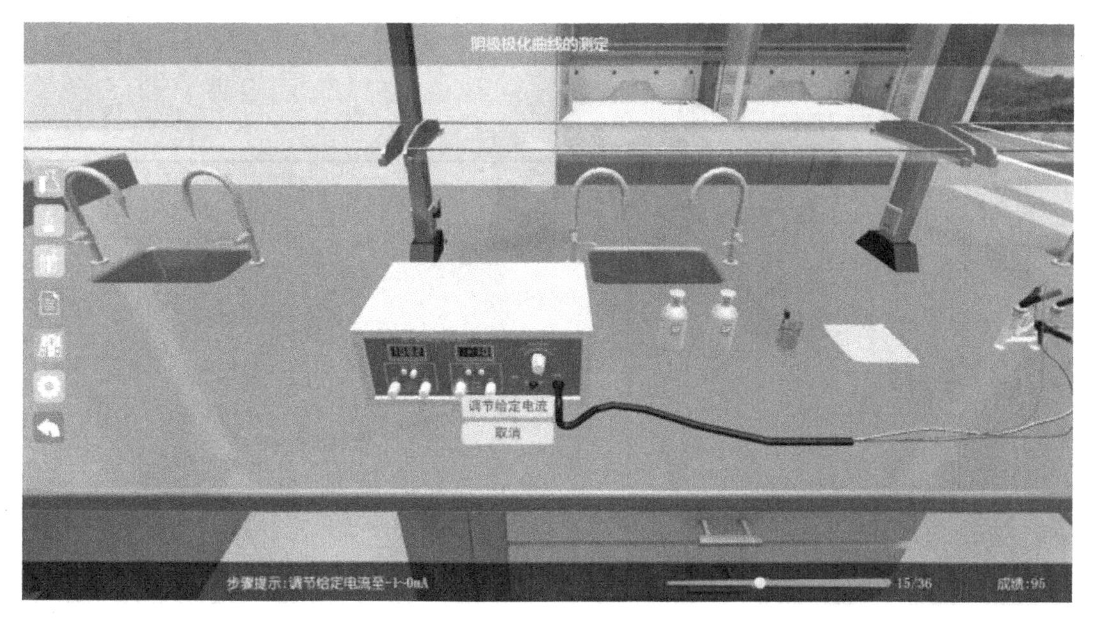
阴极极化曲线的测定
调节给定电流
取消
步骤提示:调节给定电流至-1~0mA
15/36
成绩:95

图 15

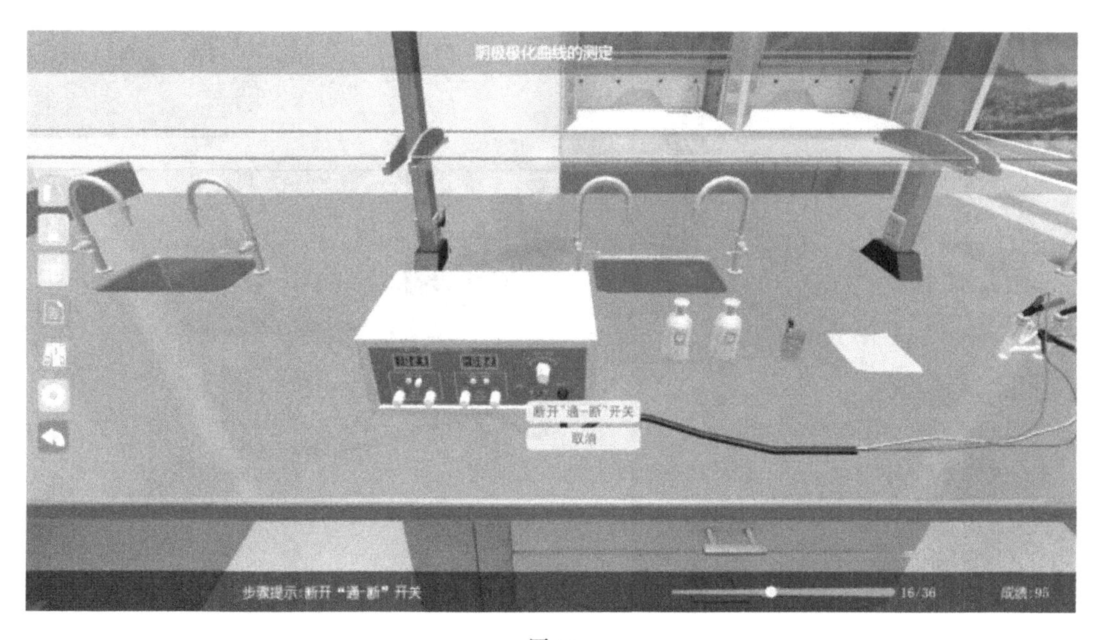
阴极极化曲线的测定
断开"通-断"开关
取消
步骤提示:断开"通-断"开关
16/36
成绩:95

图 16

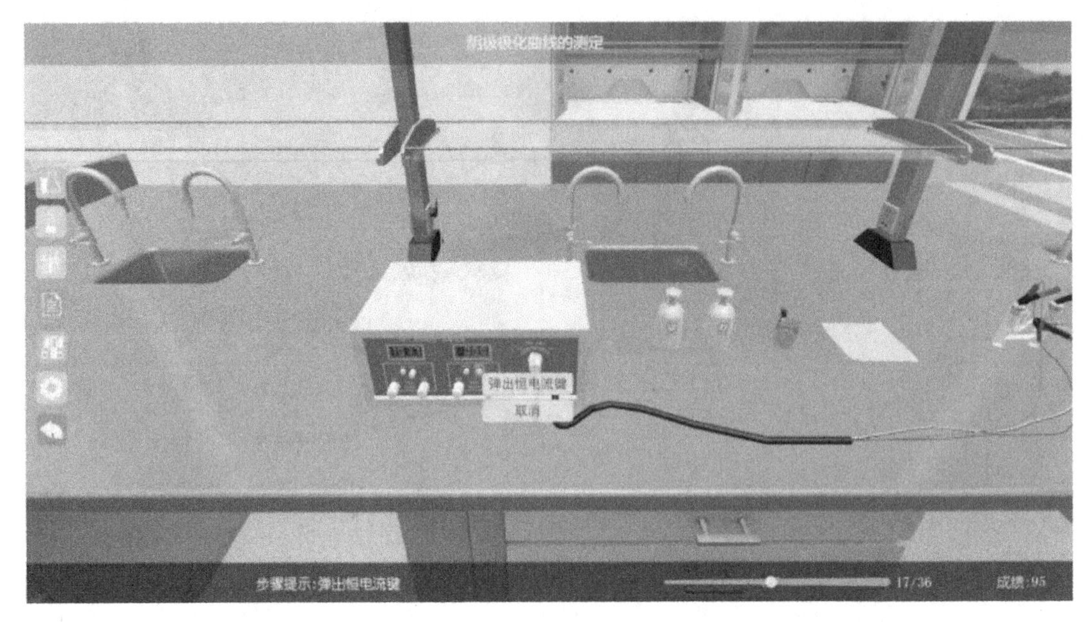
阴极极化曲线的测定
弹出恒电流键
取消
步骤提示:弹出恒电流键
17/36
成绩:95

图 17

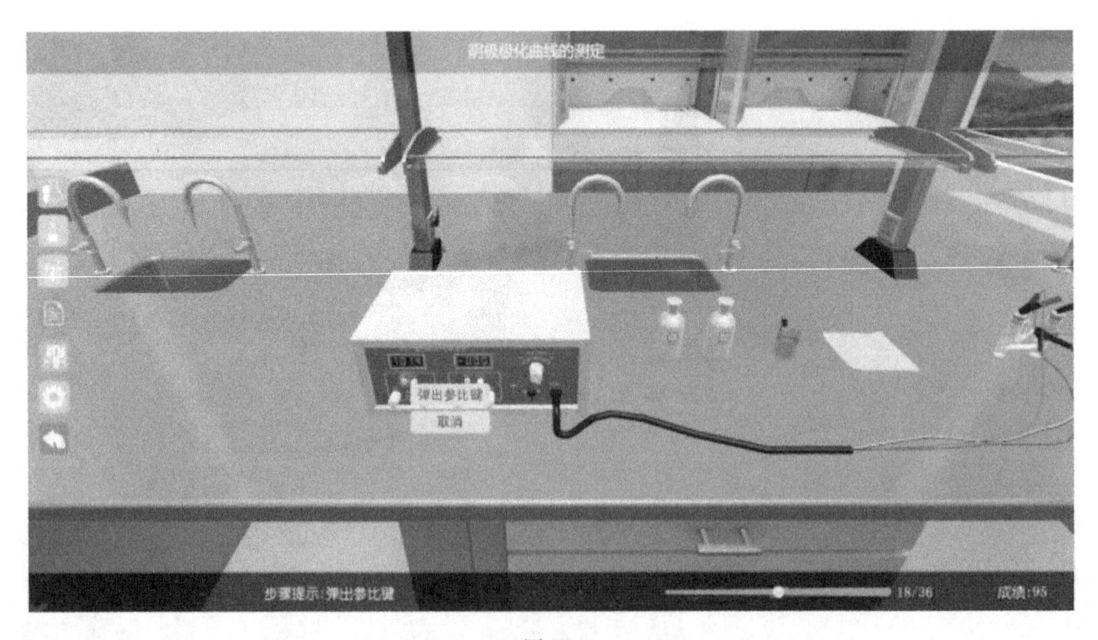
阴极极化曲线的测定
弹出参比键
取消
步骤提示:弹出参比键
18/36
成绩:95

图 18

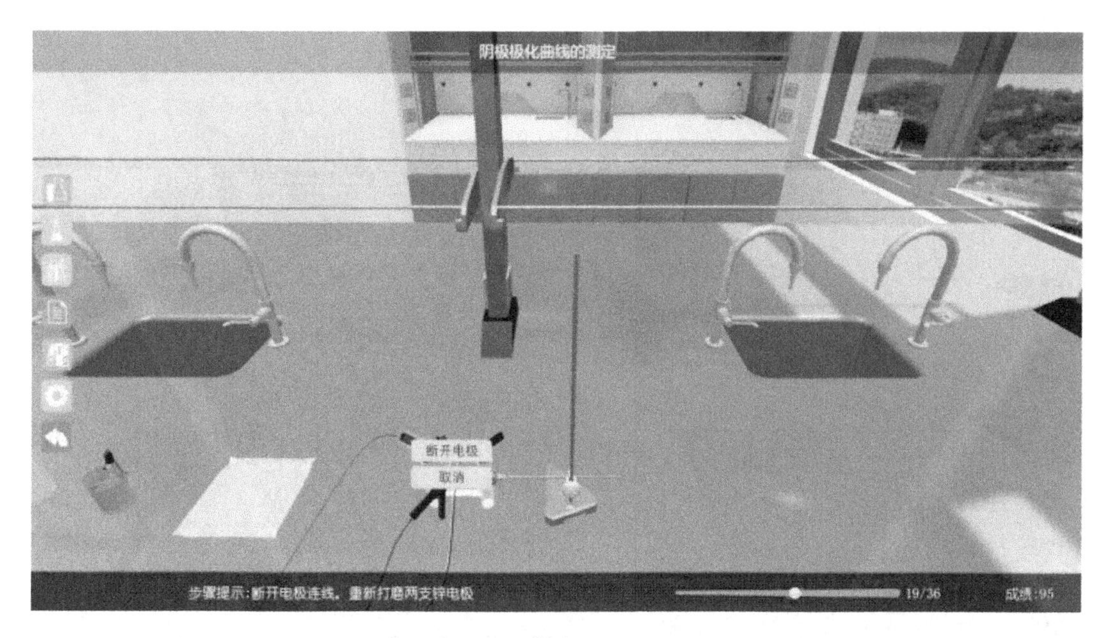

图 19

右键点击锌电极，点击“装入锌电极”，将两个磨好的锌电极分别装入 H 型电解池两端中，让两个光面相对（图 20）。

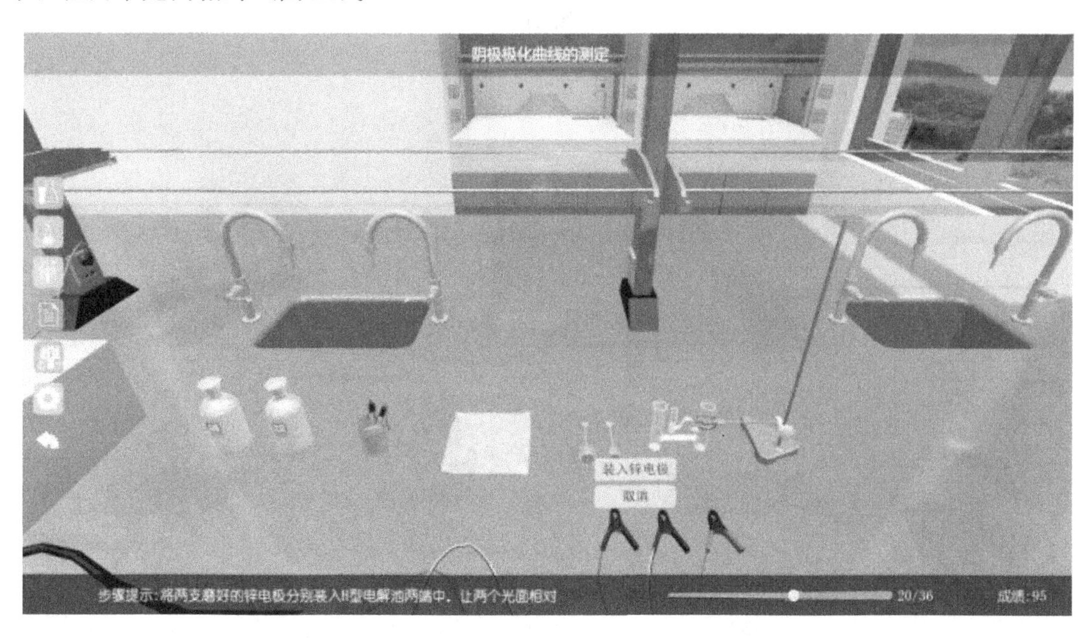

图 20

右键单击甘汞电极，单击“装入甘汞电极”，另取一个甘汞电极装入 H 型电解池中间位置（图 21）。

右键单击电解池，单击“加入Ⅱ号镀液”，在 H 型电解池中倒入Ⅱ号镀液，镀液和盐桥接上即可（图 22）。

右键点击红线夹，点击“夹住电极”，双线夹接研究电极，红线夹接辅助电极，蓝线夹接参比电极（图 23）。

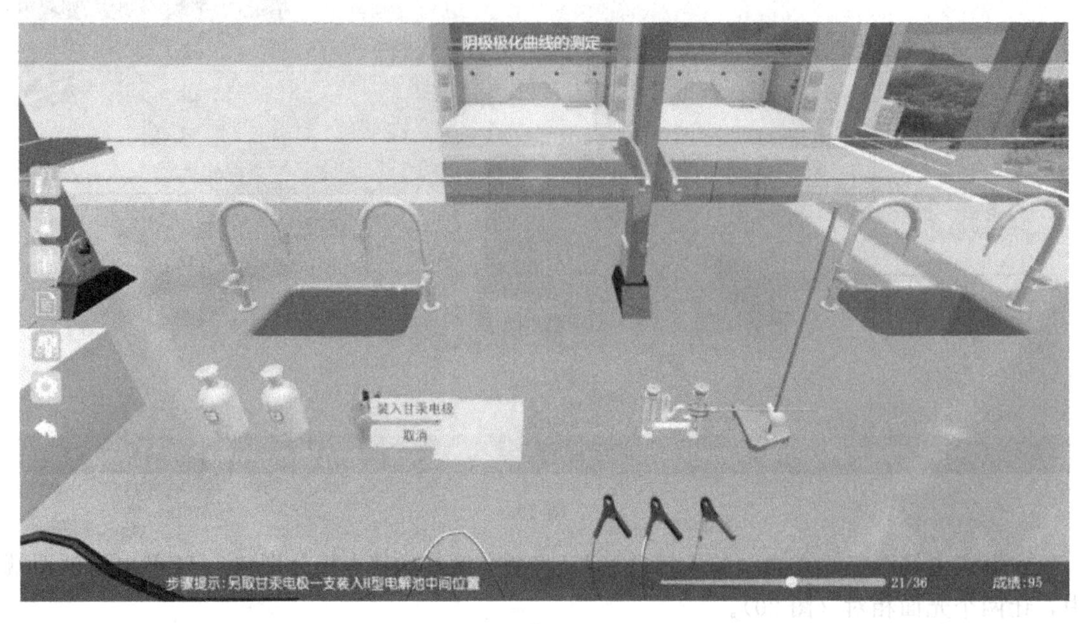
阴极极化曲线的测定
装入甘汞电极
取消
步骤提示：另取甘汞电极一支装入H型电解池中间位置
21/36
成绩:95

图 21

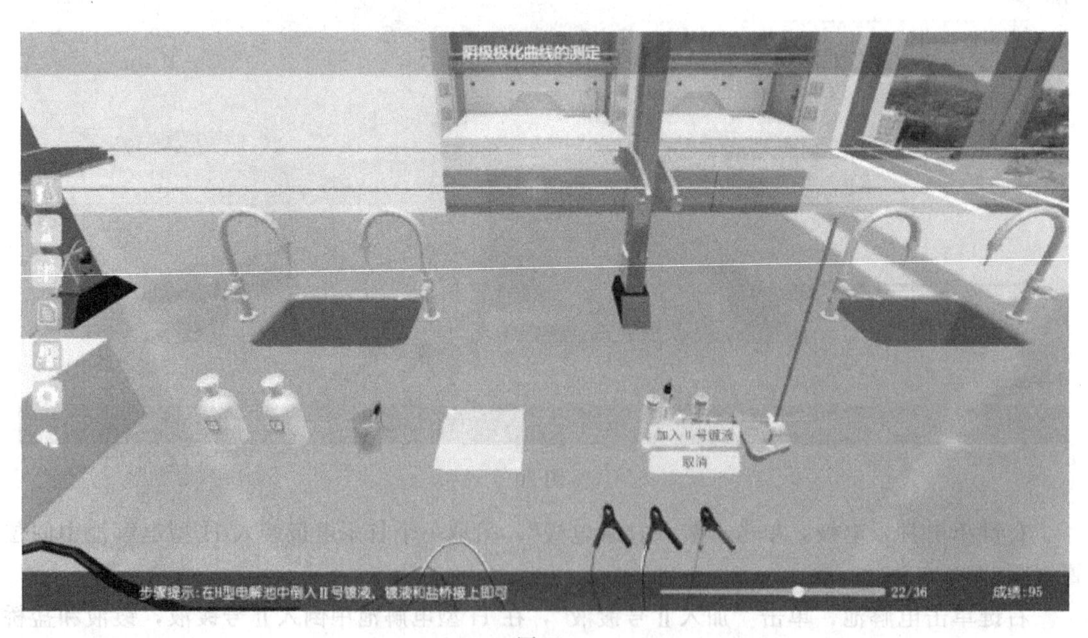
阴极极化曲线的测定
加入Ⅱ号镀液
取消
步骤提示：在H型电解池中倒入Ⅱ号镀液，镀液和盐桥接上即可
22/36
成绩:95

图 22

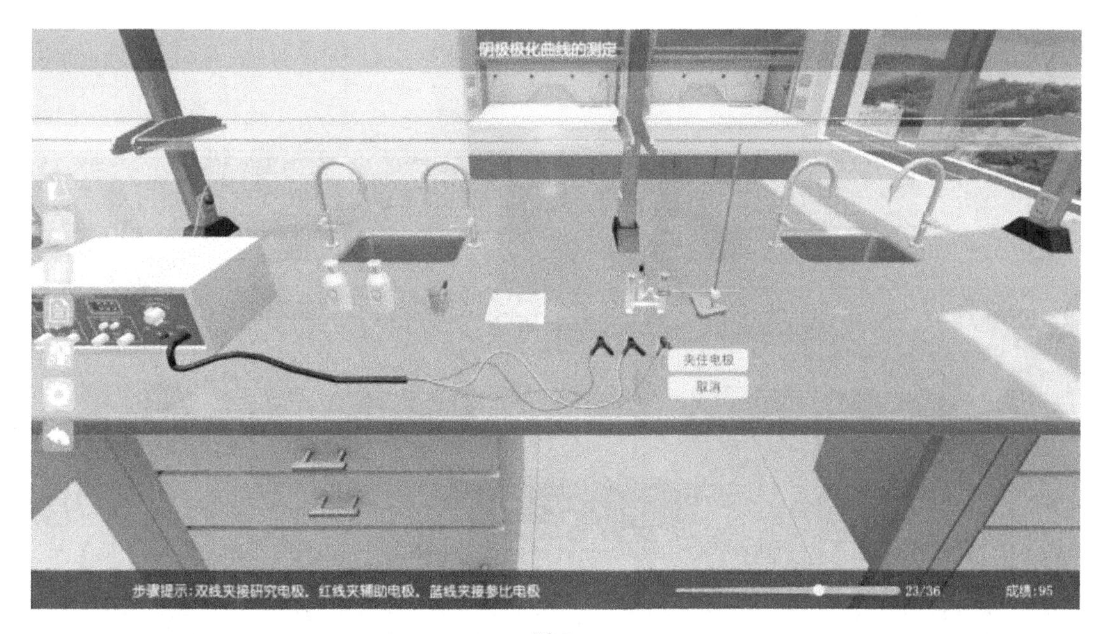

图 23

右键点击平衡电位旋钮，测量平衡电位，待数字电位表显示稳定后记录数值（图 24）。

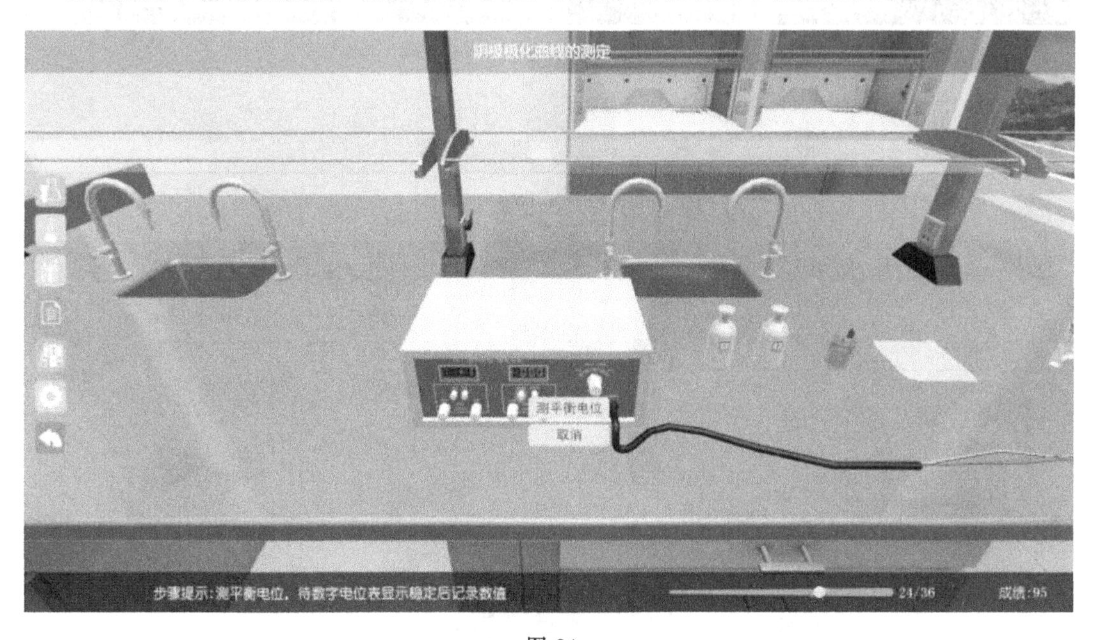

图 24

右键点击恒电流键，按下恒电流键，选择电流量程为 2mA（图 25）。

右键点击通断开关，接通“通-断”开关，调节给定电流值为－1mA，待数字电位表显示稳定后记录数值（图 26）。

右键点击给定电流调节旋钮，调节给定电流至－0.2～0mA（图 27）。

右键点击通断开关，断开“通-断”开关（图 28）。

右键点击量程调节旋钮，切换量程至 20mA 挡（图 29）。

右键点击通断开关，再次接通“通-断”开关（图 30）。

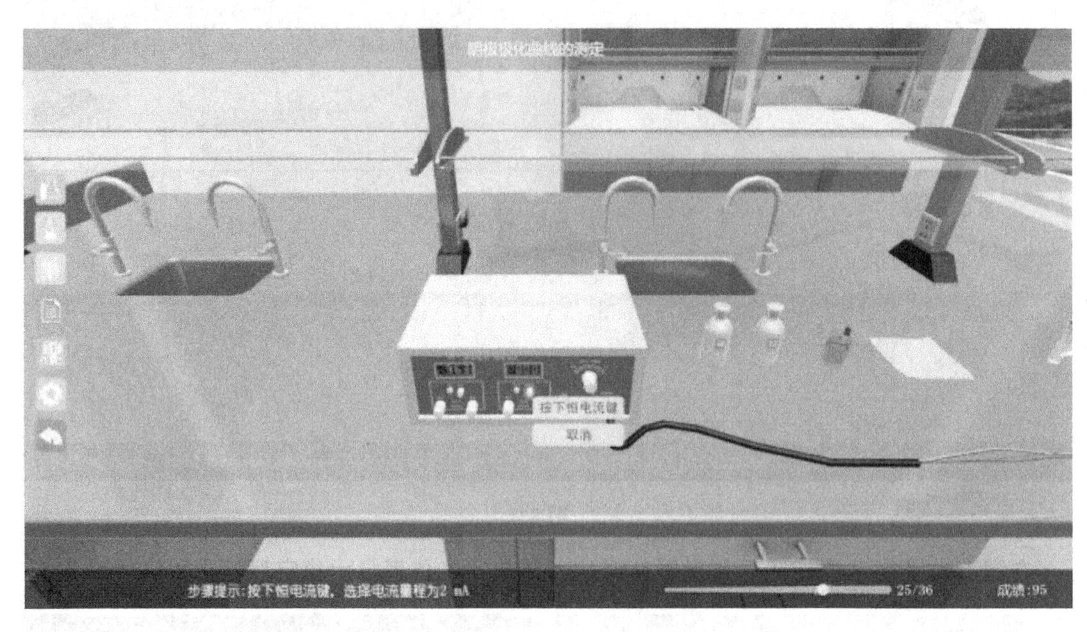
阴极极化曲线的测定
按下恒电流键
取消
步骤提示:按下恒电流键，选择电流量程为2 mA
25/36
成绩:95

图 25

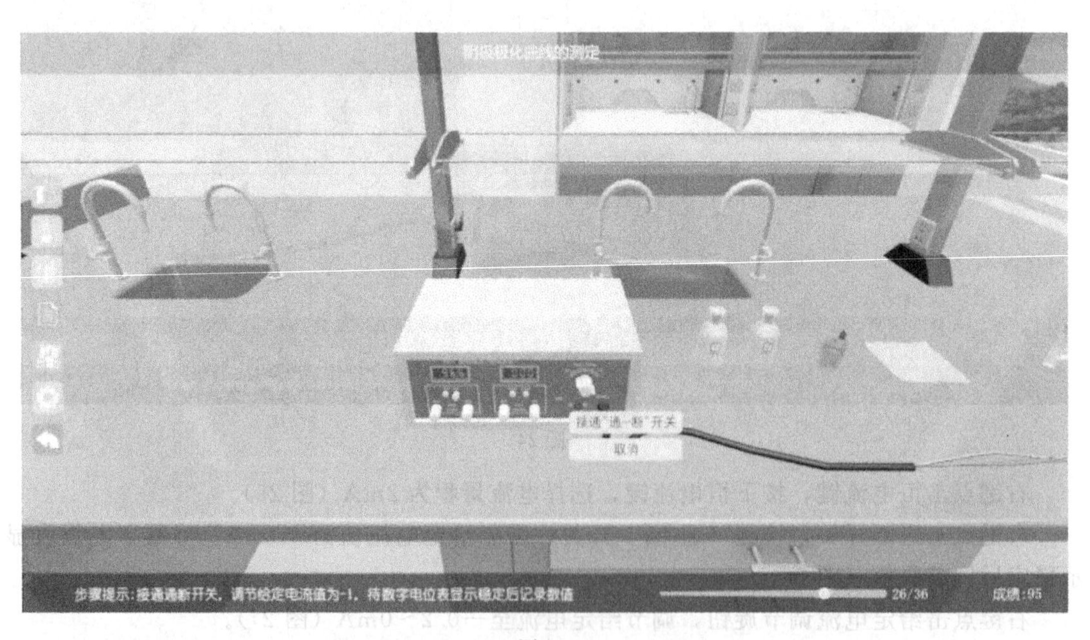
阴极极化曲线的测定
接通"通-断"开关
取消
步骤提示:接通通断开关，调节给定电流值为-1，待数字电位表显示稳定后记录数值
26/36
成绩:95

图 26

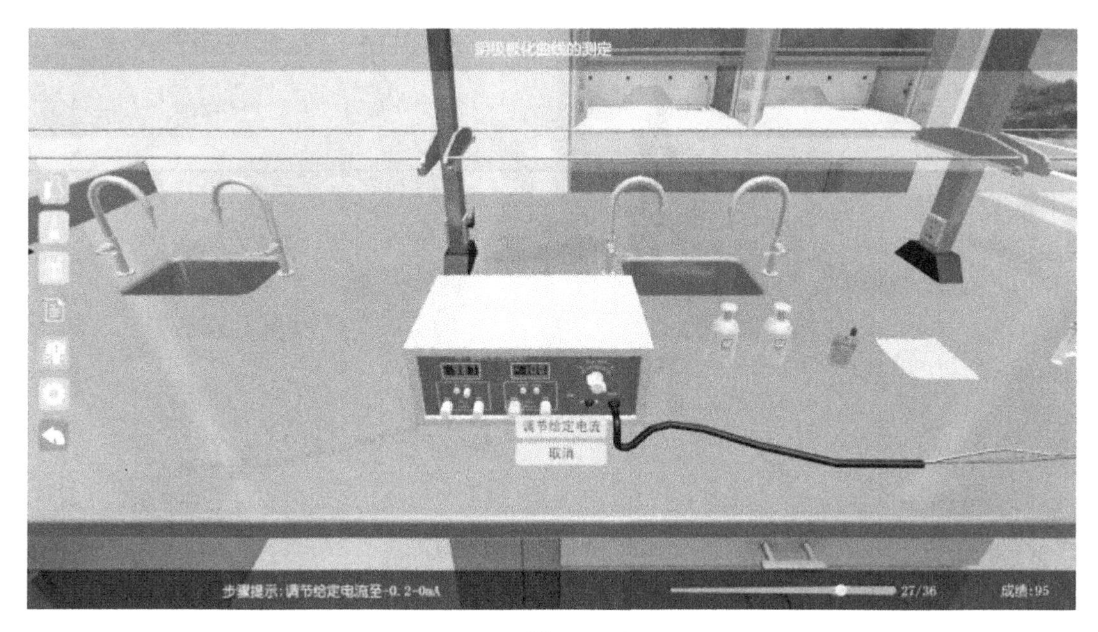
阴极极化曲线的测定
调节给定电流
取消
步骤提示:调节给定电流至-0.2-0mA
27/36
成绩:95

图 27

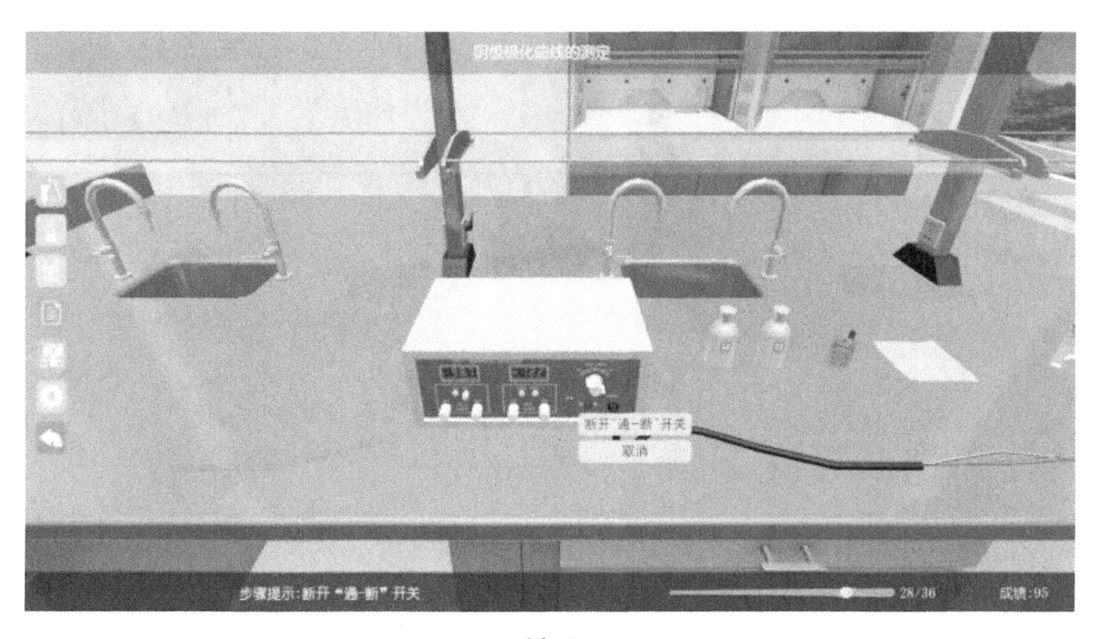
阴极极化曲线的测定
断开"通-断"开关
取消
步骤提示:断开"通-断"开关
28/36
成绩:95

图 28

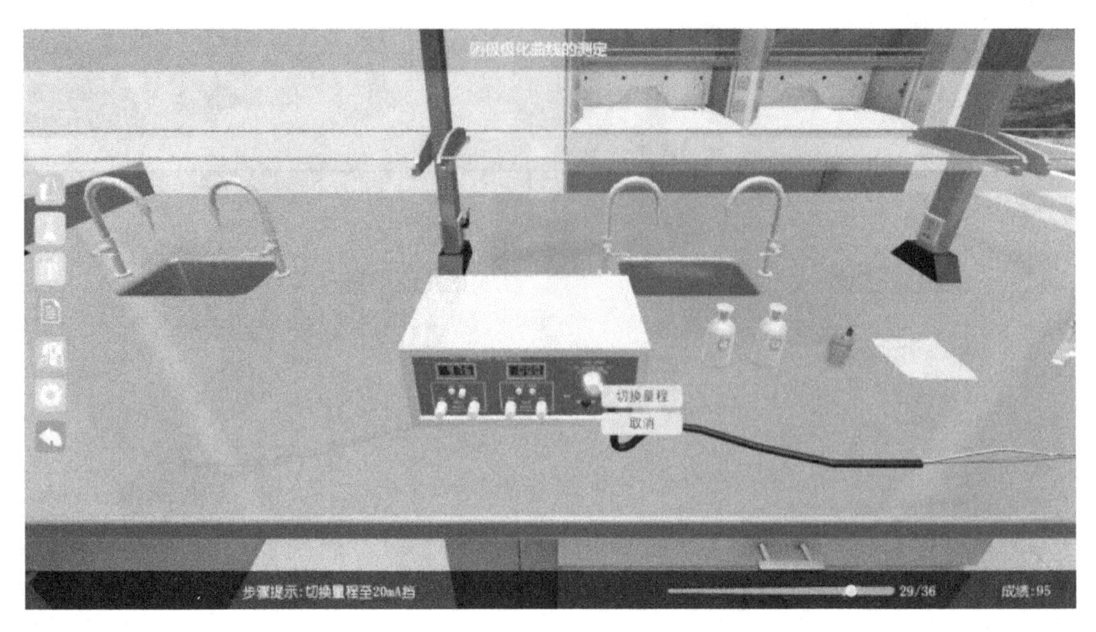
阴极极化曲线的测定
切换量程
取消
步骤提示:切换量程至20mA挡
29/36
成绩:95

图 29

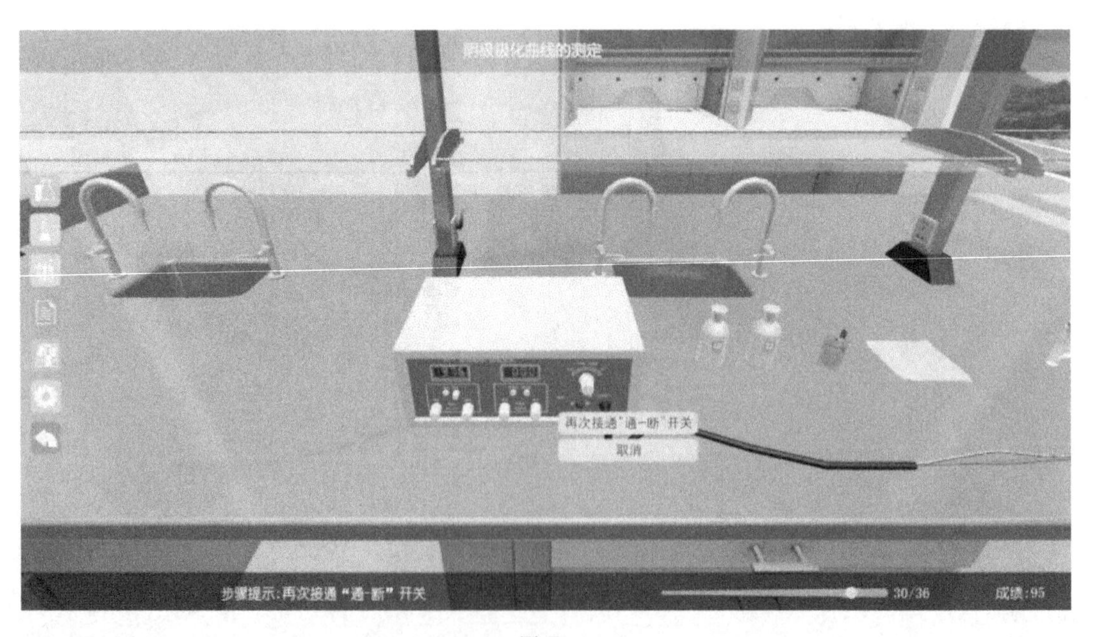
阴极极化曲线的测定
再次接通"通-断"开关
取消
步骤提示:再次接通"通-断"开关
30/36
成绩:95

图 30

按照上述方法，依次调节电流值为－2mA、－4mA、－6mA、－8mA、－10mA 读取相应的极化电位值（图 31）。

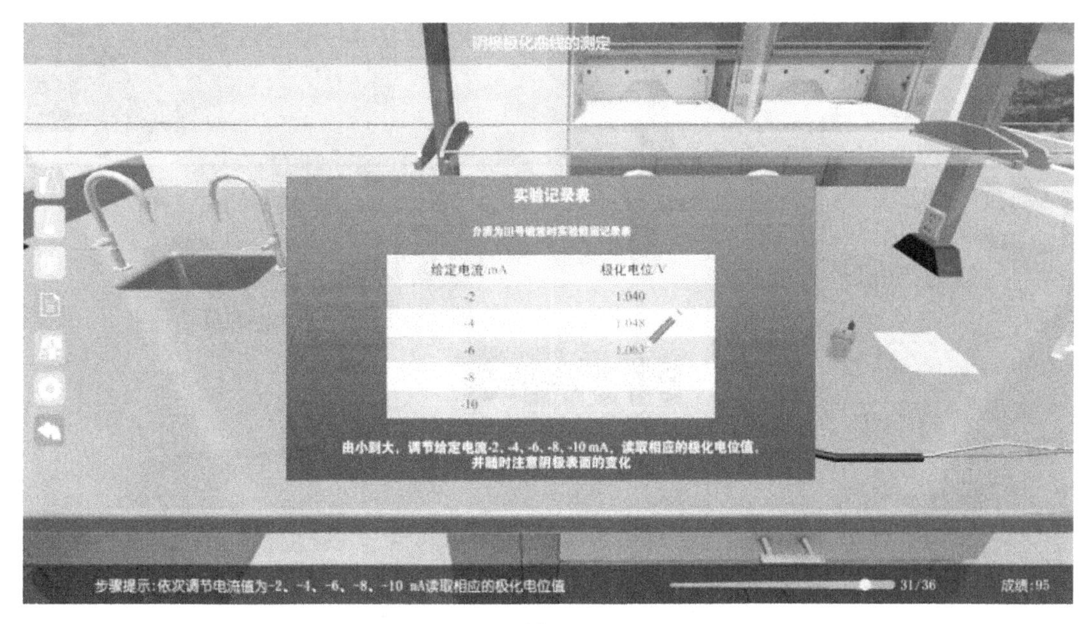

图 31

右键点击给定电流调节旋钮，调节给定电流至－10～0mA（图 32）。

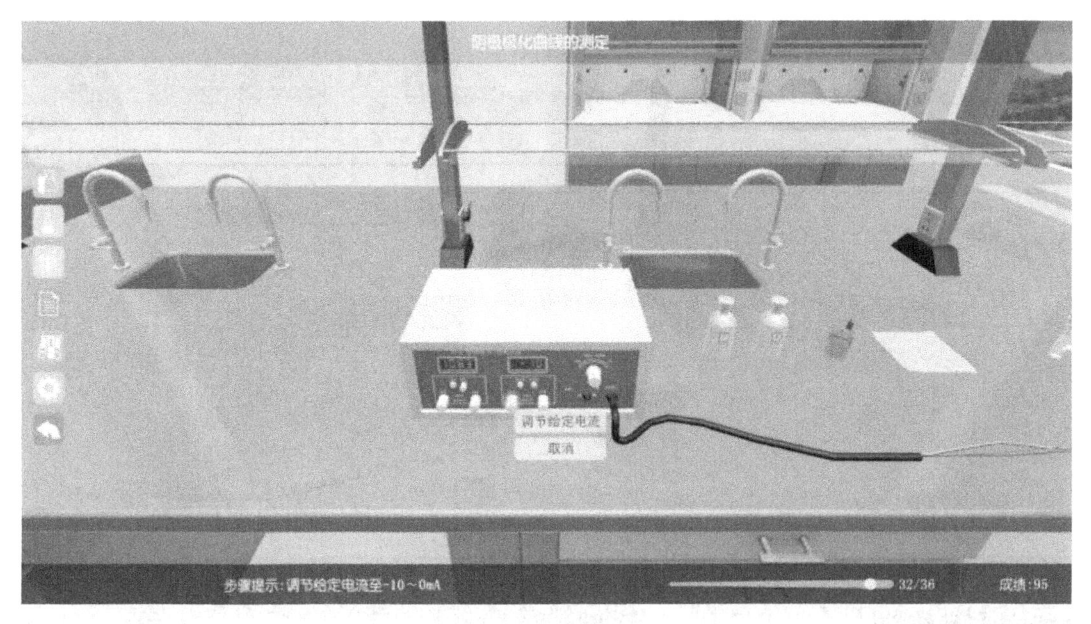

图 32

右键点击通断开关，断开“通-断”开关（图 33）。

右键点击恒电流键，依次弹出恒电流键、参比键（图 34）。

右键点击恒电流仪断开开关，关闭恒电流仪电源（图 35）。

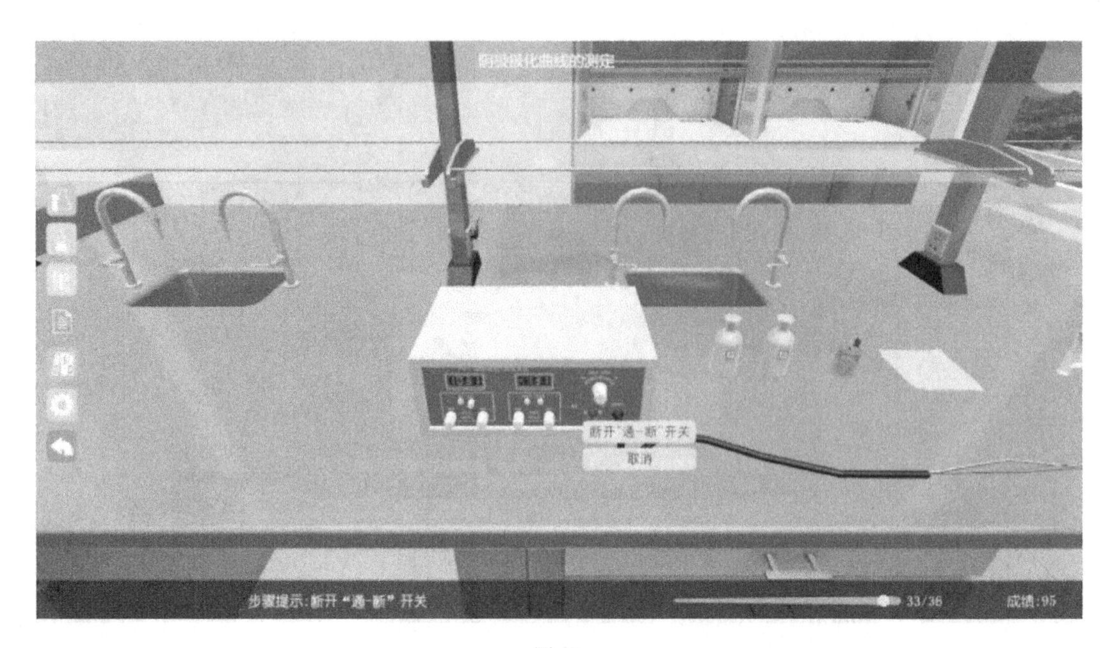
阴极极化曲线的测定
断开"通-断"开关
取消
步骤提示：断开"通-断"开关
33/36
成绩:95

图 33

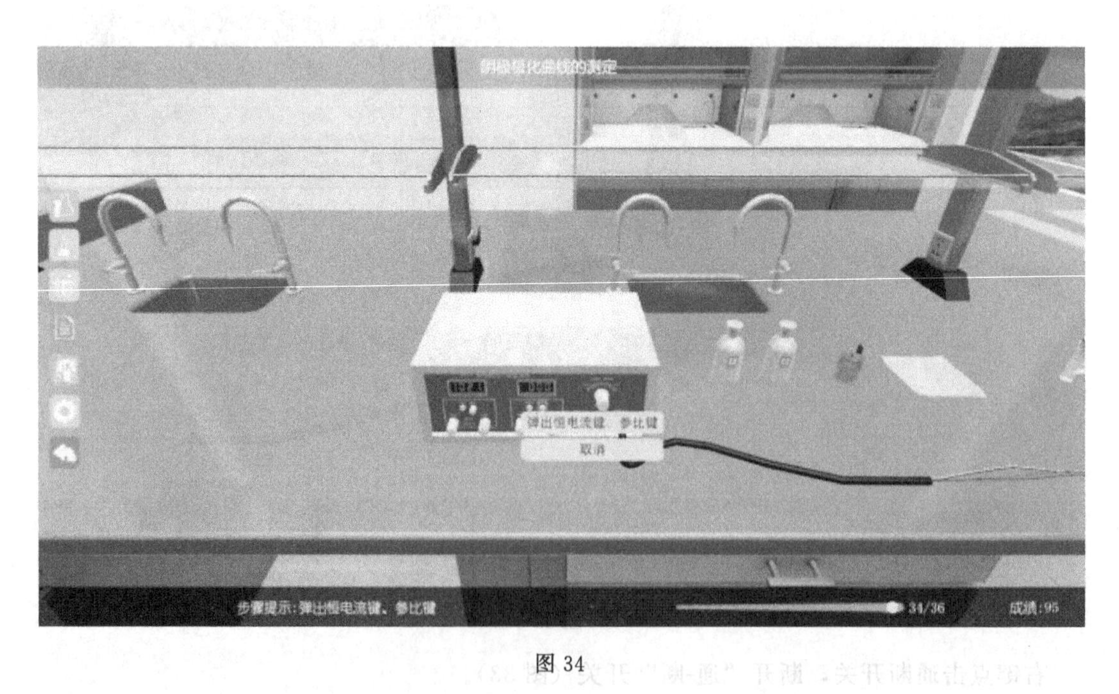
阴极极化曲线的测定
弹出恒电流键、参比键
取消
步骤提示：弹出恒电流键、参比键
34/36
成绩:95

图 34

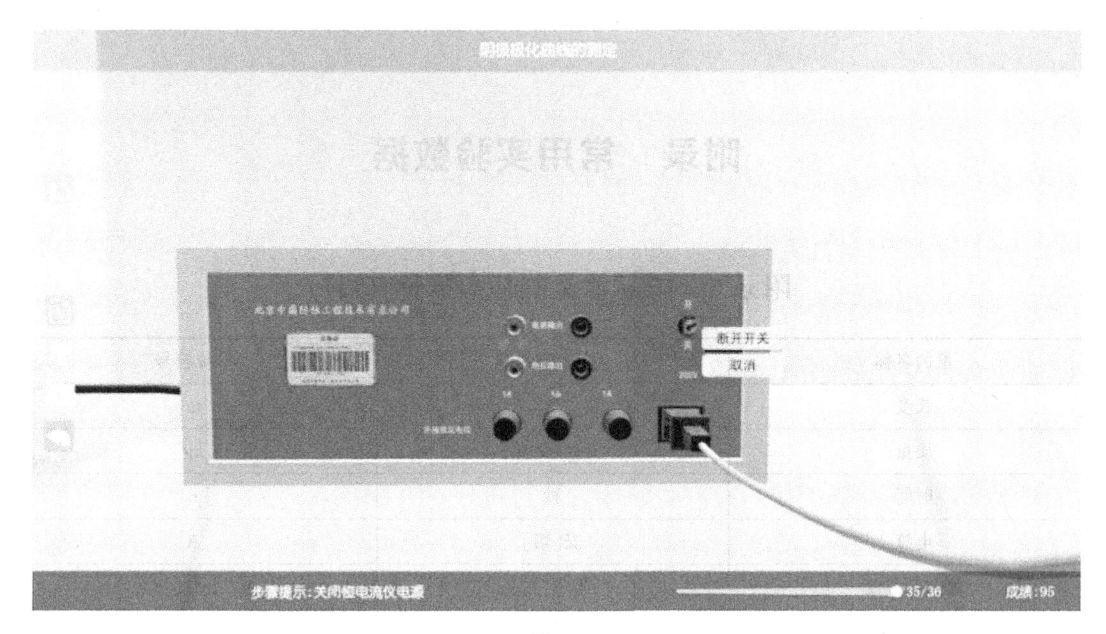

图 35

右键点击红线夹，“整理电极”，将线夹取下，依次冲洗电极、电解池，并进行实验室整理工作（图 36）。

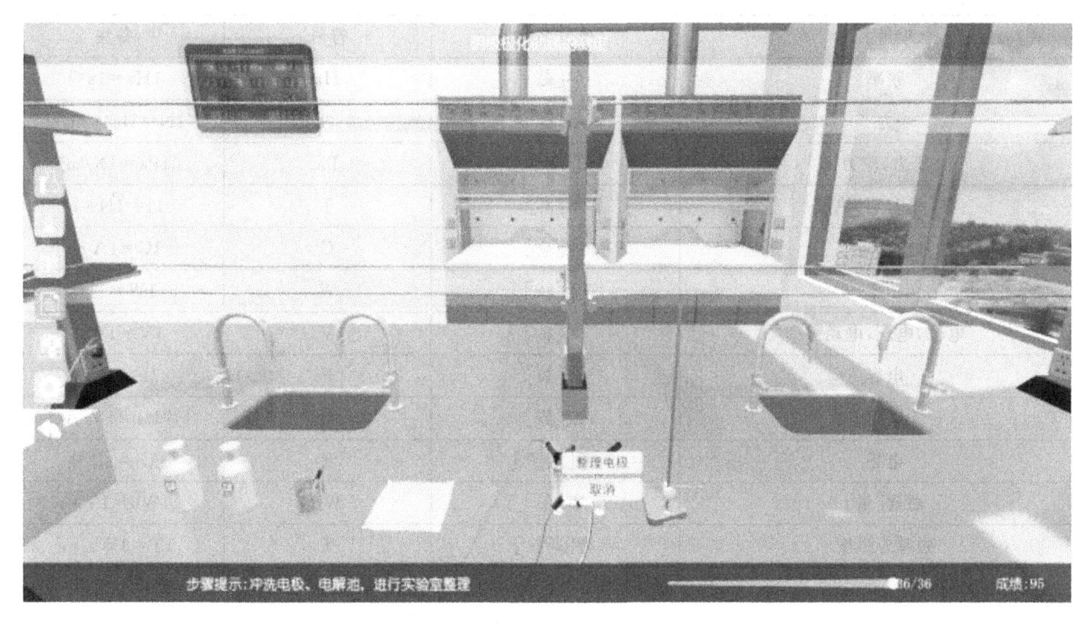

图 36

附录　常用实验数据

附录 1　国际单位制基本单位（SI）

量的名称	单位名称	单位符号
长度	米	m
质量	千克(公斤)	kg
时间	秒	s
电流	安[培]	A
热力学温度	开[尔文]	K
物质的量	摩[尔]	mol
发光强度	坎[德拉]	cd

附录 2　有专用名称的国际单位制导出单位

物理量名称	单位名称	符号	备注
频率	赫[兹]	Hz	$1Hz=1s^{-1}$
力	牛[顿]	N	$1N=1kg\cdot m/s^2$
压力,应力	帕[斯卡]	Pa	$1Pa=1N/m^2$
能[量],功,热量	焦[耳]	J	$1J=1N\cdot m$
电荷[量]	库[仑]	C	$1C=1A\cdot s$
功率	瓦[特]	W	1W=1J/s
电位,电压,电动势	伏[特]	V	1V=1W/A
电容	法[拉]	F	1F=1C/V
电阻	欧[姆]	Ω	1Ω=1V/A
电导	西[门子]	S	$1S=1\Omega^{-1}$
磁通[量]	韦[伯]	Wb	$1Wb=1V\cdot s$
磁感应强度	特[斯拉]	T	$1T=1Wb/m^2$

附录 3　力单位换算

牛顿/N	千克力/kgf	达因/dyn
1	0.102	10^5
9.80665	1	9.80665×10^5
10^{-5}	1.02×10^{-6}	1

附录4 压力单位换算

帕斯卡/Pa	工程大气压/at	毫米水柱/mmH_2O	标准大气压/atm	毫米汞柱/mmHg
1	1.02×10^{-5}	0.102	0.99×10^{-5}	0.0075
98067	1	10^4	0.9678	735.6
9.807	0.0001	1	0.9678×10^{-4}	0.0736
101325	1.003	10332	1	760
133.32	0.00036	13.6	0.00132	1

注：1. 1牛顿/平方米（N/m^2）=1帕（Pa），1工程大气压（at）=1千克力/平方厘米（kgf/cm^2）。

2. 1毫米汞柱（mmHg）=1托（Torr）。

3. 1巴（bar）=10^5牛/平方米（N/m^2）。

4. 在实验计算中必须使用第一栏法定计量单位（SI单位）。

附录5 能量单位换算

尔格/erg	焦耳/J	千克力米/kgf·m	千瓦·时/kW·h	千卡/kcal
1	10^{-7}	0.102×10^{-7}	27.78×10^{-15}	23.9×10^{-12}
10^7	1	0.102	277.8×10^{-9}	239×10^{-6}
9.807×10^7	9.807	1	2.724×10^{-6}	2.342×10^{-3}
36×10^{12}	3.6×10^6	367.1×10^3	1	8593845
41.8710^9	4186.8	426.935	1.163×10^{-3}	1

注：1. 尔格（erg）=1达因·厘米（dyn·cm），1焦（J）=1牛·米（N·m）=1瓦·秒（W·s）。

2. 1电子伏特（eV）=1.602×10^{-19}焦（J）。

3. 在实验计算中必须使用第二栏或第四栏法定计量单位（SJ单位）。

附录6 常用物理常数

常数	符号	数值	SI单位
标准重力加速度	g	9.80665	m/s^2
光速	c	2.9979108	m/s
普朗克常量	h	6.6262×10^{-34}	J·s
玻尔兹曼常数	k	1.3806×10^{-23}	J/K
阿伏伽德罗常数	N_A	6.0222×10^{23}	1/mol
法拉第常数	F	9.64867×10^4	C/mol
电子电荷	e	1.60219×10^{-19}	C
电子静质量	m_c	9.1095×10^{-31}	kg
质子静质量	m_p	1.6726×10^{-27}	kg
玻尔半径	a_0	5.2918×10^{-11}	M
玻尔磁子	μ_B	9.2741×10^{-24}	$A\cdot m^2$
核磁子	μ_N	5.0508×10^{-27}	$A\cdot m^2$
理想气体标准态体积	V_0	22.413	$m^3/kmol$
气体常数	R	8.31434	J/(mol·K)
水的冰点		273.15	K
水的三相点		273.16	K

附录 7　水的表面张力

温度/℃	表面张力 /$\times 10^{-3}$N/m	温度/℃	表面张力 /$\times 10^{-3}$N/m	温度/℃	表面张力 /$\times 10^{-3}$N/m
5	74.92	17	73.19	25	71.97
10	74.22	18	73.05	26	71.82
11	74.07	19	72.90	27	71.66
12	73.93	20	72.75	28	71.50
13	73.78	21	72.59	29	71.35
14	73.64	22	72.44	30	71.18
15	73.49	23	72.28	21	70.38
16	73.34	24	72.13	32	69.56

附录 8　水的饱和蒸气压

温度/℃	饱和蒸气压/kPa	温度/℃	饱和蒸气压/kPa	温度/℃	饱和蒸气压/kPa	温度/℃	饱和蒸气压/kPa
0	0.610	25	3.168	50	12.333	75	38.543
1	0.657	26	3.361	51	12.959	76	40.183
2	0.706	27	3.565	52	13.612	77	41.876
3	0.758	28	3.780	53	14.292	78	43.636
4	0.813	29	4.005	54	14.999	79	45.462
5	0.872	30	4.242	55	15.732	80	47.342
6	0.925	31	4.493	56	16.505	81	49.288
7	1.002	32	4.754	57	17.305	82	51.315
8	1.073	33	5.030	58	18.145	83	53.409
9	1.148	34	5.319	59	19.011	84	55.568
10	1.228	35	5.623	60	19.918	85	57.808
11	1.312	36	5.941	61	20.851	86	60.114
12	1.403	37	6.275	62	21.838	87	62.487
13	1.497	38	6.625	63	22.851	88	64.940
14	1.599	39	6.991	64	23.904	89	67.473
15	1.705	40	7.375	65	24.998	90	70.100
16	1.824	41	7.778	66	26.144	91	72.806
17	1.937	42	8.199	67	27.331	92	75.592
18	2.064	43	8.639	68	28.557	93	78.472
19	2.197	44	9.100	69	29.824	94	81.445
20	2.338	45	9.583	70	31.157	95	84.512
21	2.486	46	10.086	71	32.517	96	87.671
22	2.644	47	10.612	72	33.943	97	90.938
23	2.809	48	11.160	73	35.423	98	94.297
24	2.984	49	11.735	74	36.956	99	97.750

附录 9　KCl 标准浓度及其电导率值

温度/℃	1D	0.1D	0.01D	0.001D
15	0.09212	0.010455	0.0011414	0.0001185
18	0.09780	0.011168	0.0012200	0.0001267
20	0.10170	0.011644	0.0012737	0.0001322
25	0.11131	0.012852	0.0014083	0.0001465
35	0.13110	0.015351	0.0016876	0.0001765

注：1. 1D：20℃下每升溶液中 KCl 为 74.2650g。

2. 0.1D：20℃下每升溶液中 KCl 为 7.4365g。

3. 0.01D：20℃下每升溶液中 KCl 为 0.7440g。

4. 0.001D：20℃将 100mL 的 0.01D 溶液稀释至 1L。

附录 10　量程的分辨率及使用的电极推荐表

（测量范围：0～2×10^5μS/cm）

量程挡	测量范围	分辨率	使用电极
2μS/cm	0.0001～2μS/cm	0.0001μS/cm	DJS-IC 光亮电极
20μS/cm	0.001～20μS/cm	0.001μS/cm	DJS-IC 光亮电极
200μS/cm	0.01～200μS/cm	0.01μS/cm	DJS-IC 光亮电极
2mS/cm	0.0001～2mS/cm	0.0001mS/cm	DJS-IC 铂黑电极
20mS/cm	0.001～20mS/cm	0.001mS/cm	DJS-IC 或 10C 铂黑电极

附录 11　电导率范围及对应电极常数推荐表

电导率范围/(μS/cm)	电阻率范围/(Ω·cm)	推荐使用电极常数/cm^{-1}
0.05～2	20M～500k	0.01,0.1
2～200	500k～5k	0.1,1.0
200～2000	5000～500	1.0
2000～20000	500～50	1.0,10
20000～2×10^5	50～5	10

附录 12　部分液体的蒸气压

化合物	25℃时蒸气压	温度范围/℃	*A*	*B*	*C*
丙酮	230.05		7.02447	1161.0	224
苯	95.18		6.90565	1211.033	220.790
溴	226.32		6.83298	1133.0	228.0
甲醇	126.4	－20～＋140	7.87863	1473.11	230.0
甲苯	28.24		6.95464	1344.800	219.482

续表

化合物	25℃时蒸气压	温度范围/℃	*A*	*B*	*C*
醋酸	15.59	0～36	7.80307	1651.2	225
		36～170	7.18807	1416.7	211
氯仿	227.72	−30～+150	6.90328	1163.03	227.4
四氯化碳	115.25		6.83389	1242.43	230.0
乙酸乙酯	94.29	−20～+150	7.09808	1238.71	217.0
乙醇	56.31		8.04494	1554.3	222.65
乙醚	534.31		3.78574	994.195	220.0
乙酸甲酯	213.43		7.20211	1232.83	228.0
环己烷		−20～+142	6.84498	1203.526	222.86

注：表中所列各化合物的蒸气压可用下列方程式计算：

$$\lg p = A - B/(C+t)$$

式中，A、B、C为三常数；p 为化合物的蒸气压，mmHg柱；t 为摄氏温度，℃。

附表13 标准电对电极电位表

下表中所列的标准电极电势（298K，101.325kPa）是相对于标准氢电极电势的值。标准氢电极电势被规定为零伏特（0.0V）。

1. 在酸性溶液中(298K)

电对	方程式	*E*/V
Li(Ⅰ)−(0)	$Li^+ + e^- = Li$	−3.0401
Cs(Ⅰ)−(0)	$Cs^+ + e^- = Cs$	−3.026
Rb(Ⅰ)−(0)	$Rb^+ + e^- = Rb$	−2.98
K(Ⅰ)−(0)	$K^+ + e^- = K$	−2.931
Ba(Ⅱ)−(0)	$Ba^{2+} + 2e^- = Ba$	−2.912
Sr(Ⅱ)−(0)	$Sr^{2+} + 2e^- = Sr$	−2.89
Ca(Ⅱ)−(0)	$Ca^{2+} + 2e^- = Ca$	−2.868
Na(Ⅰ)−(0)	$Na^+ + e^- = Na$	−2.71
La(Ⅲ)−(0)	$La^{3+} + 3e^- = La$	−2.379
Mg(Ⅱ)−(0)	$Mg^{2+} + 2e^- = Mg$	−2.372
Ce(Ⅲ)−(0)	$Ce^{3+} + 3e^- = Ce$	−2.336
H(0)−(−Ⅰ)	$H_2(g) + 2e^- = 2H^-$	−2.23
Al(Ⅲ)−(0)	$AlF_6^{3-} + 3e^- = Al + 6F^-$	−2.069
Th(Ⅳ)−(0)	$Th^{4+} + 4e^- = Th$	−1.899
Be(Ⅱ)−(0)	$Be^{2+} + 2e^- = Be$	−1.847
U(Ⅲ)−(0)	$U^{3+} + 3e^- = U$	−1.798
Hf(Ⅳ)−(0)	$HfO^{2+} + 2H^+ + 4e^- = Hf + H_2O$	−1.724
Al(Ⅲ)−(0)	$Al^{3+} + 3e^- = Al$	−1.662

1. 在酸性溶液中(298K)

电对	方程式	E/V
Ti(Ⅱ)-(0)	$Ti^{2+}+2e^{-}$ ══ Ti	-1.630
Zr(Ⅳ)-(0)	$ZrO_2+4H^{+}+4e^{-}$ ══ $Zr+2H_2O$	-1.553
Si(Ⅳ)-(0)	$[SiF_6]^{2-}+4e^{-}$ ══ $Si+6F^{-}$	-1.24
Mn(Ⅱ)-(0)	$Mn^{2+}+2e^{-}$ ══ Mn	-1.185
Cr(Ⅱ)-(0)	$Cr^{2+}+2e^{-}$ ══ Cr	-0.913
Ti(Ⅲ)-(Ⅱ)	$Ti^{3+}+e^{-}$ ══ Ti^{2+}	-0.9
B(Ⅲ)-(0)	$H_3BO_3+3H^{+}+3e^{-}$ ══ $B+3H_2O$	-0.8698
Ti(Ⅳ)-(0)	$TiO_2+4H^{+}+4e^{-}$ ══ $Ti+2H_2O$	-0.86
Te(0)-(-Ⅱ)	$Te+2H^{+}+2e^{-}$ ══ H_2Te	-0.793
Zn(Ⅱ)-(0)	$Zn^{2+}+2e^{-}$ ══ Zn	-0.7618
Ta(Ⅴ)-(0)	$Ta_2O_5+10H^{+}+10e^{-}$ ══ $2Ta+5H_2O$	-0.750
Cr(Ⅲ)-(0)	$Cr^{3+}+3e^{-}$ ══ Cr	-0.744
Nb(Ⅴ)-(0)	$Nb_2O_5+10H^{+}+10e^{-}$ ══ $2Nb+5H_2O$	-0.644
As(0)-(-Ⅲ)	$As+3H^{+}+3e^{-}$ ══ AsH_3	-0.608
U(Ⅳ)-(Ⅲ)	$U^{4+}+e^{-}$ ══ U^{3+}	-0.607
Ga(Ⅲ)-(0)	$Ga^{3+}+3e^{-}$ ══ Ga	-0.549
P(Ⅰ)-(0)	$H_3PO_2+H^{+}+e^{-}$ ══ $P+2H_2O$	-0.508
P(Ⅲ)-(Ⅰ)	$H_3PO_3+2H^{+}+2e^{-}$ ══ $H_3PO_2+H_2O$	-0.499
C(Ⅳ)-(Ⅲ)	$2CO_2+2H^{+}+2e^{-}$ ══ $H_2C_2O_4$	-0.49
Fe(Ⅱ)-(0)	$Fe^{2+}+2e^{-}$ ══ Fe	-0.447
Cr(Ⅲ)-(Ⅱ)	$Cr^{3+}+e^{-}$ ══ Cr^{2+}	-0.407
Cd(Ⅱ)-(0)	$Cd^{2+}+2e^{-}$ ══ Cd	-0.4030
Se(0)-(-Ⅱ)	$Se+2H^{+}+2e^{-}$ ══ $H_2Se(aq)$	-0.399
Pb(Ⅱ)-(0)	PbI_2+2e^{-} ══ $Pb+2I^{-}$	-0.365
Eu(Ⅲ)-(Ⅱ)	$Eu^{3+}+e^{-}$ ══ Eu^{2+}	-0.36
Pb(Ⅱ)-(0)	$PbSO_4+2e^{-}$ ══ $Pb+SO_4^{2-}$	-0.3588
In(Ⅲ)-(0)	$In^{3+}+3e^{-}$ ══ In	-0.3382
Tl(Ⅰ)-(0)	$Tl^{+}+e^{-}$ ══ Tl	-0.336
Co(Ⅱ)-(0)	$Co^{2+}+2e^{-}$ ══ Co	-0.28
P(Ⅴ)-(Ⅲ)	$H_3PO_4+2H^{+}+2e^{-}$ ══ $H_3PO_3+H_2O$	-0.276
Pb(Ⅱ)-(0)	$PbCl_2+2e^{-}$ ══ $Pb+2Cl^{-}$	-0.2675
Ni(Ⅱ)-(0)	$Ni^{2+}+2e^{-}$ ══ Ni	-0.257
V(Ⅲ)-(Ⅱ)	$V^{3+}+e^{-}$ ══ V^{2+}	-0.255
Ge(Ⅳ)-(0)	$H_2GeO_3+4H^{+}+4e^{-}$ ══ $Ge+3H_2O$	-0.182
Ag(Ⅰ)-(0)	$AgI+e^{-}$ ══ $Ag+I^{-}$	-0.15224
Sn(Ⅱ)-(0)	$Sn^{2+}+2e^{-}$ ══ Sn	-0.1375

1. 在酸性溶液中(298K)

电对	方程式	E/V
Pb(Ⅱ)-(0)	$Pb^{2+}+2e^- \longrightarrow Pb$	-0.1262
C(Ⅳ)-(Ⅱ)	$CO_2(g)+2H^++2e^- \longrightarrow CO+H_2O$	-0.12
P(0)-(-Ⅲ)	$P(white)+3H^++3e^- \longrightarrow PH_3(g)$	-0.063
Hg(Ⅰ)-(0)	$Hg_2I_2+2e^- \longrightarrow 2Hg+2I^-$	-0.0405
Fe(Ⅲ)-(0)	$Fe^{3+}+3e^- \longrightarrow Fe$	-0.037
H(Ⅰ)-(0)	$2H^++2e^- \longrightarrow H_2$	0.0000
Ag(Ⅰ)-(0)	$AgBr+e^- \longrightarrow Ag+Br^-$	0.07133
S(2.5)-(Ⅱ)	$S_4O_6^{2-}+2e^- \longrightarrow 2S_2O_3^{2-}$	0.08
Ti(Ⅳ)-(Ⅲ)	$TiO^{2+}+2H^++e^- \longrightarrow Ti^{3+}+H_2O$	0.1
S(0)-(-Ⅱ)	$S+2H^++2e^- \longrightarrow H_2S(aq)$	0.142
Sn(Ⅳ)-(Ⅱ)	$Sn^{4+}+2e^- \longrightarrow Sn^{2+}$	0.151
Sb(Ⅲ)-(0)	$Sb_2O_3+6H^++6e^- \longrightarrow 2Sb+3H_2O$	0.152
Cu(Ⅱ)-(Ⅰ)	$Cu^{2+}+e^- \longrightarrow Cu^+$	0.153
Bi(Ⅲ)-(0)	$BiOCl+2H^++3e^- \longrightarrow Bi+Cl^-+H_2O$	0.1583
S(Ⅵ)-(Ⅳ)	$SO_4^{2-}+4H^++2e^- \longrightarrow H_2SO_3+H_2O$	0.172
Sb(Ⅲ)-(0)	$SbO^++2H^++3e^- \longrightarrow Sb+H_2O$	0.212
Ag(Ⅰ)-(0)	$AgCl+e^- \longrightarrow Ag+Cl^-$	0.22233
As(Ⅲ)-(0)	$HAsO_2+3H^++3e^- \longrightarrow As+2H_2O$	0.248
Hg(Ⅰ)-(0)	$Hg_2Cl_2+2e^- \longrightarrow 2Hg+2Cl^-$(饱和 KCl)	0.26808
Bi(Ⅲ)-(0)	$BiO^++2H^++3e^- \longrightarrow Bi+H_2O$	0.320
U(Ⅵ)-(Ⅳ)	$UO_2{}^{2+}+4H^++2e^- \longrightarrow U^{4+}+2H_2O$	0.327
C(Ⅳ)-(Ⅲ)	$2HCNO+2H^++2e^- \longrightarrow (CN)_2+2H_2O$	0.330
V(Ⅳ)-(Ⅲ)	$VO^{2+}+2H^++e^- \longrightarrow V^{3+}+H_2O$	0.337
Cu(Ⅱ)-(0)	$Cu^{2+}+2e^- \longrightarrow Cu$	0.3419
Re(Ⅶ)-(0)	$ReO_4^-+8H^++7e^- \longrightarrow Re+4H_2O$	0.368
Ag(Ⅰ)-(0)	$Ag_2CrO_4+2e^- \longrightarrow 2Ag+CrO_4^{2-}$	0.4470
S(Ⅳ)-(0)	$H_2SO_3+4H^++4e^- \longrightarrow S+3H_2O$	0.449
Cu(Ⅰ)-(0)	$Cu^++e^- \longrightarrow Cu$	0.521
I(0)-(-Ⅰ)	$I_2+2e^- \longrightarrow 2I^-$	0.5355
I(0)-(-Ⅰ)	$I_3^-+2e^- \longrightarrow 3I^-$	0.536
As(Ⅴ)-(Ⅲ)	$H_3AsO_4+2H^++2e^- \longrightarrow HAsO_2+2H_2O$	0.560
Sb(Ⅴ)-(Ⅲ)	$Sb_2O_5+6H^++4e^- \longrightarrow 2SbO^++3H_2O$	0.581
Te(Ⅳ)-(0)	$TeO_2+4H^++4e^- \longrightarrow Te+2H_2O$	0.593
U(Ⅴ)-(Ⅳ)	$UO_2^++4H^++e^- \longrightarrow U^{4+}+2H_2O$	0.612
Hg(Ⅱ)-(Ⅰ)	$2HgCl_2+2e^- \longrightarrow Hg_2Cl_2+2Cl^-$	0.63
Pt(Ⅳ)-(Ⅱ)	$[PtCl_6]^{2-}+2e^- \longrightarrow [PtCl_4]^{2-}+2Cl^-$	0.68

续表

1. 在酸性溶液中(298K)

电对	方程式	E/V
O(0)－(－Ⅰ)	$O_2+2H^++2e^- \longrightarrow H_2O_2$	0.695
Pt(Ⅱ)－(0)	$[PtCl_4]^{2-}+2e^- \longrightarrow Pt+4Cl^-$	0.755
Se(Ⅳ)－(0)	$H_2SeO_3+4H^++4e^- \longrightarrow Se+3H_2O$	0.74
Fe(Ⅲ)－(Ⅱ)	$Fe^{3+}+e^- \longrightarrow Fe^{2+}$	0.771
Hg(Ⅰ)－(0)	$Hg_2{}^{2+}+2e^- \longrightarrow 2Hg$	0.7973
Ag(Ⅰ)－(0)	$Ag^++e^- \longrightarrow Ag$	0.7996
Os(Ⅷ)－(0)	$OsO_4+8H^++8e^- \longrightarrow Os+4H_2O$	0.8
N(Ⅴ)－(Ⅳ)	$2NO_3^-+4H^++2e^- \longrightarrow N_2O_4+2H_2O$	0.803
Hg(Ⅱ)－(0)	$Hg^{2+}+2e^- \longrightarrow Hg$	0.851
Si(Ⅳ)－(0)	$SiO_2(quartz)+4H^++4e^- \longrightarrow Si+2H_2O$	0.857
Cu(Ⅱ)－(Ⅰ)	$Cu^{2+}+I^-+e^- \longrightarrow CuI$	0.86
N(Ⅲ)－(Ⅰ)	$2HNO_2+4H^++4e^- \longrightarrow H_2N_2O_2+2H_2O$	0.86
Hg(Ⅱ)－(Ⅰ)	$2Hg^{2+}+2e^- \longrightarrow Hg_2^{2+}$	0.920
N(Ⅴ)－(Ⅲ)	$NO_3^-+3H^++2e^- \longrightarrow HNO_2+H_2O$	0.934
Pd(Ⅱ)－(0)	$Pd^{2+}+2e^- \longrightarrow Pd$	0.951
N(Ⅴ)－(Ⅱ)	$NO_3^-+4H^++3e^- \longrightarrow NO+2H_2O$	0.957
N(Ⅲ)－(Ⅱ)	$HNO_2+H^++e^- \longrightarrow NO+H_2O$	0.983
I(Ⅰ)－(－Ⅰ)	$HIO+H^++2e^- \longrightarrow I^-+H_2O$	0.987
V(Ⅴ)－(Ⅳ)	$VO_2^++2H^++e^- \longrightarrow VO^{2+}+H_2O$	0.991
V(Ⅴ)－(Ⅳ)	$V(OH)_4^++2H^++e^- \longrightarrow VO^{2+}+3H_2O$	1.00
Au(Ⅲ)－(0)	$[AuCl_4]^-+3e^- \longrightarrow Au+4Cl^-$	1.002
Te(Ⅵ)－(Ⅳ)	$H_6TeO_6+2H^++2e^- \longrightarrow TeO_2+4H_2O$	1.02
N(Ⅳ)－(Ⅱ)	$N_2O_4+4H^++4e^- \longrightarrow 2NO+2H_2O$	1.035
N(Ⅳ)－(Ⅲ)	$N_2O_4+2H^++2e^- \longrightarrow 2HNO_2$	1.065
I(Ⅴ)－(－Ⅰ)	$IO_3^-+6H^++6e^- \longrightarrow I^-+3H_2O$	1.085
Br(0)－(－Ⅰ)	$Br_2(aq)+2e^- \longrightarrow 2Br^-$	1.0873
Se(Ⅵ)－(Ⅳ)	$SeO_4^{2-}+4H^++2e^- \longrightarrow H_2SeO_3+H_2O$	1.151
Cl(Ⅴ)－(Ⅳ)	$ClO_3^-+2H^++e^- \longrightarrow ClO_2+H_2O$	1.152
Pt(Ⅱ)－(0)	$Pt^{2+}+2e^- \longrightarrow Pt$	1.18
Cl(Ⅶ)－(Ⅴ)	$ClO_4^-+2H^++2e^- \longrightarrow ClO_3^-+H_2O$	1.189
I(Ⅴ)－(0)	$2IO_3^-+12H^++10e^- \longrightarrow I_2+6H_2O$	1.195
Cl(Ⅴ)－(Ⅲ)	$ClO_3^-+3H^++2e^- \longrightarrow HClO_2+H_2O$	1.214
Mn(Ⅳ)－(Ⅱ)	$MnO_2+4H^++2e^- \longrightarrow Mn^{2+}+2H_2O$	1.224
O(0)－(－Ⅱ)	$O_2+4H^++4e^- \longrightarrow 2H_2O$	1.229
Tl(Ⅲ)－(Ⅰ)	$Tl^{3+}+2e^- \longrightarrow Tl^+$	1.252
Cl(Ⅳ)－(Ⅲ)	$ClO_2+H^++e^- \longrightarrow HClO_2$	1.277

1. 在酸性溶液中(298K)		
电对	方程式	E/V
N(Ⅲ)-(Ⅰ)	$2HNO_2+4H^++4e^-$ ══ N_2O+3H_2O	1.297
Cr(Ⅵ)-(Ⅲ)	$Cr_2O_7^{2-}+14H^++6e^-$ ══ $2Cr^{3+}+7H_2O$	1.33
Br(Ⅰ)-(-Ⅰ)	$HBrO+H^++2e^-$ ══ Br^-+H_2O	1.331
Cr(Ⅵ)-(Ⅲ)	$HCrO_4^-+7H^++3e^-$ ══ $Cr^{3+}+4H_2O$	1.350
Cl(0)-(-Ⅰ)	$Cl_2(g)+2e^-$ ══ $2Cl^-$	1.35827
Cl(Ⅶ)-(-Ⅰ)	$ClO_4^-+8H^++8e^-$ ══ Cl^-+4H_2O	1.389
Cl(Ⅶ)-(0)	$ClO_4^-+8H^++7e^-$ ══ $1/2Cl_2+4H_2O$	1.39
Au(Ⅲ)-(Ⅰ)	$Au^{3+}+2e^-$ ══ Au^+	1.401
Br(Ⅴ)-(-Ⅰ)	$BrO_3^-+6H^++6e^-$ ══ Br^-+3H_2O	1.423
I(Ⅰ)-(0)	$2HIO+2H^++2e^-$ ══ I_2+2H_2O	1.439
Cl(Ⅴ)-(-Ⅰ)	$ClO_3^-+6H^++6e^-$ ══ Cl^-+3H_2O	1.451
Pb(Ⅳ)-(Ⅱ)	$PbO_2+4H^++2e^-$ ══ $Pb^{2+}+2H_2O$	1.455
Cl(Ⅴ)-(0)	$ClO_3^-+6H^++5e^-$ ══ $1/2Cl_2+3H_2O$	1.47
Cl(Ⅰ)-(-Ⅰ)	$HClO+H^++2e^-$ ══ Cl^-+H_2O	1.482
Br(Ⅴ)-(0)	$BrO_3^-+6H^++5e^-$ ══ $1/2Br_2+3H_2O$	1.482
Au(Ⅲ)-(0)	$Au^{3+}+3e^-$ ══ Au	1.498
Mn(Ⅶ)-(Ⅱ)	$MnO_4^-+8H^++5e^-$ ══ $Mn^{2+}+4H_2O$	1.507
Mn(Ⅲ)-(Ⅱ)	$Mn^{3+}+e^-$ ══ Mn^{2+}	1.5415
Cl(Ⅲ)-(-Ⅰ)	$HClO_2+3H^++4e^-$ ══ Cl^-+2H_2O	1.570
Br(Ⅰ)-(0)	$HBrO+H^++e^-$ ══ $1/2Br_2(aq)+H_2O$	1.574
N(Ⅱ)-(Ⅰ)	$2NO+2H^++2e^-$ ══ N_2O+H_2O	1.591
I(Ⅶ)-(Ⅴ)	$H_5IO_6+H^++2e^-$ ══ $IO_3^-+3H_2O$	1.601
Cl(Ⅰ)-(0)	$HClO+H^++e^-$ ══ $1/2Cl_2+H_2O$	1.611
Cl(Ⅲ)-(Ⅰ)	$HClO_2+2H^++2e^-$ ══ $HClO+H_2O$	1.645
Ni(Ⅳ)-(Ⅱ)	$NiO_2+4H^++2e^-$ ══ $Ni^{2+}+2H_2O$	1.678
Mn(Ⅶ)-(Ⅳ)	$MnO_4^-+4H^++3e^-$ ══ MnO_2+2H_2O	1.679
Pb(Ⅳ)-(Ⅱ)	$PbO_2+SO_4^{2-}+4H^++2e^-$ ══ $PbSO_4+2H_2O$	1.6913
Au(Ⅰ)-(0)	Au^++e^- ══ Au	1.692
Ce(Ⅳ)-(Ⅲ)	$Ce^{4+}+e^-$ ══ Ce^{3+}	1.72
N(Ⅰ)-(0)	$N_2O+2H^++2e^-$ ══ N_2+H_2O	1.766
O(-Ⅰ)-(-Ⅱ)	$H_2O_2+2H^++2e^-$ ══ $2H_2O$	1.776
Co(Ⅲ)-(Ⅱ)	$Co^{3+}+e^-$ ══ Co^{2+}(2mol/L H_2SO_4)	1.83
Ag(Ⅱ)-(Ⅰ)	$Ag^{2+}+e^-$ ══ Ag^+	1.980
S(Ⅶ)-(Ⅵ)	$S_2O_8^{2-}+2e^-$ ══ $2SO_4^{2-}$	2.010
O(0)-(-Ⅱ)	$O_3+2H^++2e^-$ ══ O_2+H_2O	2.076
O(Ⅱ)-(-Ⅱ)	$F_2O+2H^++4e^-$ ══ H_2O+2F^-	2.153

续表

1. 在酸性溶液中(298K)

电对	方程式	E/V
Fe(Ⅵ)-(Ⅲ)	$FeO_4^{2-}+8H^++3e^- = Fe^{3+}+4H_2O$	2.20
O(0)-(-Ⅱ)	$O(g)+2H^++2e^- = H_2O$	2.421
F(0)-(-Ⅰ)	$F_2+2e^- = 2F^-$	2.866
	$F_2+2H^++2e^- = 2HF$	3.053

2. 在碱性溶液中(298K)

电对	方程式	E/V
Ca(Ⅱ)-(0)	$Ca(OH)_2+2e^- = Ca+2OH^-$	-3.02
Ba(Ⅱ)-(0)	$Ba(OH)_2+2e^- = Ba+2OH^-$	-2.99
La(Ⅲ)-(0)	$La(OH)_3+3e^- = La+3OH^-$	-2.90
Sr(Ⅱ)-(0)	$Sr(OH)_2\cdot 8H_2O+2e^- = Sr+2OH^-+8H_2O$	-2.88
Mg(Ⅱ)-(0)	$Mg(OH)_2+2e^- = Mg+2OH^-$	-2.690
Be(Ⅱ)-(0)	$Be_2O_3^{2-}+3H_2O+4e^- = 2Be+6OH^-$	-2.63
Hf(Ⅳ)-(0)	$HfO(OH)_2+H_2O+4e^- = Hf+4OH^-$	-2.50
Zr(Ⅳ)-(0)	$H_2ZrO_3+H_2O+4e^- = Zr+4OH^-$	-2.36
Al(Ⅲ)-(0)	$H_2AlO_3^-+H_2O+3e^- = Al+OH^-$	-2.33
P(Ⅰ)-(0)	$H_2PO_2^-+e^- = P+2OH^-$	-1.82
B(Ⅲ)-(0)	$H_2BO_3^-+H_2O+3e^- = B+4OH^-$	-1.79
P(Ⅲ)-(0)	$HPO_3^{2-}+2H_2O+3e^- = P+5OH^-$	-1.71
Si(Ⅳ)-(0)	$SiO_3^{2-}+3H_2O+4e^- = Si+6OH^-$	-1.697
P(Ⅲ)-(Ⅰ)	$HPO_3^{2-}+2H_2O+2e^- = H_2PO_2^-+3OH^-$	-1.65
Mn(Ⅱ)-(0)	$Mn(OH)_2+2e^- = Mn+2OH^-$	-1.56
Cr(Ⅲ)-(0)	$Cr(OH)_3+3e^- = Cr+3OH^-$	-1.48
Zn(Ⅱ)-(0)	$[Zn(CN)_4]^{2-}+2e^- = Zn+4CN^-$	-1.26
Zn(Ⅱ)-(0)	$Zn(OH)_2+2e^- = Zn+2OH^-$	-1.249
Ga(Ⅲ)-(0)	$H_2GaO_3^-+H_2O+2e^- = Ga+4OH^-$	-1.219
Zn(Ⅱ)-(0)	$ZnO_2^{2-}+2H_2O+2e^- = Zn+4OH^-$	-1.215
Cr(Ⅲ)-(0)	$CrO_2^-+2H_2O+3e^- = Cr+4OH^-$	-1.2
Te(0)-(-Ⅰ)	$Te+2e^- = Te^{2-}$	-1.143
P(Ⅴ)-(Ⅲ)	$PO_4^{3-}+2H_2O+2e^- = HPO_3^{2-}+3OH^-$	-1.05
Zn(Ⅱ)-(0)	$[Zn(NH_3)_4]^{2+}+2e^- = Zn+4NH_3$	-1.04
W(Ⅵ)-(0)	$WO_4^{2-}+4H_2O+6e^- = W+8OH^-$	-1.01
Ge(Ⅳ)-(0)	$HGeO_3^-+2H_2O+4e^- = Ge+5OH^-$	-1.0
Sn(Ⅳ)-(Ⅱ)	$[Sn(OH)_6]^{2-}+2e^- = HSnO_2^-+H_2O+3OH^-$	-0.93
S(Ⅵ)-(Ⅳ)	$SO_4^{2-}+H_2O+2e^- = SO_3^{2-}+2OH^-$	-0.93
Se(0)-(-Ⅱ)	$Se+2e^- = Se^{2-}$	-0.924
Sn(Ⅱ)-(0)	$HSnO_2^-+H_2O+2e^- = Sn+3OH^-$	-0.909
P(0)-(-Ⅲ)	$P+3H_2O+3e^- = PH_3(g)+3OH^-$	-0.87

2. 在碱性溶液中(298K)

电对	方程式	E/V
N(Ⅴ)-(Ⅳ)	$2NO_3^- + 2H_2O + 2e^- \rightleftharpoons N_2O_4 + 4OH^-$	-0.85
H(Ⅰ)-(0)	$2H_2O + 2e^- \rightleftharpoons H_2 + 2OH^-$	-0.8277
Cd(Ⅱ)-(0)	$Cd(OH)_2 + 2e^- \rightleftharpoons Cd(Hg) + 2OH^-$	-0.809
Co(Ⅱ)-(0)	$Co(OH)_2 + 2e^- \rightleftharpoons Co + 2OH^-$	-0.73
Ni(Ⅱ)-(0)	$Ni(OH)_2 + 2e^- \rightleftharpoons Ni + 2OH^-$	-0.72
As(Ⅴ)-(Ⅲ)	$AsO_4^{3-} + 2H_2O + 2e^- \rightleftharpoons AsO_2^- + 4OH^-$	-0.71
Ag(Ⅰ)-(0)	$Ag_2S + 2e^- \rightleftharpoons 2Ag + S^{2-}$	-0.691
As(Ⅲ)-(0)	$AsO_2^- + 2H_2O + 3e^- \rightleftharpoons As + 4OH^-$	-0.68
Sb(Ⅲ)-(0)	$SbO_2^- + 2H_2O + 3e^- \rightleftharpoons Sb + 4OH^-$	-0.66
Re(Ⅶ)-(Ⅳ)	$ReO_4^- + 2H_2O + 3e^- \rightleftharpoons ReO_2 + 4OH^-$	-0.59
Sb(Ⅴ)-(Ⅲ)	$SbO_3^- + H_2O + 2e^- \rightleftharpoons SbO_2^- + 2OH^-$	-0.59
Re(Ⅶ)-(0)	$ReO_4^- + 4H_2O + 7e^- \rightleftharpoons Re + 8OH^-$	-0.584
S(Ⅳ)-(Ⅱ)	$2SO_3^{2-} + 3H_2O + 4e^- \rightleftharpoons S_2O_3^{2-} + 6OH^-$	-0.58
Te(Ⅳ)-(0)	$TeO_3^{2-} + 3H_2O + 4e^- \rightleftharpoons Te + 6OH^-$	-0.57
Fe(Ⅲ)-(Ⅱ)	$Fe(OH)_3 + e^- \rightleftharpoons Fe(OH)_2 + OH^-$	-0.56
S(0)-(-Ⅱ)	$S + 2e^- \rightleftharpoons S^{2-}$	-0.47627
Bi(Ⅲ)-(0)	$Bi_2O_3 + 3H_2O + 6e^- \rightleftharpoons 2Bi + 6OH^-$	-0.46
N(Ⅲ)-(Ⅱ)	$NO_2^- + H_2O + e^- \rightleftharpoons NO + 2OH^-$	-0.46
Co(Ⅱ)-C(0)	$[Co(NH_3)_6]^{2+} + 2e^- \rightleftharpoons Co + 6NH_3$	-0.422
Se(Ⅳ)-(0)	$SeO_3^{2-} + 3H_2O + 4e^- \rightleftharpoons Se + 6OH^-$	-0.366
Cu(Ⅰ)-(0)	$Cu_2O + H_2O + 2e^- \rightleftharpoons 2Cu + 2OH^-$	-0.360
Tl(Ⅰ)-(0)	$Tl(OH) + e^- \rightleftharpoons Tl + OH^-$	-0.34
Ag(Ⅰ)-(0)	$[Ag(CN)_2]^- + e^- \rightleftharpoons Ag + 2CN^-$	-0.31
Cu(Ⅱ)-(0)	$Cu(OH)_2 + 2e^- \rightleftharpoons Cu + 2OH^-$	-0.222
Cr(Ⅵ)-(Ⅲ)	$CrO_4^{2-} + 4H_2O + 3e^- \rightleftharpoons Cr(OH)_3 + 5OH^-$	-0.13
Cu(Ⅰ)-(0)	$[Cu(NH_3)_2]^+ + e^- \rightleftharpoons Cu + 2NH_3$	-0.12
O(0)-(-Ⅰ)	$O_2 + H_2O + 2e^- \rightleftharpoons HO_2^- + OH^-$	-0.076
Ag(Ⅰ)-(0)	$AgCN + e^- \rightleftharpoons Ag + CN^-$	-0.017
N(Ⅴ)-(Ⅲ)	$NO_3^- + H_2O + 2e^- \rightleftharpoons NO_2^- + 2OH^-$	0.01
Se(Ⅵ)-(Ⅳ)	$SeO_4^{2-} + H_2O + 2e^- \rightleftharpoons SeO_3^{2-} + 2OH^-$	0.05
Pd(Ⅱ)-(0)	$Pd(OH)_2 + 2e^- \rightleftharpoons Pd + 2OH^-$	0.07
S(2.5)-(Ⅱ)	$S_4O_6^{2-} + 2e^- \rightleftharpoons 2S_2O_3^{2-}$	0.08
Hg(Ⅱ)-(0)	$HgO + H_2O + 2e^- \rightleftharpoons Hg + 2OH^-$	0.0977
Co(Ⅲ)-(Ⅱ)	$[Co(NH_3)_6]^{3+} + e^- \rightleftharpoons [Co(NH_3)_6]^{2+}$	0.108
Pt(Ⅱ)-(0)	$Pt(OH)_2 + 2e^- \rightleftharpoons Pt + 2OH^-$	0.14
Co(Ⅲ)-(Ⅱ)	$Co(OH)_3 + e^- \rightleftharpoons Co(OH)_2 + OH^-$	0.17

2. 在碱性溶液中(298K)		
电对	方程式	E/V
Pb(Ⅳ)-(Ⅱ)	$PbO_2+H_2O+2e^- \longrightarrow PbO+2OH^-$	0.247
I(Ⅴ)-(-Ⅰ)	$IO_3^-+3H_2O+6e^- \longrightarrow I^-+6OH^-$	0.26
Cl(Ⅴ)-(Ⅲ)	$ClO_3^-+H_2O+2e^- \longrightarrow ClO_2^-+2OH^-$	0.33
Ag(Ⅰ)-(0)	$Ag_2O+H_2O+2e^- \longrightarrow 2Ag+2OH^-$	0.342
Fe(Ⅲ)-(Ⅱ)	$[Fe(CN)_6]^{3-}+e^- \longrightarrow [Fe(CN)_6]^{4-}$	0.358
Cl(Ⅶ)-(Ⅴ)	$ClO_4^-+H_2O+2e^- \longrightarrow ClO_3^-+2OH^-$	0.36
Ag(Ⅰ)-(0)	$[Ag(NH_3)_2]^++e^- \longrightarrow Ag+2NH_3$	0.373
O(0)-(-Ⅱ)	$O_2+2H_2O+4e^- \longrightarrow 4OH^-$	0.401
I(Ⅰ)-(-Ⅰ)	$IO^-+H_2O+2e^- \longrightarrow I^-+2OH^-$	0.485
Ni(Ⅳ)-(Ⅱ)	$NiO_2+2H_2O+2e^- \longrightarrow Ni(OH)_2+2OH^-$	0.490
Mn(Ⅶ)-(Ⅵ)	$MnO_4^-+e^- \longrightarrow MnO_4^{2-}$	0.558
Mn(Ⅶ)-(Ⅳ)	$MnO_4^-+2H_2O+3e^- \longrightarrow MnO_2+4OH^-$	0.595
Mn(Ⅵ)-(Ⅳ)	$MnO_4^{2-}+2H_2O+2e^- \longrightarrow MnO_2+4OH^-$	0.60
Ag(Ⅱ)-(Ⅰ)	$2AgO+H_2O+2e^- \longrightarrow Ag_2O+2OH^-$	0.607
Br(Ⅴ)-(-Ⅰ)	$BrO_3^-+3H_2O+6e^- \longrightarrow Br^-+6OH^-$	0.61
Cl(Ⅴ)-(-Ⅰ)	$ClO_3^-+3H_2O+6e^- \longrightarrow Cl^-+6OH^-$	0.62
Cl(Ⅲ)-(Ⅰ)	$ClO_2^-+H_2O+2e^- \longrightarrow ClO^-+2OH^-$	0.66
I(Ⅶ)-(Ⅴ)	$H_3IO_6^{2-}+2e^- \longrightarrow IO_3^-+3OH^-$	0.7
Cl(Ⅲ)-(-Ⅰ)	$ClO_2^-+2H_2O+4e^- \longrightarrow Cl^-+4OH^-$	0.76
Br(Ⅰ)-(-Ⅰ)	$BrO^-+H_2O+2e^- \longrightarrow Br^-+2OH^-$	0.761
Cl(Ⅰ)-(-Ⅰ)	$ClO^-+H_2O+2e^- \longrightarrow Cl^-+2OH^-$	0.841
Cl(Ⅳ)-(Ⅲ)	$ClO_2(g)+e^- \longrightarrow ClO_2^-$	0.95
O(0)-(-Ⅱ)	$O_3+H_2O+2e^- \longrightarrow O_2+2OH^-$	1.24

附表 14 几个电解质实测的离子平均活度系数 $\gamma_\pm$ (298.15K)

m/(mol/kg)	0.005	0.01	0.02	0.05	0.10	0.20	0.50	1.00
HCl	0.928	0.904	0.874	0.830	0.795	0.766	0.757	0.810
NaCl	0.928	0.904	0.876	0.829	0.789	0.742	0.683	0.659
KCl	0.926	0.899	0.866	0.815	0.764	0.712	0.644	0.597
$BaCl_2$	0.781	0.725	0.659	0.556	0.496	0.440	0.396	0.399
$MgSO_4$	0.572	0.471	0.378	0.262	0.159	0.142	0.091	0.067

参 考 文 献

[1] 傅献彩，沈文霞，姚天扬，等. 物理化学（上）. 5版. 北京：高等教育出版社，2006.

[2] 东北师范大学，等. 物理化学实验. 2版. 北京：高等教育出版社，2014.

[3] 复旦大学. 物理化学实验. 3版. 北京：高等教育出版社，2004.

[4] 北京大学物理化学教研室. 物理化学. 4版. 北京：北京大学出版社，2004.

[5] 韩喜江，张天云. 物理化学实验. 2版. 哈尔滨：哈尔滨工业大学出版社，2011.

[6] 孙尔康，徐维清，丘金恒. 物理化学实验. 南京：南京大学出版社，1998.

[7] 刘建兰，张东明. 物理化学实验. 北京：化学工业出版社，2015.

[8] 王军，杨冬梅，张丽君，等. 物理化学实验. 2版. 北京：化学工业出版社，2015.

[9] 何广平，南俊民，孙艳辉. 物理化学实验. 北京：化学工业出版社，2008.

[10] 夏海涛. 物理化学实验. 哈尔滨：哈尔滨工业大学出版社，2003.

[11] 胡英. 物理化学. 6版. 北京：高等教育出版社，2014.

[12] 天津大学物理化学教研室. 物理化学. 6版. 北京：高等教育出版社，2017.

[13] 毕邵丹. 物理化学实验. 北京：清华大学出版社，2014.

[14] 邹耀洪，鱼维洁. 温度、氯化钠及乙醇对离子型表面活性剂临界胶束浓度的影响 [J]. 常熟理工学院学报. 2003, 17 (4)：45-49.

[15] Kumar B.，Tikariha D.，Ghosh K. K.，et al. Effect of polymers and temperature on critical micelle concentration of some gemini and monomeric surfactants. The Journal of Chemical Thermodynamics，2013，62：178-185.

[16] Zhen D.，Wang X. Z.，Liu Z.，et al. Synthesis and physic-chemical properties of anion-nonionic surfactants under the influence of alkali/salt. Colloids and Surfaces A：Physicochemical Engineering Aspects，419：233-237.

[17] Haynes，W. M. CRC Handbook of Chemistry and Physics 97^{th}ed. Boca Raton：CRC Press. 2017.

[18] 宿辉，白青子. 物理化学实验. 北京：北京大学出版社，2011.

[19] 郑新生，王辉宪，王嘉讯. 物理化学实验. 北京：科学出版社，2017.

[20] 苏育志，陈爽，徐常威. 基础化学实验（Ⅲ）——物理化学实验. 北京：化学工业出版社，2010.

[21] 武汉大学化学与分子科学学院实验中心编. 物理化学实验. 武汉：武汉大学出版社，2012.